Python

从**基础编程**到**数据分析**

陈惠贞 ◎著

中国水利水电出版社
www.waterpub.com.cn
·北京·

内 容 提 要

《Python 从基础编程到数据分析》是一本同时介绍 Python 编程和基于 Python 的大数据分析图书，既是一本 Python 入门书，又是一本 Python 数据分析专业书；既是 Python 基础教程，又是 Python 视频教程。

《Python 从基础编程到数据分析》共 17 章，首先介绍了 Python 的开发环境、代码编写风格及程序设计的常见错误类型；然后循序渐进地解说了 Python 编程的基础语法和相关技巧，这是学好 Python 的基础和关键环节；接着介绍了常见 Python 模块和包的用法，如 tkinter、pillow、qrcode 等，让读者体验只需编写几行简短代码，就能轻松完成许多应用。最后几章，也是本书最精彩的部分，详细介绍了 NumPy、matplotlib、SciPy、pandas 四大热门软件包，可以让读者一次掌握数据科学应用与大数据分析的基础能力。全书以范例为导向，涉及的程序代码给出了详细的解释和分析，可以让读者轻松领会 Python 编程的精髓，同时也有利于读者编程思维的培养。

《Python 从基础编程到数据分析》提供了丰富的配套资源，如视频、源代码、PPT 课件、习题答案等，特别适合编程零基础、Python 从入门到精通、想从事数据分析工作或想提高效率的数据分析人员，以及对人工智能和 AI 开发感兴趣的在职 IT 人员学习。另外，本书特别适合作为大中专院校相关专业的教材和参考书。

图书在版编目（CIP）数据

Python 从基础编程到数据分析 / 陈惠贞著.
-- 北京：中国水利水电出版社，2020.11
　ISBN 978-7-5170-8875-2

　Ⅰ. ①P⋯　Ⅱ. ①陈⋯　Ⅲ. ①软件工具－程序设计
Ⅳ. ①TP311.561

中国版本图书馆 CIP 数据核字（2020）第 176877 号

书　　名	Python 从基础编程到数据分析 Python CONG JICHU BIANCHENG DAO SHUJU FENXI
作　　者	陈惠贞　著
出版发行	中国水利水电出版社 （北京市海淀区玉渊潭南路 1 号 D 座　100038） 网址：www.waterpub.com.cn E-mail：zhiboshangshu@163.com 电话：（010）68367658（营销中心）
经　　售	北京科水图书销售中心（零售） 电话：（010）88383994、63202643、68545874 全国各地新华书店和相关出版物销售网点
排　　版	北京智博尚书文化传媒有限公司
印　　刷	河北华商印刷有限公司
规　　格	190mm×235mm　16 开本　25.5 印张　588 千字　1 插页
版　　次	2020 年 11 月第 1 版　2020 年 11 月第 1 次印刷
印　　数	0001—5000 册
定　　价	89.80 元

凡购买我社图书，如有缺页、倒页、脱页的，本社营销中心负责调换

版权所有·侵权必究

关于本书

ABOUT

Python 是一种高阶的通用型程序设计语言，广泛应用于大数据分析、人工智能、机器学习、物联网、云端平台、科学计算、自然语言处理、网络程序开发、游戏开发、财务金融、统计分析等领域。以击败世界围棋冠军的人工智能系统 AlphaGo 为例，它使用的正是著名的 Python 机器学习包 TensorFlow。

或许你会问，目前已经有 C++、C、Java、C#、PHP、R、JavaScript 等程序语言，为何还要学习 Python 呢？理由如下。

➢ **功能强大**：Python 内置强大的标准函数库，同时还有丰富的第三方包，可以完成许多高阶任务，开发大型软件，诸如 Google、Dropbox、NASA 等机构都在内部的项目或网络服务大量使用 Python。

➢ **容易学习、可读性高**：Python 秉持着优美（beautiful）、明确（explicit）、简单（simple）的设计哲学，让 Python 比其他程序语言更容易学习，程序的可读性高且容易维护，适合初学者训练程序设计逻辑。

➢ **免费且开源**：Python 属于开源软件，不属于任何公司，没有专利问题，任何人都可以免费且自由地使用、修改与发布。

➢ **可移植性高**：使用 Python 编写的程序可以在不经修改或小幅度修改的情况下移植到 Windows、Linux/UNIX、macOS 等操作系统平台。

➢ **活跃的社群、完整的在线文件**：此处所谓的社群是指使用和参与程序语言发展的人们，活跃的社群表示有很多人使用 Python，一旦遇到问题，很快能够获得解答，而完整的在线文件则有助于学习 Python。

事实上，Python 不仅是美国顶尖大学最常使用的入门程序语言，在 TIOBE 编程语言排行榜中，Python 与 Java、C 语言长期处于"三雄争霸"局面，并取得 2007 年、2010 年、2018 年年度编程语言称号。

本书特点

↘ 通俗易懂，非常适合初学者自学

对初学者而言，选择一本看得懂、学得会的书非常重要。本书在内容安排上充分考虑到初学者的特点，由浅入深，循序渐进。在语言上尽量做到通俗易懂，引领读者快速入门。

↘ 范例丰富，让知识点理解更深刻

本书设置了大量的中小范例辅助理解知识点，并在适当位置给出详细的范例说明及代码解析，不仅使读者对知识点的理解更深刻，更能让读者学习到 Python 编程的精髓，也有利于读者编程思维的培养。

↘ 视频讲解，搭配学习效率更高

本书特别录制了 9 小时的教学视频，犹如老师在身边为你讲解，并搭配范例练习，可以使学习效率更高。

↘ 结构安排合理，适合自学

本书除设计了大量范例外，多数章节还设置了"随堂练习"模块，让读者可以边学边练，实现举一反三的目的；另外，还在每章最后设置了"学习检测"模块，有选择题、编程题，可让读者对本章知识点进行综合运用，对整体学习效果进行检测。

↘ 栏目设置，精彩关键，让你少走弯路

根据需要并结合实际工作经验，作者在知识点叙述中穿插了"注意""备注"等小栏目，可让读者在学习过程中掌握相关应用技巧，有些注意事项可以让读者少走不必要的弯路。

本书结构

本书虽然没有很明显的篇幅划分，但是基本上可以理解为共 4 部分。

> **第 1 部分**：也就是第 1 章，首先介绍了 Python 的特点、示范了如何创建 Python 的开发环境（包括官方版 Python 和 Python 的发行版本 Anaconda 集成开发环境）及使用方法、Python 程序代码的编写风格及程序设计的常见错误类型。通过第 1 章的学习，可以让读者对 Python 有一个整体的认识，并带领读者在最短时间内写出第一个 Python 程序，成功踏出第一步，获得自信心。

> **第 2 部分**：包括第 2~10 章，循序渐进地解说了 Python 的基础语法，包括数据类型、变量与运算符，数值与字符串处理，流程控制，函数，列表、元组、集合与字典，绘图，文件处理，异常处理，面向对象等。虽然语法学习总是让人感觉枯燥，但这一部分相当于"大厦的基石"，非常重要。

> **第 3 部分**：包括第 11~13 章，介绍了一些常用的 Python 模块与包，例如，使用 tkinter 包开发 GUI（图形用户界面）程序、使用 pillow 包处理图片、使用 qrcode 包生成二维码图片等，让读者体验只要编写几行简短的程序代码，就能轻松完成许多应用。

> **第 4 部分**：第 14~17 章，也是本书最精彩的部分，让读者一次学会 NumPy、matplotlib、SciPy、pandas 四大热门软件包，掌握数据科学应用与大数据分析的基础能力，其中 NumPy 负责高速数据运算；matplotlib 负责数据分析结果可视化，如绘制数学函数、条形图、直方图、饼图、散布图等统计图表；SciPy 负责科学计算；而 pandas 负责进阶的数据分析。

学习及教学建议

本书无论是结构安排还是内容设置，非常适合作为大中专院校相关专业的教材或参考书。另外，本书还配备了视频讲解、源代码、PPT 课件和课后习题答案等，非常方便教师教学和学生自学。

➢ **对授课教师**：选择本书作为教材的老师可以针对学生的需求及课时安排等情况，酌情增减讲授内容，或指定由学生自行学习部分范例，培养自学能力。

由于本书的第 7 章"绘图"、第 12 章"使用 tkinter 开发 GUI 程序"和第 13 章"使用 pillow 处理图片"是使用现成的包进行绘图或处理图片，内容相对有趣，容易获得成就感，建议老师将这些章节的内容穿插在第 6～10 章讲授，让学生了解除基础语法外，善用 Python 的各种包可以让程序的功能更多、更强大。

➢ **对读者**：本书设置了大量学习范例，并提供了相应的源代码，读者可以直接打开这些代码文件查看运行效果。但是建议读者一定要亲自动手输入范例代码，看懂代码与会写代码并不是一回事，看似简单的代码，实际操作时不一定那么容易，也可能会出现各种各样的错误。在不断地调试、修正与优化的过程中，加深对知识点的理解，提高编程能力。另外，在学习过程中，一定要多思考，如代码的编写思路和程序的不同实现方式等，通过不断地思考让知识掌握得更加牢靠，并逐渐训练出自己的编程思维。学编程没有捷径，"勤动手，多动脑，爱总结"是学好编程的基础。

另外，读者还应该学会使用搜索引擎，学会提问，这也是一种很重要的能力。编程毕竟是一门技术科学，无论 Python 软件号称多简单，无论图书内容多么零基础，学习过程中难免会遇到一些问题，而身边又没有现成的老师或大神可请教，这时就可以借助强大的网络帮你解决问题。当然问题的描述很重要，这直接决定着能不能获取需要的答案。一个简洁、描述清楚准确的问题（必要时可以贴上自己的代码），更容易获得满意答案。网络中也有很多学习资源，如编程高手分享的技术文章或优秀的编程案例等。通过阅读与思考别人优秀的代码或学习心得，可以让自己的编程能力获得更大的提升。

排版惯例

本书在介绍程序代码、关键字及语法时，遵循下列排版习惯。

➢ 斜体字表示在实际编程时需用户自行输入的语句、表达式或名称，如 def *functionName*(): 的 *functionName* 表示用户自行输入的函数名称。

➢ 中括号 [] 表示可以省略不写，如 round(x[, precision]) 表示 round() 函数的第 2 个参数 precision 为选择性参数，可以指定，也可以省略不写，表示采取默认值。

➢ 垂直线 | 用来隔开替代选项，如 return|return value 表示 return 语句后面可以不加返回值，也可以加返回值。

本书配套资源获取方法及相关服务

本书配套资源包括范例源文件、PPT 教学课件、视频讲解和课后习题答案（所有资源均为学习使用，请勿外传），读者可以根据下面的方法下载后使用。

（1）读者可以扫描右侧的二维码或在微信公众号中搜索"人人都是程序猿"，关注后输入 **978752** 并发送到公众号后台，即可获取本书资源下载链接。

（2）将该链接复制到计算机浏览器的地址栏中，按 Enter 键进入网盘资源界面（**一定要将链接复制到计算机浏览器的地址栏，通过计算机下载，手机不能下载，也不能在线解压，没有解压密码**）。

（3）为方便读者间学习交流，本书创建了 QQ 群 960631644，需要的读者可以加群与其他读者交流学习。

（4）如果对本书有其他意见或建议，请直接将信息反馈到邮箱：2096558364@QQ.com，我们将根据你的意见或建议及时做出调整。

说明：目录中有 ![图标] 图标的，表示该节配有视频讲解，有需要的读者可以按上述方法下载后边看视频边学习。也可登录 xue.bookln.cn 网站，搜索到该书后，在线观看视频。

祝您学习愉快！

编　者

目 录

C O N T E N T S

第 1 章

开始编写 Python 程序

1.1 认 识 Python

Python 是一种高阶的通用型程序语言，广泛应用于大数据分析、人工智能、机器学习、物联网、云端平台、科学计算、自然语言处理、网络程序开发、游戏开发等领域。以击败世界围棋冠军的人工智能系统 AlphaGo 为例，它所使用的正是知名的 Python 机器学习包 TensorFlow。

事实上，Python 不仅是美国顶尖大学最常使用的入门程序语言，在 TIOBE 编程语言排行榜（http://tiobe.com/tiobe-index/）中，Python 位居第三位（见图 1-1），与 Java、C 语言长期处于"三雄争霸"局面，并取得 2007 年、2010 年、2018 年年度编程语言称号。

May 2020	May 2019	Change	Programming Language
1	2	⌃	C
2	1	⌄	Java
3	4	⌃	Python
4	3	⌄	C++
5	6	⌃	C#
6	5	⌄	Visual Basic
7	7		JavaScript
8	9	⌃	PHP
9	8	⌄	SQL
10	21	⌃⌃	R

数据来源：2020 年 5 月 TIOBE 编程语言排行榜

图 1-1

1. Python 的起源

Python 由荷兰程序设计师 Guido van Rossum（吉多·范罗苏姆）于 20 世纪 90 年代初研发，最初的想法是传承 ABC 程序语言，Guido 认为 ABC 相当优美、强大，适合非专业的程序设计人员，而 ABC 没有获得广泛使用的原因在于非开放，于是 Guido 采取开放策略研发 Python。

Python 的命名源自 Guido 是英国电视喜剧 Monty Python's Flying Circus（蒙提·派森的飞行马戏团）的粉丝，而 Python 的英文原意为"蟒蛇"，所以 Python 的标志是蟒蛇图腾，如图 1-2 所示。

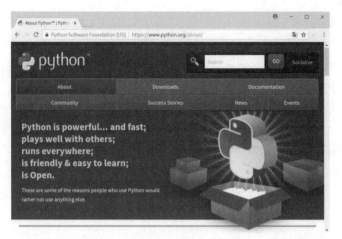

Python 官方网站（https://www.python.org/）与蟒蛇标志

图 1-2

2. Python 的特点

Python 官方网站开宗明义地指出，"Python 的功能强大、执行快速；与其他程序语言合作无间；随处可以执行；友善且容易学习；开放"，我们可以从下列几个特点进行说明。

> 容易学习

Python 秉持着优美（beautiful）、明确（explicit）、简单（simple）的设计哲学，其格言是"应该有一个且最好只有一个显而易见的方式去完成一件事"，因此，研发者在设计 Python 时若遇到多种选择，将会选择明确、没有（或最少）歧义的语法，这让 Python 比其他程序语言更容易学习，程序的可读性高且容易维护，适合初学者学习程序设计逻辑。

> 免费且开源

Python 属于开源软件，可以免费且自由地使用、修改与散布。

> 解释性语言

Python 属于解释性（interpreted）语言，解释器每读取一行语句，就立刻执行该语句，无须将原始文件进行编译。

> 可移植性高

使用 Python 编写的程序，可以在不经修改或小幅度修改的情况下移植到其他操作系统平台，具有高度的可移植性（portability）。

> 与其他程序语言合作无间

原先使用 C、C++、Fortran、Java、MATLAB、R 等语言编写的程序可以很容易地整合在 Python 程序，也正因此缘故，使得 Python 在数据处理与科学计算领域备受重视。

> 强大且丰富的函数库

Python 内置强大的标准函数库，同时还有丰富的第三方库，可以完成许多高阶任务，开发大型软件，诸如 Google、Dropbox、NASA 等机构都在内部的项目或网络服务大量使用 Python。

3．Python 的版本

目前，Python 由 Python 软件基金会管理，该非营利组织负责开发 Python 的核心发行版。Python 的版本同时存在 Python 2 和 Python 3，Python 3 无法向下兼容于 Python 2，换句话说，使用 Python 3 编写的程序无法在 Python 2 执行，而使用 Python 2 编写的程序也无法在 Python 3 执行。不过，Python 提供了转换工具，可以将 Python 2 程序无缝转移到 Python 3。从 2020 年 1 月起，Python 官方停止对 Python 2.7 的支持，未来将专注于 Python 3 的推动和发展。所以建议读者学习 Python 3 版本。本书范例程序均使用 Python 3 编写。

1.2　安装官方版 Python

在开始编写 Python 程序之前，我们要先创建执行环境，对初学者来说，建议使用本节介绍的官方版 Python 作为入门，这样可以专注学习 Python 的语法，而对进阶者或需要开发程序项目的人来说，建议使用 1.3 节介绍的 Anaconda 集成开发环境，这样可以提高编写程序的效率。

1.2.1　安装 Python 解释器

Python 解释器用来读取并执行 Python 程序，其安装步骤如下。

（1）连接到 Python 下载网站（https://www.python.org/downloads/），然后根据自己操作系统（Windows、Linux/UNIX、macOS、Other）下载 Python 3 安装程序。本书以 3.8.1 版本为基础编写，所以在此单击 Download Python 3.8.1（图 1-3），下载 Windows 平台的 Python 3.8.1，若又推出新版本，下载网站也会跟着更新。

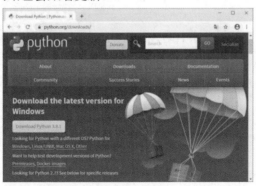

图 1-3

（2）在资源管理器中找到下载的 Python 安装程序（本书为 python-3.8.1.exe），然后双击执行。

（3）出现安装程序画面，单击 Install Now（图 1-4）安装。Windows 平台默认的安装路径为 C:\Users\Administrator\AppData\Local\Programs\Python\Python38-32，38-32 为 Python 解释器的版本（视安装 Python 的实际版本而定）。

图 1-4

（4）安装完毕后请单击 Close 按钮，如图 1-5 所示。

图 1-5

1.2.2 执行 Python 解释器

安装完官方版 Python 后，在"开始"菜单会新增一个 Python 3.8 文件夹，里面有数个选项，如图 1-6 所示，功能如下。

- ➢ IDLE（Python 3.8 32-bit）：启动 Python 集成开发环境 IDLE（Integrated Development and Learning Environment，IDLE）。
- ➢ Python 3.8（32-bit）：启动 Python 解释器。
- ➢ Python 3.8 Manuals（32-bit）：开启 Python 说明文件。
- ➢ Python 3.8 Module Docs（32-bit）：开启 Python 模块文件。

请执行"开始\Python 3.8\Python 3.8（32-bit）"命令，启动 Python 解释器，画面如图 1-7 所示，>>> 为 Python 提示符号（prompt），表示 Python 解释器已经准备好要接收 Python 程序，请输入 print("Hello, World!")，然后按 Enter 键，Python 解释器会立刻执行该语句并出现执行结果。

5

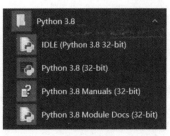

图 1-6

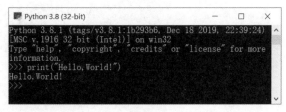

图 1-7

图 1-7 的内容如下，第 1 行是 Python 解释器与操作系统的信息，您看到的可能与本书不会完全相同；第 2 行是说明输入 help、copyright、credits 或 license 可以取得更多信息；第 3 行是调用 print() 函数输出字符串；第 4 行是执行结果，即输出 Hello, World!，双引号用来标识字符串的开头与结尾，所以不会输出。

```
Python 3.8.1(tags/v3.8.1:1b293b6, Dec 18 2019, 22:39:24) [MSC v.1916 32 bit (Intel)] on win32
Type "help", "copyright", "credits" or "license" for more information.
>>> print("Hello, World!")
Hello, World!
>>>
```

可以再输入一些语句看看，+、–、*、/ 是运算符（operator），用来进行加、减、乘、除等数学运算，相当简单，就像电子计算器一样。

```
>>> 5 + 2
7
>>> 5 – 2
3
>>> 5 * 2
10
>>> 5 / 2
2.5
```

 注意

- 函数（function）由一个或多个语句组成，用来执行指定的动作，而函数名称的后面有一对小括号，用来传递参数给函数。例如，Python 内置的 print() 函数可以在屏幕上输出参数指定的字符串。

- 在 Python 2 中，由于 print 并不是一个函数，所以不需要加上小括号，但在 Python 3 中，若遗漏了小括号，将会发生错误。

- 若要结束 Python 解释器，可以在 >>> 提示符后输入 exit() 或 Ctrl + Z，然后按 Enter 键。

1.2.3 使用 Python IDLE

除了 Python 解释器之外，我们其实更推荐使用 IDLE。IDLE 是 Python 官方提供的集成开发环境，具有下列特点。

➢ 100% 使用 Python 开发。

➢ 无论 Windows、Linux/UNIX，还是 macOS 平台，IDLE 的操作方式都相同。

➢ 提供 Python Shell 窗口，类似 1.2.2 小节介绍的 Python 解释器，但会以不同颜色标示输入、输出和错误信息。

➢ 多重文字编辑窗口，并提供颜色标示、智能缩进、调用提示、自动完成等功能。

➢ 内置侦错器（debugger），这是一种计算机程序，用来测试 Python 程序，找出错误。

1. 在互动模式中执行 Python 程序

执行 "开始\Python 3.8\IDLE" 命令，开启 **Python Shell 窗口**，可以在 Python 提示符号 >>> 的后面输入 print("Hello, World!")，然后按 Enter 键，会在下一行立刻看到执行结果，如图 1-8 所示，在 IDLE 输入的程序代码会根据语法标示不同颜色，我们将这种执行方式称为**互动模式**（interactive mode）。

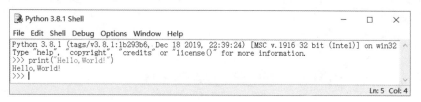

图 1-8

2. 在脚本模式中执行 Python 程序

在互动模式中执行 Python 程序虽然方便，而且能够立刻看到执行结果，但这些语句无法存储，也无法编写稍微复杂的程序，此时可以采取**脚本模式**（script mode），先创建 Python 程序的原始文件，然后执行原始文件，其操作步骤如下。

（1）在 Python Shell 窗口的 File 菜单中选择 New File 命令，开启文字编辑窗口，然后输入如图 1-9 所示的 3 行语句。

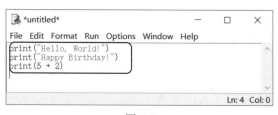

图 1-9

（2）在文字编辑窗口的 File 菜单中选择 Save 命令，然后按图 1-10 所示进行操作，将程序存储为 hello.py，注意扩展名为 .py。

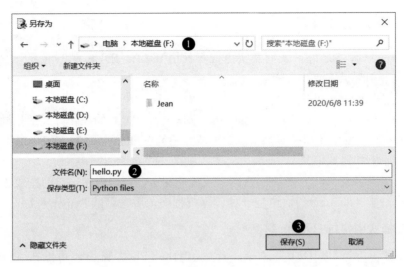

图 1-10

❶选择存盘路径，如 F:\　　❷输入文件名，如 hello.py　　　❸单击"保存"按钮

（3）在文字编辑窗口的 Run 菜单中选择 Run Module 命令，或直接按 F5 键执行文件，如图 1-11 所示。

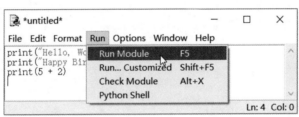

图 1-11

（4）Python Shell 窗口会出现执行结果，如图 1-12 所示。

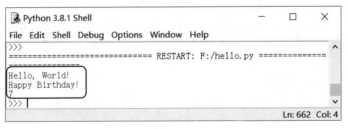

图 1-12

（5）在文字编辑窗口的 File 菜单中选择 Close 命令关闭文件，下次若要开启已经存储的文件，可以在 Python Shell 窗口的 File 菜单中选择 Open 命令，在打开的对话框中选择文件。

备注

> IDLE 的文字编辑窗口会在用户输入函数时自动出现调用提示（call tip）。例如，输入 print(时会自动出现 print() 函数的语法，如图 1-13 所示，这是很实用的功能，如此一来，用户就不用牢记一堆函数的语法。

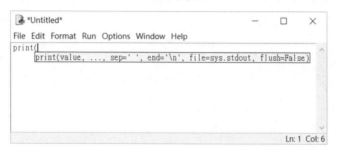

图 1-13

> 由于 Python 3 程序的原始文件是一个 UTF-8 编码、扩展名为 .py 的纯文本文件，因此也可以使用记事本、NotePad++ 等文本编辑器编写 Python 3 程序，之后只要在"命令提示符"窗口中输入如下命令，就可以执行 Python 3 程序，如图 1-14 所示。**其中第 1 行命令是切换到 Python 的安装路径（用户需输入自己计算机中 Python 的安装路径），第 2 行命令是调用 Python 解释器执行 F:\hello.py。**

```
C:\Users\Administrator>cd C:\Users\Administrator\AppData\Local\Programs\Python\Python38-32
C:\Users\Administrator\AppData\Local\Programs\Python\Python38-32>Python  F:\hello.py
```

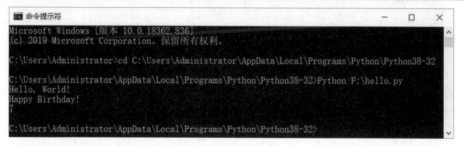

图 1-14

1.2.4　Python 说明文件

> 若要开启 Python 说明文件，可以执行"开始\Python 3.8\Python 3.8 Manuals"命令，查看语法教学、安装与使用、语言参考、函数库等主题。

> 若要开启 Python 模块文件，可以执行"开始\Python 3.8\Python 3.8 Module Docs"命令，查看 Python 提供的模块。**模块**（module）是一个 Python 文件，里面定义了一些数据、函数或类，如 math 模块有一些数学常量和数学函数。

➤ 在 Python 提示符号后面输入 help()，然后按 Enter 键，进入 help> 互动模式。例如，图 1-15 所示是在 help> 提示符号后面输入 print，然后按 Enter 键，就会显示 print() 函数的说明。若要离开，可以输入 quit。

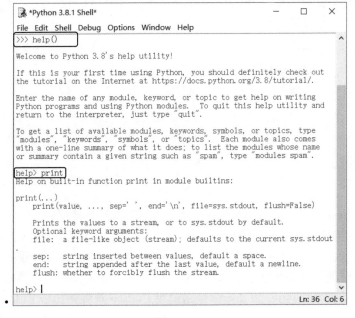

图 1-15

➤ 将想要查看的函数或对象当作 help() 函数的参数，例如，在 Python 提示符号后面输入 help(print)，然后按 Enter 键，就会显示 print() 函数的说明。

随堂练习

（1）[圆柱体积] 编写一个 Python 程序，输出半径为 10、高度为 5 的圆柱体积。

（2）[圆柱表面积] 编写一个 Python 程序，输出半径为 10、高度为 5 的圆柱表面积。

【提示】

（1）圆柱体积公式：$V = \pi r^2 \times h$

（2）圆柱表面积公式：$A = \pi r^2 \times 2 + 2\pi r \times h$

【解答】

（1）print("圆柱体积为", 3.14 * 10 * 10 * 5)

（2）print("圆柱表面积为", 3.14 * 10 * 10 * 2 + 2 * 3.14 * 10 * 5)

执行结果如图 1-16 所示。

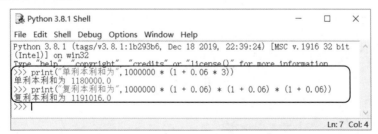

图 1-16

随堂练习

（1）[单利本利和] 假设小明向朋友借款 100 万元，约定利息的年利率为 6% 单利计算，借款期限为 3 年，请编写一个 Python 程序，输出 3 年后小明应该还款的本利和。

（2）[复利本利和] 接上题，但利息由单利计算改为复利计算，请编写一个 Python 程序，输出 3 年后小明应该还款的本利和。

【提示】

（1）单利本利和公式：本金 ×（1 + 年利率 × 年）

（2）复利本利和公式：本金 ×（1 + 年利率）^{年}

【解答】

（1）print("单利本利和为", 1000000 * (1 + 0.06 * 3))

（2）print("复利本利和为", 1000000 * (1 + 0.06) * (1 + 0.06) * (1 + 0.06))

执行结果如图 1-17 所示。

图 1-17

1.3　搭建 Anaconda 开发环境

除了官方版 Python 之外，有程序设计经验或想进一步提升开发效率的人也可以使用 Anaconda，这个集成开发环境具有下列特点。

➢ 开放源代码，可以免费使用。

➢ 支持 Windows、Linux 与 macOS 平台。

➢ 可以自由切换 Python 3.x 与 Python 2.x。

➢ 包含 Python 常用的数据分析、科学计算、可视化、机器学习的包。

➢ 内置 Spyder 编辑器与 Jupyter Notebook 程序开发工具。

1.3.1　安装 Anaconda

可以按照如下步骤安装 Anaconda。

（1）连接到 Anaconda 下载网站（https://www.anaconda.com/download/），然后根据操作系统平台（Windows、Linux、macOS）下载 Python 3.x 安装程序。图 1-18 所示是下载 Windows 平台的 Python 3.7（本书写作时还没有 Python 3.8 版本对应的 Anaconda）。

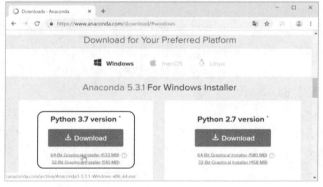

图 1-18

（2）在资源管理器中找到下载完成的 Anaconda 安装文件（本书下载的是 Anaconda3-5.3.1-Windows-x86_64.exe），然后双击执行。

（3）出现安装程序画面，如图 1-19 所示，单击 Next 按钮。

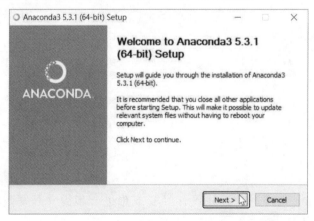

图 1-19

（4）出现许可协议画面，如图 1-20 所示，单击 I Agree（我同意）按钮。

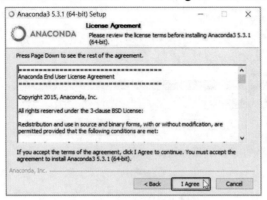

图 1-20

（5）出现画面询问安装类型，如图 1-21 所示，选中 Just Me（recommended）单选按钮，然后单击 Next 按钮。

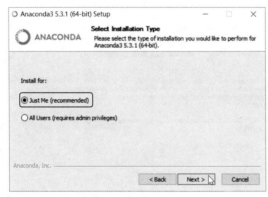

图 1-21

（6）出现画面询问安装路径，如图 1-22 所示，单击 Next 按钮使用默认的路径。

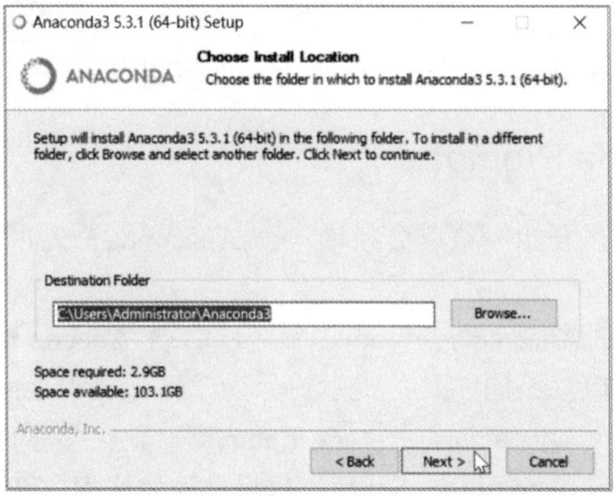

图 1-22

（7）开始安装，请稍候！安装完毕后单击 Next 按钮，如图 1-23 所示。

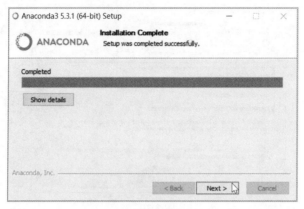

图 1-23

（8）出现询问是否安装 Microsoft VSCode 的画面，如图 1-24 所示，单击 Skip（跳过）按钮。

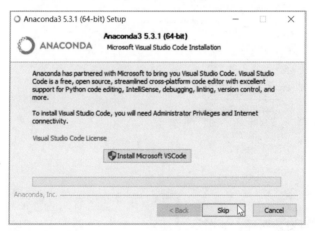

图 1-24

（9）出现感谢安装 Anaconda 的画面，单击 Finish 按钮。

1.3.2 使用 Anaconda Prompt

安装完 Anaconda 后，"开始"菜单会新增一个 Anaconda 3 文件夹，里面有数个选项，如图 1-25 所示。

执行"开始\Anaconda3\Anaconda Prompt"命令，启动 Anaconda Prompt 窗口，画面类似 Windows 的命令提示符窗口，不同的是，提示符号为"(base)C:\Users\用户名称>"，我们可以在此管理工具包，例如输入 conda list，然后按 Enter 键，就会显示已经安装的包，如图 1-26 所示。本书介绍的 NumPy、matplotlib、SciPy、pandas 等包均包含在内。

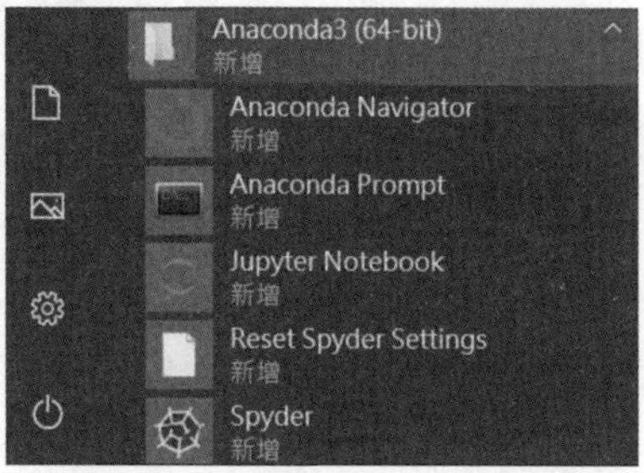

图 1-25

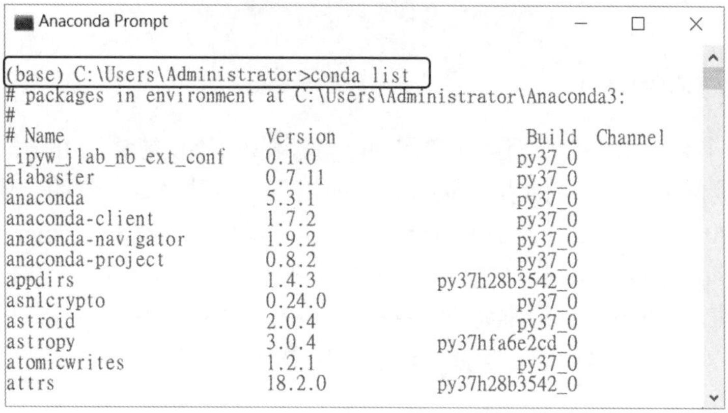

图 1-26

1. 安装、更新、移除包

若要安装尚未安装的包，可以在 Anaconda Prompt 窗口中输入如下命令。

```
conda install 包名
```

若要更新已经安装的包，可以在 Anaconda Prompt 窗口中输入如下命令。

```
conda update 包名
```

若要移除已经安装的包，可以在 Anaconda Prompt 窗口中输入如下命令。

```
conda uninstall 包名
```

例如，下面的命令分别可用来安装、更新、移除 NumPy 包。

```
(base) C:\Users\Administrator>conda install NumPy
(base) C:\Users\Administrator>conda update NumPy
(base) C:\Users\Administrator>conda uninstall NumPy
```

2. 执行 Python 程序文件

若要执行 Python 程序文件，可以在 Anaconda Prompt 窗口中输入如下命令。

```
python 程序文件名
```

例如，下面的命令可用来执行 1.2.3 小节的 F:\hello.py，执行结果如图 1-27 所示。

(base) C:\Users\Administrator>python F:\hello.py

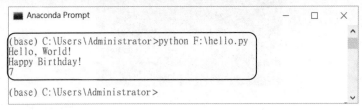

图 1-27

1.3.3 使用 IPython

IPython 是一个类似 IDLE 的交互式 Python 开发环境，不仅能够让用户在互动模式中执行 Python 程序，还提供了颜色标示、历史记录、智能输入、自动完成、说明、侦错等功能。

执行 "开始\Anaconda3\Anaconda Prompt" 命令，启动 Anaconda Prompt 窗口，在提示符号后面输入 IPython，按 Enter 键，就会进入如图 1-28 所示的互动模式，此时提示符号变成 In [1]:，1 为行号，表示 IPython 已经准备好要接收 Python 程序，请输入 print("Hello, World!")，然后按 Enter 键，就会立刻执行该语句并出现执行结果。

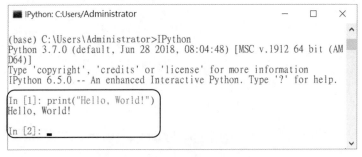

图 1-28

除了输入 Python 程序外，IPython 还有一些实用的功能，如下所示。

➢ **输入重复的语句**：若要执行之前输入过的语句，可以按上下键，找到后按 Enter 键。

➢ **执行程序文件**：若要执行已经编写好的 Python 程序文件，可以输入 "%run *程序文件名*"，然后按 Enter 键。

➢ **结束 IPython**：若要结束 IPython，可以输入 quit，然后按 Enter 键。

➢ **查看历史记录**：若要查看之前输入过的语句，可以输入 history，然后按 Enter 键，如图 1-29 中圈起来的部分。

➢ **查看说明**：若要查看某个命令、函数或变量的说明，可以输入名称和问号（?），然后按 Enter 键。例如，输入 print?，然后按 Enter 键，就会出现如图 1-30 所示的说明。

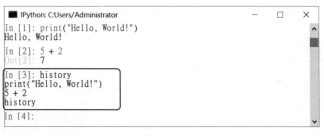

图 1-29

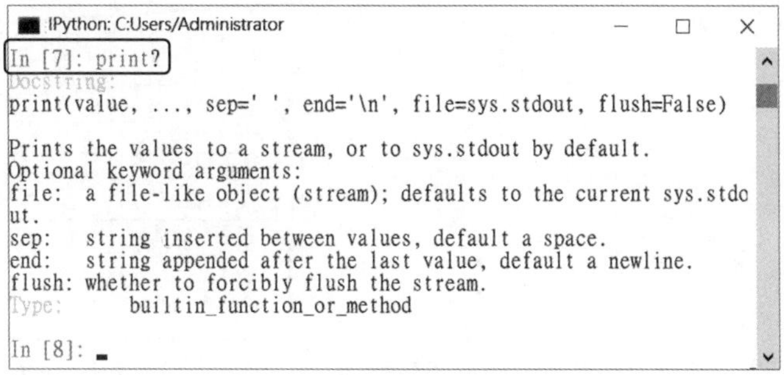

图 1-30

➢ **智能输入**：若要显示包含某些文字的名称，可以输入部分文字，然后按 Tab 键。例如，输入 p，然后按 Tab 键，就会出现如图 1-31 所示的名称供用户参考。

图 1-31

1.3.4 使用 Spyder

Anaconda 内置 Spyder 编辑器，这是一个开放源代码、跨平台的 Python 集成开发环境，执行"开始\Anaconda3\Spyder"命令，启动 Spyder，如图 1-32 所示。

➢ **默认的文件路径**：Spyder 默认的文件路径为 C:\Users\Administrator\.spyder-py3\temp.py，若要存储为其他文件，可以选择 File\Save As 命令，然后在"另存为"对话框中指定路径与文件名；若要创建新的 Python 程序文件，可以选择 File\New File 命令；若要开启已经存储的文件，可以选择 File\Open 命令，然后在打开的旧文件对话框中选择文件。

➢ **程序编辑区**：这个区域用来输入 Python 程序。

➢ **变量管理器、资源管理器、说明**：这个区域用来查看变量、对象和文件的相关信息，如变量的名称、类型、大小、值等。

默认的文件路径　　　　　　　　　变量管理器、资源管理器、说明

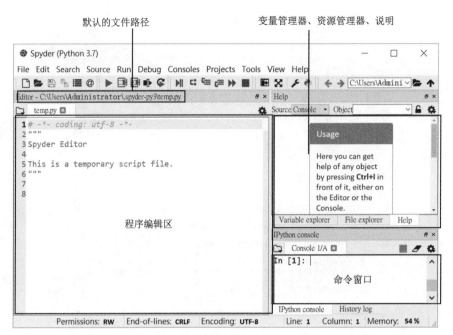

图 1-32

➢ **命令窗口**：这个区域用来显示 Python 程序的执行结果，或当作互动模式，直接输入并执行 Python 程序。

例如，在程序编辑区输入如图 1-33 所示的两行语句，然后单击 按钮存储文件，再单击 按钮执行文件，命令窗口区就会显示执行结果。

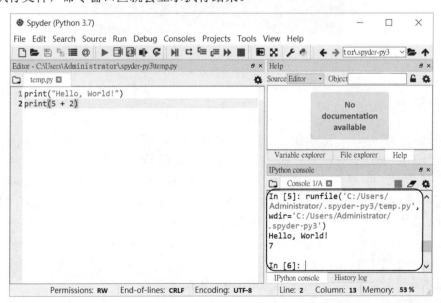

图 1-33

Spyder 也提供了智能输入功能，例如输入 p，然后按 Tab 键，就会出现如图 1-34 所示的名称，此时只要按上下键选择名称，然后按 Enter 键，就可以完成输入。

图 1-34

1.4 Python 程序代码编写风格

程序（program）由一行一行的语句（statement）组成，而语句是由"关键字""特殊字符"或"标识符"组成的。

➤ **关键字**（keyword）：又称为保留字（reserved word），由 Python 定义，包含特定的意义与用途，程序设计人员必须遵守 Python 的规定使用关键字，否则会发生错误。举例来说，class 是 Python 用来定义类的关键字，所以不能使用 class 定义变量或函数。

➤ **特殊字符**（special character）：Python 有不少特殊字符，如函数名称后面的小括号、标示字符串的双引号（"）、标示注释的井字符号（#）等。

➤ **标识符**（identifier）：除了关键字和特殊字符外，程序设计人员可以自行定义新字符，作为变量、函数或类的名称，例如 userName 就叫作标识符。标识符不一定要合乎英文文法，但要合乎 Python 命名规则，而且英文字母有大小写之分。

原则上，语句是程序中最小的可执行单元，而多个语句可以构成函数（function）、流程控制（flow control）、类（class）等较大的可执行单元。

Python 官方网站针对 Python 程序代码编写风格提出了 PEP 8—Style Guide for Python Code（https://www.python.org/dev/peps/pep-0008/），内容涵盖命名规则、批注、缩进、空格等的建议写法，虽然不是硬性规定，但遵循这些风格可以提高程序的可读性，让程序更容易侦错与维护。

1. 英文字母大小写

Python 会区分英文字母大小写，例如 userAddress 和 UserAddress 是不同的标识符，而 print 是内部函数的名称，Print 则不是。若将 print("Hello, World!") 写成 Print("Hello, World!")，就会发生错误。

2. 空格

➢ 建议在运算符的前后各自加上一个空格，让程序更容易阅读。例如：

```
i = 100
c = (a + b) * (a - b)
```

不要写成如下：

```
i=100
c=(a+b)*(a-b)
```

➢ 建议一行一个语句（无须加上分号或句号），不要一行多个语句。
➢ 下列情况应避免额外的空格。
  ↘ 函数调用的左括号前面。
  ↘ 逗号、分号、冒号前面。
  ↘ 紧连在小括号、中括号、大括号之内。

例如，print(x, y)不要写成 print (x, y)、print(x , y)、print(x, y)。

3. 每行最大长度

建议每行最多 79 个字符，因为仍有一些设备受限于每行 80 个字符。若一行语句太长，想要分行，可以使用行接续符号 \。以下面的语句为例：

```
print(1 + 2 + 3 + 4 + 5 + 6 + 7 + 8 \
      + 9 + 10)
```

这两行语句其实就等同于如下语句：

```
print(1 + 2 + 3 + 4 + 5 + 6 + 7 + 8 + 9 +10)
```

4. 缩进

每个缩进层级使用 4 个空格，也可使用 Tab 键，但不能混合空格和 Tab 键。Python 使用缩进划分程序的执行代码块，因此，程序不能随意缩进。以图 1-35 中所示的语句为例，由于第 3 行缩进，就会导致执行时发生错误。缩进通常出现在流程控制或函数的定义里面，我们会在相关的章节中进行说明。

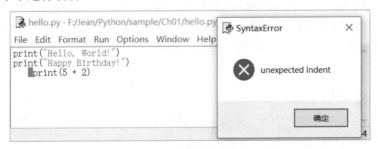

图 1-35

5. 注释

注释（comment）用来记录程序的用途与结构。Python 提供下列两种注释符号。

> #：表示单行注释，可以自成一行，也可以放在一行语句的最后，当解释器遇到 # 符号时，会忽略从该符号到该行结尾之间的语句，不会加以执行。例如：

```
# 我的第一个 Python 程序
print("Hello, World!")
```

也可写成如下形式：

```
print("Hello, World!")                    # 我的第一个 Python 程序
```

> '''：表示多行注释，当解释器遇到 ''' 符号时，会忽略从该符号到下一个 ''' 符号之间的语句，不会加以执行。例如：

```
''' 我的第一个 Python 程序
它将会输出 Hello, World!
'''
```

适当的注释可以提高程序的可读性，让程序更容易侦错与维护。建议在程序的开头以注释说明程序的用途，而在一些重要的函数或步骤前面也以注释说明其功能或所采取的算法，同时注释尽可能简明扼要，掌握过犹不及的原则。

6. 关键字一览

下面列出了 Python 中常用的关键字。

False	class	finally	is
return	None	continue	for
lambda	try	True	def
from	nonlocal	while	and
del	global	not	with
as	elif	if	or
yield	assert	else	import
pass	break	except	in
raise			

除了上面所列的关键字外，Python 的关键字尚有一些预先定义的函数名称、常量名称、类名称等，由于这些名称非常多，无法一一列举，有兴趣的读者可以参考 Python 说明文件。

1.5 程序设计错误

侦错（debugging）对程序设计人员来说是必经的过程，无论是大型如 Microsoft Windows、Office、Photoshop 等商用软件，或小型如我们编写的 Python 程序，都可能发生错误，因此，程序在推出之前都必须经过严密的测试与侦错。

常见的程序设计错误有下列 3 种类型。

  ➤ **语法错误**（syntax error）：这是在编写程序时最容易发生的错误，任何程序语言，包括 Python 在内，都有其专属的语法，必须加以遵循，一旦误用语法，就会发生错误，如不当的缩进、遗漏必要的符号、拼写错误等。

对于语法错误，Python 解释器会直接显示哪里有错误，以及造成错误的原因，只要按提示修正即可。以图 1-36 为例，第 1 个语句故意遗漏标识字符串结尾的双引号，于是出现 SyntaxError: EOL while scanning string literal 错误信息，表示扫描字符串时出现一行的结尾，而第 2 个语句故意在 print() 函数的前面缩进 4 个空格，于是出现 SyntaxError: unexpected indent 错误信息，表示超乎预期的缩进。

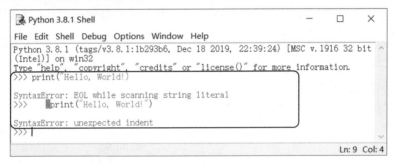

图 1-36

  ➤ **执行期间错误**（runtime error）：这是在程序执行期间发生的错误。导致执行期间错误的往往不是语法问题，而是一些看起来似乎正确却无法执行的程序代码。

以下面的语句为例，这 3 行语法都没有错误，可是在执行第 3 行时会出现如图 1-37 所示的 ZeroDivisionError: division by zero 错误信息，表示零除，原因是没有考虑到除数不得为 0 的情况，导致程序终止执行。对于程序执行期间错误，只要根据解释器显示的错误信息修正即可。

```
X = 1                          # 将变量 X 的值设置为 1
Y = 0                          # 将变量 Y 的值设置为 0
print(X / Y)                   # 输出变量 X 除以变量 Y 的结果
```

  ➤ **逻辑错误**（logic error）：这是在使用程序时发生的错误。例如，用户输入不符合要求的数据，程序却没有设计如何处理这种情况，或是在编写循环时没有充分考虑结束条件，导致陷入无穷循环。逻辑错误是最难修正的错误类型，因为不容易找出导致错误的真正原因，但还是可以从执行结果不符合预期来判断是否有逻辑错误。

图 1-37

学习检测

一、选择题

1. 下列哪个选项不是 Python 的特点？（　　　）

　　A. 语法简洁　　　　　B. 开放源代码　　　　C. 可移植性高　　　　D. 编译式语言

2. 下列哪个选项为 Python 解释器的提示符号？（　　　）

　　A. :>　　　　　　　　B. >>>　　　　　　　　C. #　　　　　　　　　D. $

3. 下列哪个选项为 Python 的多行注释符号？（　　　）

　　A. #　　　　　　　　B. '''　　　　　　　　　C. /*　*/　　　　　　　D. /

4. Python 程序的扩展名是什么？（　　　）

　　A. .py　　　　　　　B. .jsp　　　　　　　　C. .php　　　　　　　　D. .html

5. 下列哪个选项为 Python 的行接续符号？（　　　）

　　A. #　　　　　　　　B. '''　　　　　　　　　C. /*　*/　　　　　　　D. /

6. Python 3 程序默认的编码方式是什么？（　　　）

　　A. ASCII　　　　　　B. UTF-8　　　　　　　C. GBK　　　　　　　　D. EBCDIC

7. 若遗漏标识字符串结尾的双引号，将会发生下列哪种错误？（　　　）

　　A. 语法错误　　　　　B. 执行期间错误　　　　C. 逻辑错误　　　　　　D. 编译期间错误

8. 若要在 Python 程序中计算圆面积，却误用圆周长公式，将会发生下列哪种错误？

（　　　）

    A. 语法错误　　　　　　B. 执行期间错误　　　　C. 逻辑错误　　　　　　D. 编译期间错误

9. 若要结束 Python 解释器，可以在 >>> 提示符号后输入下列哪个函数？（　　　）

    A. end()　　　　　　　　B. help()　　　　　　　　C. credits()　　　　　　D. exit()

10. 下列哪个选项为 Python 的单行注释符号？（　　　）

    A. #　　　　　　　　　　B. '''　　　　　　　　　　C. /* */　　　　　　　　D. /

11. 若要查看 print() 函数的说明，可以在 >>> 提示符号后输入下列哪个命令？（　　　）

    A. help(print)　　　　　B. F1(print)　　　　　　C. doc(print)　　　　　D. manual(print)

12. 下列说法哪个选项是错误的？（　　　）

    A. Python 会区分英文字母大小写

    B. 适当的注释可以提高 Python 程序的可读性

    C. Python 的函数调用后要加分号（;）作为结束

    D. Python 使用缩进划分程序的执行代码块，程序不能随意缩进

二、练习题

1. [连续数字总和]　编写一个 Python 程序输出 1 加到 10 的结果。

2. [计算数学算式]　编写一个 Python 程序输出下列算式的结果。

$$\frac{(5+3) \times (18-2)}{(15-10)}$$

3. [时间换算]　编写一个 Python 程序输出 1 小时 10 分钟总共有几秒。

4. [计算数学算式]　编写一个 Python 程序输出下列算式的结果。

$$\frac{(2^5 \times 3^5 \times 4^3) \times (2^2 \times 3^4)}{(2^3 \times 3^2) \times (3^4 \times 4^5)}$$

5. [圆面积]　编写一个 Python 程序，输出半径为 10 的圆面积大小（提示：圆面积公式 $A = \pi R^2$）。

6. [球体积]　编写一个 Python 程序，输出半径为 10 的球体积大小（提示：球体积公式 $V = \frac{4}{3}\pi R^3$）。

7. [半衰期]　假设有个放射性物质的半衰期为 100 天，原有的质量为 400 克，请编写一个 Python 程序输出该物质经过 500 天后会剩下多少克。

8. ［预测人口总数］假设全球人口从 1980 年起 50 年内的增长率是固定的，已知 1987 年的人口总数为 50 亿，而第 60 亿人于 1999 年诞生于萨拉热窝。请编写一个 Python 程序，根据这些数据输出 2023 年的人口总数。

9. 简述程序设计错误的类型。

10. 下面的语句有哪些错误？该如何修正？

```
>>> print("Hello"
>>> print("Good  Lock!)
>>>     print("Merry  Christmas!")
>>> Print("Happy  Birthday!")
```

第 2 章

数据类型、变量与运算符

2.1 数 据 类 型

Python 将数据分成多种类型（type），例如，3.14 是浮点数、"Hello，World!"是字符串等，而类型决定了数据的表示方式，以及程序该如何处理数据。

Python 属于**动态类型**（dynamically typed）程序语言，数据在使用之前无须声明类型，同时 Python 也属于**强类型**（strongly typed）程序语言，只能接收有明确定义的操作。

举例来说，print("1＋23")会输出 1＋23，因为 Python 将 "1＋23" 视为字符串，而 print(1＋23)会输出 24，因为 Python 将 1 和 23 视为数值，1 和 23 相加会得到 24，但 print(1＋"23")则会发生错误，因为 Python 将 1 和 "23" 视为数值与字符串，而 Python 并没有明确定义数值和字符串相加的方式。

Python 内置许多类型，具体介绍如下。

➢ **数据类型**（numeric type）：int、float、complex、bool。

➢ **字符串类型**（text sequence type）：str。

➢ **二元序列类型**（binary sequence type）：bytes、bytearray、memoryview。

➢ **序列类型**（sequence type）：list、tuple、range。

➢ **集合类型**（set type）：set、frozenset。

➢ **映射类型**（mapping type）：dict。

在本章中，我们会简单介绍 int（整数）、float（浮点数）、complex（复数）、bool（布尔）、str（字符串）等基本类型，以及 list（列表）、tuple（元组）、set（集合）、dict（字典）等容器类型，然后在第 3 章和第 6 章详细说明这些类型的处理与应用。至于其他比较少用的类型，有兴趣的读者可以参考 Python 说明文件。

2.1.1 数据类型（int、float、complex、bool）

数据其实相当直观，如 1、2、3、100、−5、1.5、−2.48 等数字都是数据。Python 将数据类型进一步区分为 int（整数）、float（浮点数）、complex（复数）、bool（布尔）4 种。

1. int

int 类型用来表示**整数**（integer），没有小数部分，如 10、−532、1000000，<u>注意不能加上千分位符号，也就是说不能使用类似 1,000,000 的写法</u>。

Python 的整数默认采取十进制，若要表示八进制整数，可以在整数前面加上 0o 或 0O（第 1 个 0 为数字，第 2 个 o 或 O 为英文字母），例如 0o101 或 0O101 就相当于十进制整数 65；同理，若要表示十六进制整数，可以在整数前面加上 0x 或 0X，例如 0x41 或 0X41 相当于十进制整数 65，我们可以让 Python 解释器转换看看，如下所示，有兴趣进一步学习八进制与十六进制的读者可以参考"附录 A 数字系统与转换"（电子版）：

```
>>> 0o101                        # 八进制整数 0o101 会转换成十进制整数 65
65
>>> 0x41                         # 十六进制整数 0x41 会转换成十进制整数 65
65
>>> -0x41                        # 十六进制整数 -0x41 会转换成十进制整数 -65
-65
```

2. float

float 类型用来表示浮点数（float point number），有小数部分，例如 -123.45、0.3333333333333333，精确度取决于操作系统平台。我们也可以使用科学计数法，E 或 e 表示指数，例如 1.234567E+3 和 1.234567e+3 均表示 $1.234567×10^3$，即 1234.567，而 1.5E-3 和 1.5e-3 均表示 $1.5×10^{-3}$，即 0.0015。

3. complex

complex 类型用来表示数学的复数（complex number），虚数部分以 j 或 J 表示，例如 2+1j 或 2＋1J。若您对复数不太熟悉，跳过这个类型也无妨，因为一般人很少用到复数运算。

4. bool

bool 类型用来表示布尔值（boolean），这是 int 类型的子类型，有 True（真）和 False（假）两种值（注意，只有 T 和 F 大写），当要表示的数据只有 True 或 False、对或错、是或否两种选择时，就可以使用 bool 类型。

以下面的语句为例，1＜2 会显示 True，表示 1 小于 2 是真的；而 1＞2 会显示 False，表示 1 大于 2 是假的。

```
>>> 1 < 2
True
>>> 1 > 2
False
```

 备注

如果想查看目前操作系统平台中有关浮点数的信息，可以在 Python 解释器中输入下面的语句，此例得到的结果是最大/最小浮点数范围为 1.8e+308/2.2e-308，有效位数为 15 位、指数运算的基底为 2、最大/最小指数为 1024/-1021、最大/最小 10 的指数为 308/-307：

```
>>> import sys                   # 导入 Python 内置的 sys（系统）模块
>>> sys.float_info               # 显示浮点数的信息
sys.float_info(max=1.7976931348623157e+308, max_exp=1024, max_10_exp=308,
min=2.2250738585072014e-308, min_exp=-1021, min_10_exp=-307, dig=15,
```

注意

若数值运算的结果超过浮点数范围，将会发生溢位（overflow），例如下面的语句是计算 345.0 的 1000 次方（** 为指数运算符），结果会显示类似 OverflowError: (34, 'Result too large') 的信息，表示结果太大，导致溢位错误。

```
>>> 345.0 ** 1000
Traceback (most recent call last):
  File "<pyshell#47>", line 1, in <module>
    345.0 ** 1000
OverflowError: (34, 'Result too large')
```

2.1.2　字符串类型（str）

Python 使用 str 类型处理文字数据，即所谓的字符串（string），这是由一连串字符（character）组成、有顺序的序列（sequence），包含文字、数字、符号等。我们可以使用下列 3 种语法表示字符串。

➤ **单引号**（'）：如 'Python 程序设计'。

➤ **双引号**（"）：如 "Python 程序设计"。

➤ **3 个单引号**（'''）、**3 个双引号**（"""）：如 '''Python 程序设计''' 和 """Python 程序设计"""。这种语法允许多行字符串，中间的空格也包含在内，例如下面的语句是输出一个多行字符串。

```
>>> print("""星期一
星期二
星期三""")
星期一
星期二
星期三
```

注意

• 单引号和双引号不要混合使用，以免发生超乎预期的情况，例如 'Python 程序设计"和"Python 程序设计' 会发生语法错误。

• Python 没有提供字符类型，若要表示一个字符，可以使用长度为 1 的字符串，如 'P'、'y'。长度（length）是指字符串由几个字符组成，例如 "Python 程序设计" 的长度为 10。

• 在本书中，我们通常使用双引号（"）表示字符串，单引号（'）表示字符和空字符串，空字符串（null string）是没有包含任何字符的字符串，可以写成 ''（两个单引号中间没有任何字符）。

备注

如想知道某个数据的类型，可以将该数据当作 type() 函数的参数，让 Python 解释器告诉我们。下面是一些例子，其中关键字 class 表示类，第 10 章会介绍类与对象。

```
>>> type(1000)
<class 'int'>
>>> type(-12.53)
<class 'float'>
>>> type(2 + 1j)
<class 'complex'>
>>> type(True)
<class 'bool'>
>>> type(False)
<class 'bool'>
>>> type("Python 程序设计")
<class 'str'>
>>> type('P')
<class 'str'>
```

2.1.3 list（列表）、tuple（元组）、set（集合）与 dict（字典）

在本小节中，我们要介绍一些跟数值与字符串类型稍有不同的容器类型，包括 list、tuple、set 与 dict，之所以称为容器类型（container type），是因为这些类型就像容器，可用来装入多个不同类型的数据，当程序需要处理大量数据时，容器类型就显得格外实用。

1. list

list 类型用来表示列表，这是由一连串数据组成、有顺序且可改变内容（mutable）的序列（sequence）。列表的前后以中括号标示，里面的数据以逗号隔开，数据的类型可以不同。例如：

```
>>> [1, "Taipei", 2, "Tokyo"]              # 包含 4 个元素的列表
[1, 'Taipei', 2, 'Tokyo']
>>> [2, "Tokyo", 1, "Taipei"]              # 元素相同但顺序不同，表示不同列表
[2, 'Tokyo', 1, 'Taipei']
```

2. tuple

tuple 类型用来表示元组，这是由一连串数据组成、有顺序且不可改变内容（immutable）

注：可改变内容（mutable）是指在将列表赋值给变量后，可以变更该变量存放的列表内容，不可改变内容（immutable）的意义则相反，2.2 节会介绍变量。

的序列（sequence）。元组的前后以小括号标示，里面的数据以逗号隔开，数据的类型可以不同。例如：

```
>>> (1, "Taipei", 2, "Tokyo")          # 包含 4 个元素的元组
(1, 'Taipei', 2, 'Tokyo')
>>> (2, "Tokyo", 1, "Taipei")          # 元素相同但顺序不同，表示不同元组
(2, 'Tokyo', 1, 'Taipei')
```

3. set

set 类型用来表示集合，包含没有顺序、没有重复且可改变内容的多个数据，概念上就像数学的集合。集合的前后以大括号标示，里面的数据以逗号隔开，数据的类型可以不同。例如：

```
>>> {1, "Taipei", 2, "Tokyo"}          # 包含 4 个元素的集合
{1, 2, 'Tokyo', 'Taipei'}
>>> {2, "Tokyo", 1, "Taipei"}          # 元素相同但顺序不同，仍是相同集合
{1, 2, 'Tokyo', 'Taipei'}
```

4. dict

dict 类型用来表示字典，包含没有顺序、没有重复且可改变内容的多个键:值对（key: value pair），属于映射类型（mapping type），也就是以键（key）作为索引访问字典里的值（value）。字典的前后以大括号标示，里面的键:值对以逗号隔开。例如：

```
>>> {"ID": "N123456", "name": "小丸子"}    # 包含两个键:值对的字典
{'name': '小丸子', 'ID': 'N123456'}
>>> {"name": "小丸子", "ID": "N123456"}    # 键:值对相同但顺序不同，仍是相同字典
{'name': '小丸子', 'ID': 'N123456'}
```

我们将这些容器类型的比较归纳为表 2-1 所示，您可以先简略看一下，知道有它们的存在就好，至于容器类型的处理与应用，第 6 章会进行说明。

表 2-1　容器类型的比较归纳

容器类型	list（列表）	tuple（元组）	set（集合）	dict（字典）
前后符号	[]	()	{}	{}
有无顺序	有	有	无	无
可否改变内容	可以	不可以	可以	可以

31

2.2 变　　量

可以在 Python 程序中使用变量（variable）参照可改变的值，这个值存储在内存，可以是数值、字符串、列表、元组、集合、字典等数据。

以生活中的例子做比喻，变量就像手机通讯录的联络人，假设 SIM 卡的通讯录里面存储着陈大明的电话号码为 01012345678，表示联络人的名称与值为"陈大明"和 01012345678，只要通过"陈大明"这个名称，就能访问 01012345678 这个值，若陈大明换了电话号码，值也可以随之重新设置。

2.2.1 变量的命名规则

过去，Python 2 只支持 ASCII 编码，所以变量的名称只能使用英文字母、底线（_）和数字，但现在 Python 3 支持 Unicode 编码，除了关键字、运算符或特殊符号外，其他字符都可以当作变量的名称。

变量的名称属于标识符的一种，其命名规则如下。

➢ 第 1 个字符可以是英文字母、底线（_）或中文，其他字符可以是英文字母、底线（_）、数字或中文，英文字母有大小写之分。不过，由于标准函数库或第三方函数库几乎都是以英文来命名，考虑到与国际接轨及社区习惯，建议不用中文命名。

➢ 不能使用关键字，以及内置常量、内部函数、内置类等的名称。

➢ 建议使用有意义的英文单词和字中的大写命名，也就是以小写字母开头，之后每换一个单词，就以大写开头，如 userPhoneNumber、studentName。

➢ 对于经常使用的名称，可以使用合理的简写，如以 XML 代替 eXtensible Markup Language。

下面是一些合法的变量名称。

```
_studentID
studentName
student_name
myCar1
```

下面则是一些不合法的变量名称，您也不用太担心会误用关键字或内置函数的名称，因为在多数的 Python 集成开发环境中会以特殊的颜色显示关键字，稍微留意一下即可。

```
class                          # 不能使用关键字
customer@ID                    # 不能使用特殊符号@
7eleven                        # 不能以数字开头
!myName                        # 不能使用特殊符号!
my    Name                     # 不能包含空格
```

2.2.2　设置变量的值

Python 属于动态类型程序语言，变量在使用前无须声明类型。我们可以使用赋值运算符（=）（assignment operator）设置变量的值。例如，下面的语句是将 "小丸子" 字符串赋值给变量 myName，也就是令变量 myName 参照内存里的 "小丸子" 字符串，比较浅显易懂的说法是将变量 myName 的值设置为 "小丸子" 字符串。

```
myName = "小丸子"
```

此时，Python 会将变量 myName 视为 str 类型，若变更它的值，例如当 Python 碰到下面的语句时，则会将变量 myName 视为 int 类型。

```
myName = 123
```

虽然赋值运算符（=）与数学的等于符号（=）一样，但意义不同，前者用来设置变量的值，而后者用来表示 = 左边的表达式与 = 右边的数值相等。

原则上，使用赋值运算符（=）时，变量的名称放在 = 的左边，而变量的值放在 = 的右边，但有时变量的名称也可能放在 = 的右边。以下面的语句为例，第 1 行语句是将变量 X 的值设置为 1，而第 2 行语句是将变量 X 的值设置为变量 X 原来的值加 1，也就是 2。

```
>>> X = 1
>>> X = X + 1
>>> X
2
```

请注意，虽然 Python 允许变量在使用前无须声明类型，但仍需设置变量的值，否则会发生错误。以下面的语句为例，由于我们尚未设置变量 W 的值就要加以使用，导致发生 NameError（名称错误）。

```
>>> 1 + W
Traceback (most recent call last):
  File "<pyshell#15>", line 1, in <module>
    1 + W
NameError: name 'W' is not defined
```

此外，可以通过一个语句设置多个变量的值。例如，下面的语句是将 X、Y、Z 3 个变量的值全部设置为 100。

```
X = Y = Z = 100
```

而下面的语句则是将 X、Y、Z 3 个变量的值分别设置为 100、3.14159、"Hello, World!"。

```
X, Y, Z = 100, 3.14159, "Hello, World!"
```

随堂练习

在 Python 解释器中输入下列语句，看看结果为何？

（1）

```
>>> A = 1
>>> A = "happy"
>>> print(type(A))
```

（2）

```
>>> A, B, C = 10, 20, 40
>>> print((A + B + C) / 3)
```

02

（3）

```
>>> X = Y = Z = 100
>>> X = X + 5
>>> print(X, Y, Z)
```

（4）

```
>>> Q = Q + 2
```

【解答】

（1）<class 'str'>

（2）23.333333333333332

（3）105 100 100

（4）NameError: name 'Q' is not defined（名称 Q 尚未定义）

2.3 常 量

常量（constant）是一个有意义的名称，它的值不会随着程序的执行而改变，同时程序设计人员也无法变更常量的值。

Python 内置的常量不多，常用的如下，我们不能变更这几个关键字的值，否则会发生错误。

➤ True：bool 类型的 True（真）值。

➤ False：bool 类型的 False（假）值。

➤ None：表示空值，若变量的值被设置为 None，则表示没有值。

Python 并没有提供定义常量的语法，不过，我们还是可以按惯例使用全部大写为常量命名，与一般的变量做区分。下面是一个例子，它会输出半径为 10 的圆面积，如图 2-1 所示。

\Ch02\area1.py

```
# 将圆周率 PI 定义为常量
PI = 3.14159
# 将半径设置为 10
radius = 10
# 输出圆面积
print(PI * radius * radius)
```

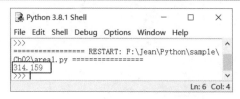

图 2-1

使用常量的优点如下。

➢ 使用达意的名词为常量命名，可以提高程序的可读性。

➢ 若程序中经常会用到常量，就不必重复输入其值。

➢ 若需要变更常量的值（例如，将 PI 的值由 3.14159 变更为 3.14159265），只要修改一个地方即可。

2.4 运 算 符

运算符（operator）是一种用来进行运算的符号，而操作数（operand）是运算符进行运算的对象，通常将运算符与操作数组成的语句称为表达式（expression）。表达式其实就是会产生值的语句，例如 5 + 10 是表达式，它产生的值为 15，其中 + 为运算符，而 5 和 10 为操作数。

可以按功能将 Python 的运算符分为下列几种类型。

➢ **算术运算符**（arithmetic operator）：+、−、*、/、//、%、**。

➢ **移位运算符**（shifting operator）：<<、>>。

➢ **位运算符**（bitwise operator）：~、&、|、^。

➢ **比较运算符**（comparison operator）：>、<、>=、<=、==、!=。

➢ **逻辑运算符**（logical operator）：and、or、not。

➢ **赋值运算符**（assignment operator）：=、+=、−=、*=、/=、//=、%=、**=、<<=、>>=、&=、|=、^=。

35

> ➤ **其他特殊符号**：( )、[ ]、{ }、,、:、.、;。

或者，也可以依照操作数的个数将 Python 的运算符分为下列两种类型。

> ➤ **单目运算符**（unary operator）：也称为"一元运算符""单元运算符"，+、– 和 ~ 属于单目运算符，只有一个操作数，此时的 +、– 不是加法和减法运算符，而是用来表示正数值和负数值，采取前缀记法（prefix notation），如 +5 或 –5。
> ➤ **双目运算符**（binary operator）：也称为"二元运算符"，+、–和 ~ 以外的运算符属于双目运算符，有两个操作数，采取中缀记法（infix notation），如 1.23 * 1000 或 1200 / 50。

2.4.1　算术运算符

算术运算符可以用来进行算术运算，Python 提供如下的算术运算符。

1.　+（加法）

+ 运算符的语法如下，表示 a 加 b。

```
a + b
```

例如：

```
>>> 12 + 3
15
>>> 1.234 + 5.678
6.912
```

> ➤ + 运算符也可以用来表示正数值，如 +5 表示正整数 5。
> ➤ + 运算符也可以用来连接字符串，例如 "5" + "apples" 会得到 "5apples"，但 5+ "apples" 则会发生错误，因为 5 是数值，不是字符串。

2.　–（减法）

– 运算符的语法如下，表示 a 减 b。

```
a - b
```

例如：

```
>>> 12 - 3
9
>>> 1.456 - 5.456
-4.0
```

> ➤ – 运算符也可以用来表示负数值，如 –5 表示负整数 5。
> ➤ 由于 bool 类型为 int 类型的子类型，所以类似 5 + True 或 5 – False 的表达式都是合法的，前者会得到 6，因为 True 会被当作整数 1，而后者会得到 5，因为 False 会被当作整数 0。

3. * （乘法）

* 运算符的语法如下，表示 a 乘以 b。

```
a * b
```

例如：

```
>>> 12 * 3
36
>>> 10 * 0.5
5.0
```

* 运算符也可以用来重复字符串，例如 3 * "ABCD" 和 "ABCD" * 3 都会得到 "ABCDABCDABCD"。

4. / （浮点数除法）

/ 运算符的语法如下，表示 a 除以 b，结果为 float 类型。

```
a / b
```

例如：

```
>>> 12 / 3
4.0
>>> 7 / 3
2.3333333333333335
```

5. // （整数除法）

// 运算符的语法如下，表示 a 除以 b 的商数，结果为 int 类型，小数部分直接舍去，不是四舍五入。

```
a // b
```

例如：

```
>>> 12 // 3
4
>>> 7 // 3
2
```

6. % （余数）

% 运算符的语法如下，表示 a 除以 b 的余数。

```
a % b
```

例如：

```
>>> 12 % 5
2
>>> 12.5 % 5
2.5
```

或许您会疑惑这个运算符能够做什么，最简单的例子就是用来判断一个整数是偶数，还是奇数，只要计算该整数除以 2 的余数即可，余数为 0 表示偶数，余数为 1 表示奇数。

另一个例子是假设有 20 颗糖果要分给 7 个小朋友，请问会剩下几颗？答案是 20 % 7，也就是剩下 6 颗。

7. ** （指数）

** 运算符的语法如下，表示 a 的 b 次方。

```
a ** b
```

例如：

```
>>> 9 ** 2                          # 9 的 2 次方 (9 的平方)
81
>>> 9 ** 0.5                        # 9 的平方根
3.0
```

2.4.2　移位运算符

移位运算符可用来进行移位运算。Python 提供如下的移位运算符，由于这涉及二进制的位运算，必须对二进制有一定程度的认知，才能完全理解，有兴趣的读者可以参考"附录 A 数字系统与转换"（电子版）。

➤ <<（向左移位）：语法如下，表示将 a 的位向左移动 b 所指定的位数，例如 1 << 3 会得到 8，因为 1 的二进制值是 00000001，而向左移动 3 位会得到 00001000，即 8。

```
a << b
```

➤ >>（向右移位）：语法如下，表示将 a 的位向右移动 b 所指定的位数，例如 8 >> 2 会得到 2，因为 8 的二进制值是 00001000，而向右移动 2 位会得到 00000010，即 2。

```
a >> b
```

事实上，a << b 相当于 a 乘以 2 的 b 次方，而 a >> b 相当于 a 除以 2 的 b 次方。

2.4.3　位运算符

位运算符可用来进行位运算。Python 提供如下的位运算符，同样，这涉及二进制的位运算，必须对二进制有一定程度的认知，才能完全理解，建议初学者简略看过就好，等有需要的时候再研究。

➤ ~（位 NOT）：语法如下，表示将 a 进行位否定，若位为 1，就返回 0；否则返回 1。例如，~10 会得到-11，因为 10 的二进制值是 00001010，~10 的二进制值是 11110101，而 11110101 在 2 的补码表示法中是-11，2 的补码（2's complement）表示法是计算机系统用来表示正负整数的一种方式。

~a

➤ &（位 AND）：语法如下，表示将 a 和 b 进行位结合，若两者对应的位均为 1，位结合就是 1；否则是 0。例如，10 & 6 会得到 2，因为 10 的二进制值是 00001010，6 的二进制值是 00000110，而 00001010 & 00000110 会得到 00000010，即 2。

a & b

➤ |（位 OR）：语法如下，表示将 a 和 b 进行位分离，若两者对应的位均为 0，位分离就是 0，否则是 1。例如，10|6 会得到 14，因为 00001010|00000110 会得到 00001110，即 14。

a | b

➤ ^（位 XOR）：语法如下，表示将 a 和 b 进行位互斥，若两者对应的位一个为 1，一个为 0，位互斥就是 1；否则是 0。例如，10^6 会得到 12，因为 00001010 ^ 00000110 会得到 00001100，即 12。

a ^ b

2.4.4 比较运算符

比较运算符用来比较两个操作数的大小是否相等，若结果为真，就返回 True；否则返回 False。Python 提供如表 2-2 所示的比较运算符，我们可以根据比较的结果进行不同的处理。

表 2-2 比较运算符

运 算 符	语 法	说 明
>	a > b	若 a 大于 b，就返回 True；否则返回 False，例如 18+3>18 会得到 True
<	a < b	若 a 小于 b，就返回 True；否则返回 False，例如 18+3<18 会得到 False
>=	a >= b	若 a 大于或等于 b，就返回 True；否则返回 False，例如 18+3>=21 会得到 True
<=	a <= b	若 a 小于或等于 b，就返回 True；否则返回 False，例如 18+3<=21 会得到 True
==	a == b	若 a 等于 b，就返回 True；否则返回 False，例如 21+5==18+8 会得到 True
!=	a != b	若 a 不等于 b，就返回 True；否则返回 False，例如 21+5 != 18+8 会得到 False

下面是一些例子，需要注意的是，比较运算符也可以用来比较两个字符串的大小，3.2.6 小节有进一步的说明。

```
>>> 123 == "123"                          # 数值 123 不等于字符串 123
False
>>> "ABC" == "abc"                        # "ABC" 不等于 "abc"，因为大小写不同
False
>>> True == 1                             # bool 类型为 int 类型的子类型，True 会被当作 1
True
>>> False == 0                            # bool 类型为 int 类型的子类型，False 会被当作 0
True
```

2.4.5　赋值运算符

赋值运算符可用来进行赋值运算。Python 提供如表 2-3 所示的赋值运算符。

表 2-3　赋值运算符

运　算　符	语　法	说　　　明
=	a = b	将 b 赋值给 a，也就是将 a 的值设置为 b 的值
+=	a += b	相当于 a = a + b，+ 为加号，也就是将 a 的值设置为 a 原来的值加 b 的值，下面以此类推
-=	a -= b	相当于 a = a - b，- 为减法运算符
*=	a *= b	相当于 a = a * b，* 为乘法运算符
/=	a /= b	相当于 a = a / b，/ 为浮点数除法运算符
//=	a //= b	相当于 a = a // b，// 为整数除法运算符
%=	a %= b	相当于 a = a % b，% 为余数运算符
**=	a **= b	相当于 a = a ** b，** 为指数运算符
<<=	a <<= b	相当于 a = a << b，<< 为向左移位运算符
>>=	a >>= b	相当于 a = a >> b，>> 为向右移位运算符
&=	a &= b	相当于 a = a & b，& 为位 AND 运算符
|=	a |= b	相当于 a = a | b，| 为位 OR 运算符
^=	a ^= b	相当于 a = a ^ b，^ 为位 XOR 运算符

下面是一些例子：

```
>>> a, b, c = 5, 10, 15                   # 将变量 a、b、c 设置为 5、10、15
>>> a *= b                                # 相当于 a = a * b
>>> a                                     # 显示变量 a 的值
50
>>> c %= 4                                # 相当于 c = c % 4
>>> c                                     # 显示变量 c 的值
3
```

2.4.6 逻辑运算符

逻辑运算符可以用来进行逻辑运算。Python 提供如下的逻辑运算符。

1. and

and 运算符的语法如表 2-4 所示，表示将 a 和 b 进行逻辑与运算，若两者的值均为 True，就返回 True；否则返回 False。

a and b

表 2-4　and 运算符

a	b	a and b
True	True	True
True	False	False
False	True	False
False	False	False

例如：

```
>>> 5 > 4 and 3 > 2        # 5 > 4 为 True，3 > 2 为 True，True and True 会得到 True
True
>>> 5 > 4 and 3 < 2        # 5 > 4 为 True，3 < 2 为 False，True and False 会得到 False
False
>>> 5 < 4 and 3 > 2        # 5 < 4 为 False，3 > 2 为 True，False and True 会得到 False
False
```

2. or

or 运算符的语法如表 2-5 所示，表示将 a 和 b 进行逻辑或运算，若两者的值均为 False，就返回 False；否则返回 True。

a or b

表 2-5　or 运算符

a	b	a or b
True	True	True
True	False	True
False	True	True
False	False	False

例如：

```
>>> 5 > 4 or 3 < 2          # 5 > 4 为 True，3 < 2 为 False，True or False 会得到 True
True
>>> 5 < 4 or 3 > 2          # 5 < 4 为 False，3 > 2 为 True，False or True 会得到 True
True
>>> 5 < 4 or 3 < 2          # 5 < 4 为 False，3 < 2 为 False，False or False 会得到 False
False
```

3. not

not 运算符的语法如表 2-6 所示，表示将 a 进行逻辑非运算，若 a 的值为 True，就返回 False；否则返回 True。

```
not a
```

表 2-6　not 运算符

a	not a
True	False
False	True

例如：

```
>>> not 5 > 4              # 5 > 4 为 True，not True 会得到 False
False
>>> not 5 < 4              # 5 < 4 为 False，not False 会得到 True
True
```

2.4.7　其他特殊符号

除了前面介绍的运算符外，Python 还有一些特殊符号，见表 2-7。

表 2-7　特殊符号

符　　号	说　　明
( )	定义 tuple（元组）、函数调用、以小括号括住的表达式会优先计算
[ ]	定义 list（列表）或作为索引运算符
{ }	定义 set（集合）或 dict（字典）
,	分隔变量、表达式或容器类型里的元素
:	字典里的键:值对或条件式后面的符号
.	存取（访问）对象的方法（method）或属性（attribute）
;	分隔语句

下面是一些例子：

```
>>> myName = "Jean"       # 将变量 myName 的值设置为 "Jean"
```

```
>>> myName[0]                    # 显示变量 myName 的第 1 个字符，[ ] 为索引运算符
'J'
>>> myName[1]                    # 显示变量 myName 的第 2 个字符，[ ] 为索引运算符
'e'
>>> import math                  # 导入 Python 内置的 math (数学) 模块
>>> math.pi                      # 显示 math.pi 属性的值（使用小数点访问属性）
3.141592653589793
>>> r1 = 10; r2 = 100            # 使用分号隔开两条语句
>>> r1                           # 显示变量 r1 的值
10
>>> r2                           # 显示变量 r2 的值
100
```

2.4.8 运算符的优先级

当表达式中有多个运算符时，Python 会按表 2-8 所示的优先级高者先执行，相同者则按出现顺序由左到右依次执行。若要改变默认的优先级，可以加上小括号()，Python 就会优先执行小括号内的表达式。

表 2-8 运算符优先级

运　算　符	说　　明
(···)、[···]、{···}	tuple、list、set、dict
a[i]、a[i:j]、a(···)、a.b、a.b(···)	索引、函数调用、存取/访问对象的方法或属性
a ** b	指数运算
+a、−a、~a	正号、负号、位 NOT 运算
a * b、a / b、a // b、a % b	乘法、除法、整数除法、余数运算
a + b、a − b	加法、减法运算
a << b、a >> b	移位运算
a & b	位 AND 运算
a ^ b	位 XOR 运算
a | b	位 OR 运算
>、<、>=、<=、==、!=	比较运算
not a	逻辑 NOT 运算
a and b	逻辑 AND 运算
a or b	逻辑 OR 运算

（表左侧标注：高 ↓ 低）

以 25 < 10 + 3 * 4 为例，首先执行乘法运算符，3 * 4 会得到 12，接着执行加号，10 + 12 会得到 22，最后执行比较运算符，25 < 22 会得到 False。不过，若加上小括号改变优先级，

结果可能会不同。以 25 <（10 + 3）* 4 为例，首先执行小括号内的表达式，10 + 3 会得到 13，接着执行乘法运算符，13 * 4 会得到 52，最后执行比较运算符，25 < 52 会得到 True。

随堂练习

在 Python 解释器中输入下列语句，看看结果为何？

（1） 2 / 3.0   （2） 12.3 * 10 % 5
（3） −1.0 / 0   （4） 123 // 5
（5） "A" == "a"   （6） (5 > 3) or (4 < 2)
（7） (5 <= 9) and (not (3 > 7))   （8） 10 * 2 == "20"
（9） "Wow" * 4   （10） ("abc" != "ABC") or (3 > 5)
（11） "8" + "Happy"   （12） 8 + "Happy"
（13） −128 >> 3   （14） 2 << 10
（15） 2 & 10   （16） 2 | 10

【解答】
（1） 0.6666666666666666   （2） 3.0
（3） ZeroDivisionError   （4） 24
（5） False   （6） True
（7） True   （8） False
（9） 'WowWowWowWow'   （10） True
（11） '8Happy'   （12） TypeError
（13） −16   （14） 2048
（15） 2   （16） 10

2.5 输   出

大部分程序执行完毕后，会将结果输出到屏幕。我们可以使用 Python 内置的 print() 函数在屏幕上输出指定的字符串，只要在 Python 解释器中输入 help(print)，然后按 Enter 键，就会显示 print() 函数的语法，具体如下：

```
print(value, …, sep = ' ', end = '\n', file = sys.stdout)
```

➢ *value*：这个参数用来设置要输出的值，若有多个值，中间以逗号（,）隔开。说明，本书在介绍语法时，会以斜体字标示用户自行输入的语句、表达式或名称。

➢ *sep*：这个选择性参数用来设置隔开两个值的字符串，可以省略不写，表示采取默认

值 ' '（一个空格）。

➢ *end*：这个选择性参数用来设置输出最后一个值后所要加的字符串，可以省略不写，表示采取默认值 '\n'（换行）。

➢ *file*：这个选择性参数用来设置输出设备，可以省略不写，表示采取默认值 sys.stdout（标准输出，即屏幕）。

例如：

```
>>> print("我", "是", "小丸子")              # 输出 3 个字符串，中间以空格隔开
我 是 小丸子
>>> print("我", "是", "小丸子", sep="@")      # 输出 3 个字符串，中间以 @ 隔开
我@是@小丸子
>>> print("我", "是", "小丸子", end="~~~")     # 输出 3 个字符串，最后加上 ~~~
我 是 小丸子~~~
>>> myName = "小丸子"                        # 将变量 myName 的值设置为 "小丸子"
>>> print("我", "是", myName)               # 输出两个字符串和变量 myName 的值
我 是 小丸子
```

2.6 输　入

输入也是程序的基本功能之一，能够让程序处理更多工作。可以使用 Python 内置的 input() 函数获取用户输入的数据，只要在 Python 解释器中输入 help(input)，然后按 Enter 键，就会显示 input() 函数的语法，如下所示，其中 *prompt* 为选择性参数，用来设置提示文字，可以省略不写，表示采取默认值 None（无），也就是没有提示文字。

```
input(prompt = None)
```

举例来说，可以在 Python 解释器中输入下面的第 1 行语句，然后按 Enter 键，此时会出现提示文字"请输入姓名："，于是输入"小丸子"，然后按 Enter 键，所输入的姓名就会被赋值给变量 userName。

```
>>> userName = input("请输入姓名：")
请输入姓名：小丸子
>>>
```

可以在 Python 解释器中输入下面的第 1 行语句，然后按 Enter 键，查看变量 userName 的值果然被设置为所输入的姓名。

```
>>> userName
'小丸子'
>>>
```

还记得 2.3 节用来计算圆面积的 <\Ch02\area1.py> 吗？在这个例子中，我们是直接在程序里面将变量 radius 的值设置为 10，所以只能计算半径为 10 的圆面积，相当没有弹性。试想，若改成用户输入半径，不就能计算不同半径的圆面积吗？不过，在动手改写的同时，需要使用 Python 内置的 eval() 函数将 input() 函数获取的字符串转换成数值，才能进行数值运算。

下面是一些 eval() 函数的使用范例。

```
>>> eval("123")                    # 返回字符串 "123" 转换成数值 123 的结果
123
>>> eval("-10.5")                  # 返回字符串 "-10.5" 转换成数值 -10.5 的结果
-10.5
>>> eval("1 + 2")                  # 返回数值 3，即 1 + 2 的结果
3
>>> eval("(1 + 2) * (3 + 4)")      # 返回数值 21，即 (1 + 2) * (3 + 4) 的结果
21
```

了解 eval() 函数的用法后，可以将 <\Ch02\area1.py> 改写成如下形式。

\Ch02\area2.py

```python
# 将圆周率 PI 定义为常量
PI = 3.14159
# 获取用户输入的圆半径并转换成数值
radius = eval(input("请输入圆半径："))
# 输出圆半径和圆面积
print("半径为", radius, "的圆面积为", PI * radius * radius)
```

执行结果如图 2-2 所示，此例是输入 5，所以会输出半径为 5 的圆面积。

图 2-2

随堂练习

[计算总成绩] 编写一个 Python 程序，令它要求用户输入语文、英语和数学分数，然后计算这 3 个科目的总和并输出结果。

【解答】

\Ch02\score.py

```
score1 = eval(input("请输入语文分数："))
score2 = eval(input("请输入英语分数："))
score3 = eval(input("请输入数学分数："))

total = score1 + score2 + score3
print("总成绩为", total)
```

执行结果如图 2-3 所示，此例是输入 90、80、70，所以会输出 "总成绩为 240"。

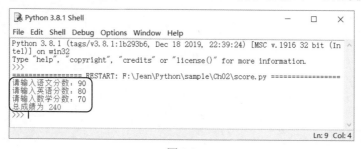

图 2-3

请注意，若输入的数据无法被 eval() 函数转换成数值，例如输入 "hello" 等非数值数据，将会发生错误并终止程序。

随堂练习

[梯形面积] 编写一个 Python 程序，令它要求用户输入梯形的上底、下底与高，然后计算梯形面积并输出结果。

【提示】

梯形面积公式：

$$A =（上底 + 下底）\times 高 \div 2$$

【解答】

\Ch02\trapezoid.py

```
top = eval(input("请输入上底："))
bottom = eval(input("请输入下底："))
height = eval(input("请输入高："))

area = (top + bottom) * height / 2
print("梯形面积为", area)
```

执行结果如图 2-4 所示，此例是输入 10、20、5，所以会输出"梯形面积为 75.0"。

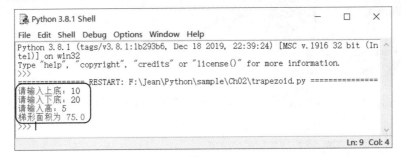

图 2-4

随堂练习

[两点距离] 编写一个 Python 程序，要求用户输入两个点的坐标，然后计算两点距离并输出结果。

【提示】

假设两点的坐标分别为（x1, y1）和（x2, y2），则两点的距离公式如下。

$$distance = \sqrt{(x2 - x1)^2 + (y2 - y1)^2}$$

【解答】

\Ch02\distance.py

```
x1, y1 = eval(input("请输入第一个点的坐标："))
x2, y2 = eval(input("请输入第二个点的坐标："))
```

```
distance = ((x2 - x1) ** 2 + (y2 - y1) ** 2) ** 0.5
print("两点距离为", distance)
```

执行结果如图 2-5 所示，此例是输入 0,0 和 1,1，所以会输出"两点距离为 1.4142135623730951"。

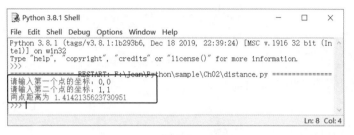

图 2-5

 学习检测

一、选择题

1. 下列哪种整数表示方式错误？（　　　）
   A. 67　　　　　　B. 0o103　　　　　　C. 0x43　　　　　　D. 6,700

2. 下列哪种字符串表示方式错误？（　　　）
   A. "Happy"　　　B. 'Happy'　　　　　C. "Happy'　　　　　D. '''Happy'''

3. 下列哪种类型最适合用来表示只有是或否两种选择的数据？（　　　）
   A. int　　　　　　B. float　　　　　　C. complex　　　　D. bool

4. 下列哪种类型最适合用来表示浮点数？（　　　）
   A. int　　　　　　B. float　　　　　　C. complex　　　　D. bool

5. 我们可以使用下列哪个运算符设置变量的值？（　　　）
   A. =　　　　　　　B. ==　　　　　　　C. ->　　　　　　　D. !=

6. 下列哪个运算符可用来连接两个字符串？（　　　）
   A. *　　　　　　　B. %　　　　　　　C. +　　　　　　　D. /

7. 下列哪个函数可用来将字符串转换成数值？（　　　）
   A. print()　　　　B. input()　　　　C. type()　　　　D. eval()

8. 下列哪个表达式的结果为 False？（　　　）
   A. 13 == "13"　　　　　　　　　　B. 5 < 10

C. not ("ab" == "AB")   D. (1 < 4) or (3 > 5)

9.（10 < 20）and（50 > 80）的结果是什么？（　　）

    A. True   B. False

10. 3 ** 2 的结果是什么？（　　）

    A. 5   B. 6   C. 9   D. 8

11. 下列哪个符号可以用来改变默认的优先级？（　　）

    A. ( )   B. [ ]   C. { }   D. ``

12. 下列哪个运算符的优先级最高？（　　）

    A. %   B. **   C. !=   D. or

13. 下列哪个运算符的优先级最低？（　　）

    A. %   B. **   C. !=   D. or

14. 假设变量 a、b 的值为 5、2，试问经过 a *= b 运算后，变量 a、b 的值是多少？（　　）

    A. 5、10   B. 10、10   C. 10、5   D. 10、2

15. 下列哪个运算符最适合用来判断一个整数是偶数还是奇数？（　　）

    A. **   B. %   C. //   D. +

二、练习题

1. 在 Python 解释器中输入下列语句，看看结果是什么。

（1）"HAPPY" == "Happy"

（2）4 / 3

（3）4 // 3

（4）2 ** 3 ** 2

（5）12.3 * 10 % 5

（6）'a' > 'Z'

（7）123 == "123"

（8）(5 + 3 * 8 < 30) and (3 ** 2 == 9)

（9）print("Happ", "New", "Year", end="!!!")

（10）eval("456 - 123 * 2")

2. 下列哪些是合法的变量名称？

（1）_ab~c

（2）as_yt

（3）5abcde

（4）_abs10

（5）\nabc

（6）$xyz10

3. 写出下列值的类型。

（1）False

（2）'a'

（3）1.23E-5

（4）1 + 2j

（5）[1, 2, 3, 4, 5]

4. [计算心跳次数] 假设人的心脏每秒钟跳动 1 下，编写一个 Python 语句，计算人的心脏在平均寿命 80 岁时总共会跳动几下（一年为 365.25 天），之后再以每分钟跳动 72 下重新编写语句，看看结果是什么。

5. [温度转换] 编写一个 Python 程序，要求用户输入摄氏温度，然后转换成华氏温度并输出结果（提示：华氏温度等于摄氏温度乘以 1.8 再加 32）。

6. [坪数转换] 编写一个 Python 程序，要求用户输入房屋坪数，然后转换成平方米（提示：1 坪等于 3.3058 平方米）。

7. [计算 BMI] 编写一个 Python 程序，要求用户输入身高与体重，然后计算 BMI 并输出结果。BMI（Body Mass Index，身体质量指数）是世界卫生组织所认可的、以身高为基础测量体重是否符合标准的参考方法，计算公式如下，理想体重范围的 BMI 为 18.5～24。

BMI = 体重 (千克) / 身高 ^{2} (米 ^{2})

8. 写出下列语句适合以哪种类型来表示。

（1）结婚与否　　　　　　　　（2）户籍地址

（3）人的年龄　　　　　　　　（4）我是学生

（5）数学的集合　　　　　　　（6）下雨概率

（7）数学的复数　　　　　　　（8）英文字母

9. 编写一个 Python 程序，计算下列算式的结果（假设 a、b、c 的值为 2、5、2）。

$$\frac{-b+\sqrt{b^2-4ac}}{2a}$$

10. 编写一个 Python 程序，计算下列算式的结果（假设 a、b 的值为 100、50）。

$$\frac{a^2-b^2}{a+b}$$

第 3 章

数值与
字符串处理

3.1 数值处理函数

第 2 章介绍了数据类型、变量、常量、运算符、输出、输入等基本的程序设计技巧，也示范了如何运用这些技巧解决简单的问题，例如根据用户输入的圆半径计算圆面积。

本章将介绍一些用来处理数值与字符串的函数，以提高程序的处理能力。这些函数都是 Python 提供的，只要学会怎么使用就可以了，至于如何自定义函数，则留待第 5 章再进行说明。

3.1.1 内置数值函数

函数（function）由一个或多个语句组成，用来执行指定的动作，而函数名称的后面有一对小括号，用来传递参数给函数，例如 Python 内置的 print() 函数可以在屏幕上输出参数指定的字符串。

Python 内置许多函数，我们已经介绍过 print()、input()、eval()、type() 等，其他常用的数值函数如下。

➢ abs(x)：返回数值参数 x 的绝对值。例如：

```
>>> abs(5)
5
>>> abs(-1.2)
1.2
```

➢ min($x1$, $x2$ [, $x3$…])：返回参数中的最小值。例如：

```
>>> min(5, 1)
1
>>> min(-1, 3, -5, 8, 9)
-5
```

➢ max($x1$, $x2$ [, $x3$…])：返回参数中的最大值。例如：

```
>>> max(5, 1)
5
>>> max(-1, 3, -5, 8, 9)
9
```

➢ hex(x)：返回整数参数 x 由十进制转换成十六进制的字符串，前面会加上 '0x'。例如：

```
>>> hex(255)
'0xff'
```

```
>>> hex(65)
'0x41'
>>> hex(-65)
'-0x41'
```

➢ oct(x)：返回整数参数 x 由十进制转换成八进制的字符串，前面会加上 '0o'。例如：

```
>>> oct(65)
'0o101'
>>> oct(-65)
'-0o101'
```

➢ bin(x)：返回整数参数 x 由十进制转换成二进制的字符串，前面会加上 '0b'。例如：

```
>>> bin(65)
'0b1000001'
>>> bin(-65)
'-0b1000001'
```

➢ int(x)：返回数值参数 x 的整数部分，小数部分直接舍去。例如：

```
>>> int(3.6)
3
>>> int(-3.6)
-3
```

➢ round(x [, precision])：返回与数值参数 x 最接近的整数（即四舍五入），若要设置精确度为小数后几位，可以加上选择性参数 precision。例如：

```
>>> round(3.6)
4
>>> round(-3.6)
-4
>>> round(2.678, 2)
2.68
```

➢ pow(x, y)：返回数值参数 x 的数值参数 y 次方值。例如：

```
>>> pow(2, 10)
1024
```

➢ float(x)：返回字符串参数 x 转换成浮点数的结果。例如：

```
>>> float("1.23")
1.23
```

➢ complex(x)：返回字符串参数 x 转换成复数的结果。例如：

```
>>> complex("1+2j")                          # 这个函数的字符串参数里不能包含空格
(1+2j)
```

3.1.2 数学函数

Python 内置许多模块。模块（module）是一个 Python 文件，里面定义了一些数据、函数或类。例如，math 模块有一些数学常量和数学函数，常用的如下所示，使用 math 模块之前，必须使用 import 指令导入。

```
>>> import math
```

➤ math.pi、math.e、math.nan、math.inf：表示圆周率、自然对数的底数 e、NaN（Not a Number）、正无限大，负无限大为 -math.inf。例如：

```
>>> math.pi
3.141592653589793
>>> math.e
2.718281828459045
```

➤ math.ceil(x)：返回比数值参数 x 大 1 的整数。例如：

```
>>> math.ceil(9.999)
10
>>> math.ceil(-9.999)
-9
```

➤ math.fabs(x)：返回数值参数 x 的浮点数绝对值。例如：

```
>>> math.fabs(-5)
5.0
```

➤ math.factorial(x)：返回正整数参数 x 的阶乘值。例如：

```
>>> math.factorial(5)                         # 5 阶乘 (即 5! = 1 * 2 * 3 * 4 * 5)
120
```

➤ math.floor(x)：返回比数值参数 x 小 1 的整数。例如：

```
>>> math.floor(4.3)
4
>>> math.floor(-4.3)
-5
```

➤ math.gcd(x, y)：返回整数参数 x 与整数参数 y 的最大公约数。例如：

```
>>> math.gcd(25, 155)
5
```

> math.exp(*x*)：返回自然对数的底数 e 的数值参数 *x* 次方值。例如：

```
>>> math.exp(2)
7.38905609893065
```

> math.log(*x*[, *base*])：返回正数值参数 *x* 的自然对数值，默认的底数为 e，若要设置底数，可以加上选择性参数 *base*。例如：

```
>>> math.log(2)
0.6931471805599453
>>> math.log(2, 2)
1.0
```

> math.sqrt(*x*)：返回数值参数 *x* 的正平方根。例如：

```
>>> math.sqrt(2)
1.4142135623730951
```

> math.isfinite(*x*)：返回数值参数 *x* 是否为有限。例如：

```
>>> math.isfinite(1000000)
True
```

> math.isinf(*x*)：返回数值参数 *x* 是否为无限。例如：

```
>>> math.isinf(-math.inf)
True
```

> math.isnan(*x*)：返回数值参数 *x* 是否为 NaN（Not a Number）。例如：

```
>>> math.isnan(math.nan)
True
```

> math.radians(*x*)：返回数值参数 *x* 由角度转换成弧度的结果，转换公式为"弧度＝角度×π÷180"。例如：

```
>>> math.radians(45)
0.7853981633974483
```

> math.degrees(*x*)：返回数值参数 *x* 由弧度转换成角度的结果，转换公式为"角度＝弧度×180 ÷ π"。例如：

```
>>> math.degrees(0.7853981633974483)
45.0
```

> math.cos(*x*)、math.sin(*x*)、math.tan(*x*)、math.acos(*x*)、math.asin(*x*)、math.atan(*x*)三角函数：返回数值参数 *x* 的余弦值（cosine）、正弦值（sine）、正切值（tangent）、反余弦值（arccosine）、反正弦值（arcsine）、反正切值（arctangent）。**请注意，参数 *x* 必**

须为弧度，而不是角度，换句话说，若要计算 sin30° 和 cos30° 的值，必须先根据公式"弧度＝角度×π÷180"将角度转换成弧度。如下：

```
>>> math.sin(30 * math.pi / 180)        # 也可写成 math.sin(math.radians(30))
0.49999999999999994
>>> math.cos(30 * math.pi / 180)        # 也可写成 math.cos(math.radians(30))
0.8660254037844387
```

随堂练习

[数值处理] 在 Python 解释器中计算下列题目的结果：

（1）将 90° 转换成弧度。

（2）从 10、8、–9、–100、77、50、28 等数字中找出最大值。

（3）从 10、8、–9、–100、77、50、28 等数字中找出最小值。

（4）使用 math.pi 定义的圆周率计算半径为 10 的圆面积。

（5）cos60° 的值。

（6）$\sqrt{7}$ 的值。

（7）616 和 1331 的最大公约数。

【解答】

```
>>> math.radians(90)                    # (1)
1.5707963267948966
>>> max(10, 8, -9, -100, 77, 50, 28)    # (2)
77
>>> min(10, 8, -9, -100, 77, 50, 28)    # (3)
-100
>>> 10 * 10 * math.pi                   # (4)
314.1592653589793
>>> math.cos(math.radians(60))          # (5)
0.5000000000000001
>>> math.sqrt(7)                        # (6)
2.6457513110645907
>>> math.gcd(616, 1331)                 # (7)
11
```

随堂练习

[对数与指数运算] 已知 $x = \log2$，$y = \log3$，请编写一个 Python 程序，计算 $10^{2x+3y+1}$ 并输出结果。

【解答】

\Ch03\log.py

```python
# 导入 math 模块
import math
# 使用 math.log() 函数计算 x、y 的值
x = math.log(2, 10)
y = math.log(3, 10)
# 使用 pow() 函数计算题目的值
result = pow(10, 2 * x + 3 * y + 1)
print("结果为", result)
```

执行结果如图 3-1 所示，输出"结果为 1079.9999999999993"，这个例子主要是示范如何使用 math.log()、pow() 函数进行对数运算与指数运算。

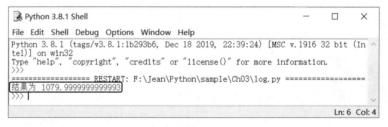

图 3-1

3.1.3 随机数函数

Python 内置的 random 模块提供了一些函数，用来产生随机数，常用的如下所示，同样，在使用 random 模块之前，必须使用 import 指令导入。

```python
>>> import random
```

➤ random.randint(*x*, *y*)：返回一个大于或等于整数参数 *x*、小于或等于整数参数 *y* 的随机整数，每次调用所返回的随机数不一定相同。例如：

```python
>>> random.randint(1, 10)
```

03

```
5
>>> random.randint(1, 10)
3
```

> random.random()：返回一个大于或等于 0.0、小于 1.0 的随机浮点数，每次调用所返回的随机数不一定相同。例如：

```
>>> random.random()
0.5693761422020926
>>> random.random()
0.3160569069401351
```

> random.shuffle(*x*)：将参数 *x* 中的元素随机重排。
> random.choice(*x*)：从参数 *x* 中的元素随机选择一个。例如：

```
>>> L = [1, 2, 3, 4, 5]          # 变量 L 是一个包含 5 个元素的列表
>>> random.shuffle(L)           # 将变量 L 中的元素随机重排
>>> L                            # 显示变量 L
[2, 5, 4, 1, 3]
>>> random.choice(L)            # 从变量 L 中的元素随机选择一个
3
```

随堂练习

[猜数字] 编写一个 Python 程序，使用随机数函数随机产生一个范围为 1～3 的整数，然后要求用户猜数字并输出结果。

【解答】

\Ch03\guess.py

```
# 导入 random 模块
import random
# 随机产生一个范围为 1～3 的整数并赋值给变量 num
num = random.randint(1, 3)
# 获取用户输入的数字并赋值给变量 answer
answer = eval(input("请猜数字 1～3："))
# 输出两者比较的结果，True 表示猜中了，False 表示猜错了
print(num, "==", answer, "is", num == answer)
```

执行结果如图 3-2 所示，将输入的数字圈起来，这样看得比较清楚，虽然只有 3 个数字，还是执行了好几次才猜中，您也试试看吧！

图 3-2

随堂练习

[正六边形面积] 编写一个 Python 程序，要求用户输入正六边形的边长，然后根据边长计算正六边形的面积并输出结果。

【提示】

假设正多边形的边数为 n，边长为 s，则正多边形的面积公式如下。

$$area = \frac{n \times s^2}{4 \times \tan\left(\dfrac{\pi}{n}\right)}$$

【解答】

\Ch03\hexagon.py

```
import math
s = eval(input("请输入正六边形的边长: "))
area = 6 * s * s / (4 * math.tan(math.pi / 6))
print("边长", s, "的正六边形面积为", area)
```

执行结果如图 3-3 所示，此例是输入 1，所以会输出"边长 1 的正六边形面积为 2.598076211353316"。

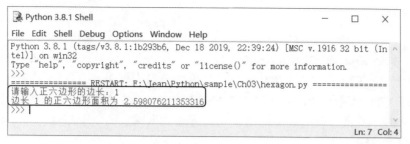

图 3-3

3.2 字符串与字符

字符串（string）是由一连串字符（character）组成、有顺序的序列，包含文字、数字、符号等。Python 针对字符串提供了 str 类型，但没有提供字符类型，若要表示一个字符，可以使用长度为 1 的字符串，如 'A'。

3.2.1 ASCII 与 Unicode

由于计算机系统采取二进制，所以计算机内部的数据会被编码成一连串的位图样（bit pattern），如 01010101、11111111 等。这些位图样表示的可能是文字、图形、声音或视频，实际的意义需要视其应用而定。

就文字来说，主要的编码方式有下列两种，Python 2 默认采取 ASCII，Python 3 默认采取 UTF-8，而 UTF-8 可以用来表示 Unicode 字符。

 ➤ ASCII（American Standard Code for Information Interchange，美国信息交换标准码）：ASCII 使用 7 个位表示 128（2^7）个字符，包括大小写英文字母、数字、键盘上的特殊符号（% $ # @ * & ! …），以及诸如光标换行、打印指令等控制字符。

ASCII 码的表示法为十进制数 0 ~ 127。例如，65 ~ 90 表示大写英文字母 A ~ Z，97 ~ 122 表示小写英文字母 a ~ z，48 ~ 57 表示数字 0 ~ 9，附录 B（电子版）有 ASCII 码列表。

 ➤ Unicode（万国码）：Unicode 使用 16 位表示 65536（2^{16}）个字符，前 128 个字符和 ASCII 相同，涵盖计算机系统使用的字符及多数语系，如西欧语系、中欧语系、希腊文、中文、日文等。

Unicode 码的表示法为 \u 后面加上 4 个十六进制数字，即 \u0000 ~ \uFFFF。例如，\u0041 ~ \u005A 表示大写英文字母 A ~ Z，\u0061 ~ \u007A 表示小写英文字母 a ~ z，\u0030 ~ \u0039 表示数字 0 ~ 9，附录 C（电子版）有一部分的 Unicode 码列表。

> 说明
>
> UTF-8（8-bit Unicode Transformation Format）是一种针对 Unicode 的可变长度字符编码方式，例如使用 1 字节存储 ASCII 字符、使用 2 字节存储重音、使用 3 字节存储常用的汉字等。由于 UTF-8 编码的第 1 个字节与 ASCII 兼容，原先用来处理 ASCII 字符的软件无须或只需做一些小修改，就能继续使用，因而逐渐成为网页、电子邮件、程序或其他文字应用优先使用的编码方式。

3.2.2 转义序列

对于一些无法显示在屏幕上的符号，如换行符，可以使用表 3-1 所示的转义序列（escape sequence），在这些符号的前面加上反斜杠（\），便能显示出来。

表 3-1 转义序列

转 义 序 列	意 义
\\	输出反斜杠（\）
\'	输出单引号（'）
\"	输出双引号（"）
\a	响铃（Bell）
\b	退格键（Backspace）
\f	换页（Formfeed）
\n	换行（Linefeed）
\r	归位（Carriage Return）
\t	Tab 键（Horizontal Tab）
\v	垂直定位（Vertical Tab）
\ooo	ASCII 字符（ooo 为八进制整数）
\xhh	ASCII 字符（hh 为十六进制整数）
\N{name}	Unicode 字符（$name$ 为字符名称）
\$uxxxx$	Unicode 字符（$xxxx$ 为 16bit 十六进制整数）
\$Uxxxxxxxx$	Unicode 字符（$xxxxxxxx$ 为 32bit 十六进制整数）

下面是一些例子：

```
>>> print("\"Python\"程序设计")          # 使用转义序列 \" 显示双引号 (")
"Python"程序设计
```

```
>>> print("\101")                           # 八进制整数 101 表示字母 A (ASCII 码为 65)
A
>>> print("\x41")                            # 十六进制整数 41 表示字母 A
A
>>> print("\u0041")                          # Unicode \u0041 表示字母 A
A
>>> print("\N{BLACK SPADE SUIT}")            # 字符名称 BLACK SPADE SUIT 表示黑桃
♠
```

3.2.3 内置字符串函数

除了内置数值函数外，Python 也有内置字符串函数，常用的如下。

➤ ord(c)：返回字符参数 c 的 Unicode 码（十进制）。例如：

```
>>> ord('A')                                 # 返回大写英文字母 A 的 Unicode 码
65
>>> ord('€')                                 # 返回欧元符号的 Unicode 码
8364
```

➤ chr(i)：返回整数参数 i 表示的 Unicode 字符。例如：

```
>>> chr(65)                                  # 返回 65 表示的 Unicode 字符
'A'
>>> chr(8364)                                # 返回 8364 表示的 Unicode 字符
'€'
```

➤ len(s)：返回字符串参数 s 的长度，也就是字符串由几个字符组成。例如：

```
>>> len("Python 程序设计")
10
```

➤ max(s)：返回字符串参数 s 中 Unicode 码最大的字符。例如：

```
>>> max("Python 程序设计")
'设'
```

➤ min(s)：返回字符串参数 s 中 Unicode 码最小的字符。例如：

```
>>> min("Python 程序设计")
'P'
```

➤ str(n)：返回数值参数 n 转换成字符串的结果。例如：

```
>>> str(-123.8)
'-123.8'
```

3.2.4 连接运算符

+ 运算符也可用来连接字符串。例如：

```
>>> "Happy" + "Birthday" + "To" + "小美"
'HappyBirthdayTo 小美'
```

3.2.5 重复运算符

* 运算符也可用来重复字符串。例如：

```
>>> 3 * "Oh!"
'Oh!Oh!Oh!'
>>> "Oh!" * 3
'Oh!Oh!Oh!'
```

3.2.6 比较运算符

比较运算符（>、<、>=、<=、==、!=）也可用来比较两个字符串的大小相同与否。Python 默认的字符串比较顺序是根据字符的 Unicode 码大小，即 '0' < '1' < '2' < … < '9' < 'A' < 'B' < 'C' < … < 'Z' < 'a' < 'b' < 'c' … < 'z'，而中文字的 Unicode 码又大于这些字符。例如：

```
>>> '我' > 'A'
True
>>> '1' > 'A'
False
>>> "abc" == "ABC"                        # 大小写视为不同，所以这两个字符串不同
False
>>> "ABCD" > "ABCd"                        # 前 3 个字符相同，所以会比较第 4 个字符
False
```

3.2.7 in 与 not in 运算符

可以使用 in 运算符检查某个字符串是否存在于另一个字符串中。例如：

```
>>> "or" in "forever"
True
>>> "over" in "forever"
False
```

可以使用 not in 运算符检查某个字符串是否不存在于另一个字符串中。例如：

```
>>> "or" not in "forever"
```

```
False
>>> "over" not in "forever"
True
```

3.2.8 索引与切片运算符

可以使用索引运算符（[ ]）获取字符串中的字符。例如，假设变量 s 的值为 "Python 程序设计"，其存放顺序如下，索引 0 表示从前端开始，索引 −1 表示从尾端开始，s[0]、s[1]、…、s[9]表示 'P'、'y'、…、'计'，而 s[−1]、s[−2]、…、s[−10] 表示 '计'、'设'、…、'P'，如表 3-2 所示。字符串是有顺序且不可改变内容的文字序列，所以不能通过类似 s[0] = 'p' 的语句变更字符串中的字符。

表 3-2　变量 s 的存放顺序

索　引	0	1	2	3	4	5	6	7	8	9
内　容	P	y	t	h	o	n	程	序	设	计
索　引	−10	−9	−8	−7	−6	−5	−4	−3	−2	−1

也可以使用切片运算符（[*start:end*]）指定索引范围。例如：

```
>>> s = "Python 程序设计"
>>> s[2:5]                          # 索引 2 到索引 4 的字符 (不含索引 5)
'tho'
>>> s[3:7]                          # 索引 3 到索引 6 的字符 (不含索引 7)
'hon 程'
>>> s[6:-1]                         # 索引 6 到索引 −2 的字符 (不含索引 −1)
'程序设'
```

若在指定索引范围时省略第 1 个索引，表示采取默认值为 0；若在指定索引范围时省略第 2 个索引，表示采取默认值为字符串的长度。例如：

```
>>> s = "Python 程序设计"
>>> s[:2]                           # 索引 0 到索引 1 的字符 (不含索引 2)
'Py'
>>> s[2:]                           # 索引 2 到索引 9 的字符 (不含索引 10)
'thon 程序设计'
```

随堂练习

[字符串处理] 假设有 3 个字符串变量，具体如下。

```
s1 = "HappyNewYear"
s2 = "happynewyear"
s3 = "new"
```

请在 Python 解释器计算下列题目的结果。

（1）s1 的长度。

（2）s1 和 s2 是否相等？

（3）s1 中 Unicode 码最大的字符。

（4）s3 是否存在于 s1？

（5）s1 的第 5～9 个字符。

【解答】

```
>>> len(s1)                    # (1)
12
>>> s1 == s2                   # (2)
False
>>> max(s1)                    # (3)
'y'
>>> s3 in s1                   # (4)
False
>>> s1[4:9]                    # (5)
'yNewY'
```

随堂练习

（1）[Unicode 码转换成字符] 编写一个 Python 程序，要求用户输入任意 Unicode 码（十进制），然后输出该 Unicode 码表示的字符，如图 3-4 所示。

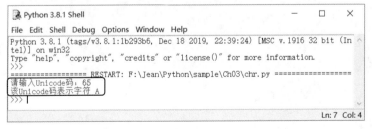

图 3-4

（2）[字符转换成 Unicode 码] 编写一个 Python 程序，要求用户输入任意字符，然后输出该字符的 Unicode 码，如图 3-5 所示。

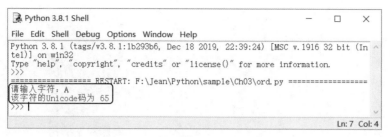

图 3-5

【解答】
（1）

<\Ch03\chr.py>

```
code = eval(input("请输入 Unicode 码："))
char = chr(code)
print("该 Unicode 码表示字符", char)
```

（2）

<\Ch03\ord.py>

```
char = input("请输入字符：")
code = ord(char)
print("该字符的 Unicode 码为", code)
```

3.3 字符串处理方法

在介绍字符串处理方法之前，先简单说明什么是对象与类，第 10 章会有更详细的说明。Python 中的所有数据都是对象（object），所以数值是对象，字符串也是对象，而对象的类型定义于类（class），如整数的类型是 int 类，浮点数的类型是 float 类，复数的类型是 complex 类，字符串的类型是 str 类。

类就像对象的蓝图，里面定义了对象的数据，以及用来操作对象的函数，前者称为属性（attribute），后者称为方法（method）。Python 中的对象都有编号（id）、类型（type）与值（value），我们可以通过下列几个函数获取这些信息。

➢ id(*x*)：获取参数 *x* 参照对象的 id 编号，当程序执行时，Python 会自动指定唯一的整数给对象，且此整数在程序执行期间不会改变。

➢ type(*x*)：获取参数 *x* 参照对象的类型。

➢ print(*x*)：输出参数 *x* 参照对象的值。

第 3 章 数值与字符串处理

例如：

```
>>> x = "Happy"                      # 令变量 x 参照一个值为 "Happy" 的 str 对象
>>> id(x)                            # 获取变量 x 参照对象的 id 编号
39411168
>>> type(x)                          # 获取变量 x 参照对象的类型
<class 'str'>
>>> print(x)                         # 输出变量 x 参照对象的值
Happy
```

字符串是隶属于 str 类的对象，str 类内置许多字符串处理方法，接下来的各小节会介绍一些常用的方法。

3.3.1　字符串转换方法

 ➢ str.upper(*s*)：返回字符串参数 *s* 的所有字符转换成大写的字符串。

 ➢ str.lower(*s*)：返回字符串参数 *s* 的所有字符转换成小写的字符串。

 ➢ str.swapcase(*s*)：返回字符串参数 *s* 大小写互换的字符串。

 ➢ str.replace(*old*, *new*)：返回将字符串参数 *old* 取代成字符串参数 *new* 的字符串。

 ➢ str.capitalize(*s*)：返回字符串参数 *s* 的第 1 个字符转换成大写的字符串。

 ➢ str.title(*s*)：返回字符串参数 *s* 的每个单词第 1 个字符转换成大写的字符串。例如：

```
>>> x = "Hello, World!"
>>> x.upper()                        # 所有字符转换成大写
'HELLO, WORLD!'
>>> str.upper(x)                     # 所有字符转换成大写
'HELLO, WORLD!'
>>> x.lower()                        # 所有字符转换成小写，也可写成 str.lower(x)
'hello, world!'
>>> x.swapcase()                     # 大小写互换
'hELLO, wORLD!'
>>> x.replace("World", "Mary")       # 将 "World" 取代成 "Mary"
'Hello, Mary!'
>>> str.capitalize("an egg")         # 第 1 个字符转换成大写，也可写成 "an egg".capitalize()
'An egg'
>>> str.title("an egg")              # 每个单词第 1 个字符转换成大写
'An Egg'
```

请注意，这些方法返回的都是复制的字符串，所以字符串参数或来源字符串的值不会改变。

3.3.2　字符串测试方法

 ➢ str.isalpha(*s*)：若字符串参数 *s* 的所有字符都是英文字母，就返回 True；否则返回 False。例如：

```
>>> str.isalpha("5apples")                    # 字符串包含的 5 不是英文字母
False
>>> str.isalpha("Happy")
True
```

> ➤ str.isdigit(*s*)：若字符串参数 *s* 的所有字符都是阿拉伯数字，就返回 True；否则返回 False。例如：

```
>>> str.isdigit("123")
True
>>> str.isdigit("5apples")                     # 字符串包含的 apples 不是阿拉伯数字
False
```

> ➤ str.isalnum(*s*)：若字符串参数 *s* 的所有字符都是英文字母或阿拉伯数字，就返回 True；否则返回 False。例如：

```
>>> str.isalnum("123.45")                       # 字符串包含的小数点不是英文字母或阿拉伯数字
False
>>> str.isalnum("5apples")
True
```

> ➤ str.isupper(*s*)：若字符串参数 *s* 的所有字符都是大写英文字母，就返回 True；否则返回 False。例如：

```
>>> str.isupper("Happy")
False
>>> str.isupper("HAPPY")
True
```

> ➤ str.islower(*s*)：若字符串参数 *s* 的所有字符都是小写英文字母，就返回 True；否则返回 False。例如：

```
>>> str.islower("Happy")
False
>>> str.islower("happy")
True
```

> ➤ str.isidentifier(*s*)：若字符串参数 *s* 是合法的标识符（包括关键字），就返回 True；否则返回 False。若要测试字符串参数 *s* 是否为关键字，可以使用 keyword.iskeyword(*s*) 函数。例如：

```
>>> str.isidentifier("happy")                   # "happy" 是合法的标识符
True
>>> str.isidentifier("5apples")                 # 标识符不能以阿拉伯数字开头
False
```

```
>>> str.isidentifier("class")              # 关键字是合法的标识符
True
>>> import keyword                         # 导入 keyword 模块
>>> keyword.iskeyword("None")              # 使用 iskeyword() 函数测试参数是否为关键字
True
```

> str.isspace(*s*)：若字符串参数 *s* 的所有字符都是空格，就返回 True；否则返回 False。例如：

```
>>> str.isspace("   ")                     # 包含两个空格的字符串
True
```

> str.istitle(*s*)：若字符串参数 *s* 的每个单词第一个字符都是大写英文字母，就返回 True；否则返回 False。例如：

```
>>> str.istitle("Happy New Year!")
True
```

3.3.3 搜索子字符串方法

> str.count(*s*)：返回字符串中出现字符串参数 *s* 的次数（不能重叠）。
> str.startswith(*s*)：若字符串是以字符串参数 *s* 开头，就返回 True；否则返回 False。
> str.endswith(*s*)：若字符串是以字符串参数 *s* 结尾，就返回 True；否则返回 False。
> str.find(*s*)：返回字符串参数 *s* 出现在字符串中的最小索引，若找不到，就返回 −1。
> str.rfind(*s*)：返回字符串参数 *s* 出现在字符串中的最大索引，若找不到，就返回 −1。
例如：

```
>>> x = "WowWowWowWowWow"
>>> x.count("Wow")                         # 字符串中出现 "Wow" 的次数
5
>>> x.startswith("Wow")                    # 字符串是否以 "Wow" 开头
True
>>> x.startswith("Ha")                     # 字符串是否以 "Ha" 开头
False
>>> x.endswith("Wow")                      # 字符串是否以 "Wow" 结尾
True
>>> x.endswith("Ha")                       # 字符串是否以 "Ha" 结尾
False
>>> x.find("Wow")                          # "Wow" 出现在字符串中的最小索引
0
>>> x.rfind("Wow")                         # "Wow" 出现在字符串中的最大索引
12
```

3.3.4 删除指定字符或空格的方法

➤ str.lstrip([*chars*])：从字符串左侧删除选择性参数 *chars* 所指定的字符，一旦碰到不是指定的字符，就停止删除，然后返回剩下的字符串，参数 *chars* 可以省略不写，表示指定的字符为空格，即删除字符串左侧的空格。例如：

```
>>> "    spacious    ".lstrip()          # 删除字符串左侧的空格
'spacious    '
>>> "www.example.com".lstrip("cmowz.")   # 删除字符串左侧的 cmowz. 字符
'example.com'
```

➤ str.rstrip([*chars*])：从字符串右侧删除选择性参数 *chars* 所指定的字符，一旦碰到不是指定的字符，就停止删除，然后返回剩下的字符串，参数 *chars* 可以省略不写，表示指定的字符为空格，即删除字符串右侧的空格。例如：

```
>>> "    spacious    ".rstrip()          # 删除字符串右侧的空格
'    spacious'
>>> "www.example.com".rstrip("cmowz.")   # 删除字符串右侧的 cmowz. 字符
'www.example'
```

➤ str.strip([*chars*])：从字符串两侧删除选择性参数 *chars* 所指定的字符，一旦碰到不是指定的字符，就停止删除，然后返回剩下的字符串，参数 *chars* 可以省略不写，表示指定的字符为空格，即删除字符串两侧的空格。例如：

```
>>> "    spacious    ".strip()           # 删除字符串两侧的空格
'spacious'
>>> "www.example.com".strip("cmowz.")    # 删除字符串两侧的 cmowz. 字符
'example'
```

请注意，这些方法和 3.3.5 小节的格式化方法返回的都是复制的字符串，所以来源字符串的值不会改变。

3.3.5 格式化方法

➤ str.ljust(*width*)：返回字段宽度为参数 *width* 所指定的字符数、靠左的字符串。
➤ str.rjust(*width*)：返回字段宽度为参数 *width* 所指定的字符数、靠右的字符串。
➤ str.center(*width*)：返回字段宽度为参数 *width* 所指定的字符数、居中的字符串。
➤ str.zfill(*width*)：返回字段宽度为参数 *width* 所指定的字符数、左侧填上 0、保留正负符号（'+'、'-'）的字符串。例如：

```
>>> "abc".ljust(10)          # 返回字段宽度为 10 字符、靠左的字符串
'abc       '
>>> "abc".rjust(10)          # 返回字段宽度为 10 字符、靠右的字符串
```

```
'        abc'
>>> "abc".center(10)              # 返回字段宽度为 10 字符、居中的字符串
'   abc    '
>>> "-42".zfill(5)                # 返回字段宽度为 5 字符、左侧填上 0、保留正负符号的字符串
'-0042'
```

> ➤ str.format(*args*)：根据参数 *args* 所指定的参数列将字符串格式化，然后返回结果，参数列会依序对应到字符串里的大括号，编号为{0}、{1}、{2}…，例如在下面的第 2 个语句中，参数列的 3 个参数 top、bottom、height 会依序对应到{0}、{1}、{2}的位置。

```
>>> top, bottom, height = 10, 20, 5
>>> "梯形的上底为{0}厘米, 下底为{1}厘米, 高为{2}厘米".format(top, bottom, height)
'梯形的上底为 10 厘米, 下底为 20 厘米, 高为 5 厘米'
```

此外，还可以设置这些参数的格式，如字段宽度、对齐方式、精确度等，格式化语法和 Python 内置的 format() 函数类似，后面再做说明。

随堂练习

（1）假设字符串变量 s1 的值为 "\nMerry\tChristmas!\n"，请问在 Python 解释器中依次执行下列语句，会得到什么结果？

```
print(s1.strip())
print(s1)
```

（2）假设字符串变量 s2 的值为 "#……第 1.1 节文章#3……"，请在 Python 解释器中编写一行语句，根据 s2 建立一个新字符串变量 s3，令 s3 的值为 "第 1.1 节文章#3"。

（3）假设有两个字符串变量如下：

```
s4 = "Monday"
s5 = "monday"
```

请在 Python 解释器中计算下列题目的结果。

（a）返回字段宽度为 30 字符、s4 居中的字符串。

（b）根据 s4 建立一个新字符串变量 s6，令 s6 的值为 s4 转换成全部大写。

（c）根据 s4 建立一个新字符串变量 s7，令 s7 的值为 s4 转换成全部小写。

（d）根据 s5 建立一个新字符串变量 s8，令 s8 的值为 "Friday"。

（e）s4 的所有字符是否都是阿拉伯数字？

（f）s4 是否以 "day" 结尾？

（g）'o' 出现在 s4 的最小索引。

【解答】

（1）

```
>>> print(s1.strip())
Merry  Christmas!
>>> print(s1)

Merry  Christmas!

>>>
```

（2）

```
>>> s2 = "#……第 1.1 节文章 #3……"
>>> s3 = s2.strip(".# ")
>>> s3
'第 1.1 节文章#3'
```

（3）

```
>>> s4, s5 = "Monday", "monday"
>>> s4.center(30)                        # (a)
'             Monday             '
>>> s6 = s4.upper()                      # (b)
>>> s6
'MONDAY'
>>> s7 = s4.lower()                      # (c)
>>> s7
'monday'
>>> s8 = s5.replace("mon", "Fri")        # (d)
>>> s4.isdigit()                         # (e)
False
>>> s4.endswith("day")                   # (f)
True
>>> s4.find('o')                         # (g)
1
```

3.4 数值与字符串格式化

可以使用 format() 函数将数值与字符串格式化，其语法如下，也就是根据选择性参数 *spec* 所指定的格式将参数 *value* 格式化，然后返回复制的格式化字符串。

```
format(value[, spec])
```

参数 *spec* 的格式如下。

```
[[fill]align][sign][#][0][width][,][.precision][type]
```

> *fill*：当设置对齐方式时，可以设置填满空位的字符。
> *align*：设置对齐方式，有 '<'、'>'、'^'、'=' 等值，表示靠左、靠右、居中、正负符号和数字之间的空位填满 0，数值默认为 '>'（靠右），其他数据默认为 '<'（靠左）。
> *sign*：设置正负符号，有 '+'、'–'、' ' 等值，表示在正负数前面加上正负符号、只在负数前面加上负号、在正数前面加上一个空格，默认为 '–'。
> #：设置在二、八、十六进制数值前面加上 '0b'、'0o' 或 '0x'。
> 0：设置以 0 填满空位。
> *width*：设置字段宽度为几个字符。
> ,：设置加上千分位符号（,）。
> *.precision*：设置精确度为小数几位。
> *type*：设置表示法类型，有 'b'（二进制）、'c'（字符）、'd'（十进制）、'e'（科学计数）、'E'（科学计数）、'f'（小数点，默认精确度为 6 位）、'F'（小数点）、'g'（一般格式）、'G'（一般格式）、'n'（数值）、'o'（八进制）、's'（字符串）、'x'（十六进制）、'X'（十六进制）、'%'（百分比）等值。

1. 整数格式化

> 设置字段宽度与对齐方式（数值默认为靠右）。例如：

```
>>> format(123, "<10")              # 字段宽度为 10 字符，靠左
'123       '
>>> format(123, ">10")             # 字段宽度为 10 字符，靠右
'       123'
>>> format(123, "^10")             # 字段宽度为 10 字符，居中
'   123    '
>>> format(123, "$^10")            # 字段宽度为 10 字符，居中，以 $ 填满空位
'$$$123$$$$'
```

> 设置加上千分位符号。例如：

```
>>> format(12345678, ",")
'12,345,678'
```

> 设置二、八、十六进制表示法并加上 '0b'、'0o' 或 '0x'。例如：

```
>>> format(65, "#b")
'0b1000001'
>>> format(65, "#o")
```

```
'0o101'
>>> format(65, "#x")
'0x41'
```

> 设置加上正负符号并在正负符号和数字之间的空位填满 0。例如：

```
>>> format(123, "=+010")
'+000000123'
```

2. 浮点数格式化

> 设置字段宽度与表示法。例如：

```
>>> format(1234.5678, "10.2f")    # 字段宽度为 10 字符，精确度为 2 位，浮点数表示法
'   1234.57'
>>> format(1234.5678, "10.2e")    # 字段宽度为 10 字符，精确度为 2 位，科学计数表示法
'   1.23e+03'
>>> format(12, "10.2e")           # 字段宽度为 10 字符，精确度为 2 位，科学计数表示法
'   1.20e+01'
>>> format(8, "10.2%")            # 字段宽度为 10 字符，精确度为 2 位，百分比表示法
'   800.00%'
```

> 设置对齐方式（数值默认为靠右）与千分位符号。例如：

```
>>> format(1234.5678, "<15.3f")   # 字段宽度为 15 字符，精确度为 3 位，浮点数、靠左
'1234.568        '
>>> format(1234.5678, "^15,.3f")  # 格式如上，改为居中并加上千分位符号
'   1,234.568    '
```

3. 字符串格式化

可以设置字符串的字段宽度与对齐方式（字符串默认为靠左）。例如：

```
>>> format("Hello, World!", "20")  # 字段宽度为 20 字符，默认为靠左
'Hello, World!       '
>>> format("Hello, World!", ">20")  # 字段宽度为 20 字符，靠右
'       Hello, World!'
>>> format("Hello, World!", "^20")  # 字段宽度为 20 字符，居中
'   Hello, World!    '
>>> format("Hello, World!", "10")  # 若字符串长度超过字段宽度，宽度会自动增加
'Hello, World!'
```

随堂练习

[输出财务报表] 已知某公司最近几年的营业额与获利率如表 3-3 所示，请编写一个 Python 程序，输出这份财务报表，其中营业额要加上千分位符号，而获利率要采取百分比表示法且精确度到小数点后面 2 位。

表 3-3　某公司最近几年的营业额与获利率

年　度	营　业　额	获　利　率
2016	1550000	0.0309
2017	2000000	0.0523
2018	2234000	0.0547

【解答】

\Ch03\finance.py

```
print("{0:^10}{1:^10}{2:^10}".format("年度", "营业额", "获利率"))
print("{0:^12}{1:^12,}{2:^14.2%}".format("2016", 1550000, 0.0309))
print("{0:^12}{1:^12,}{2:^14.2%}".format("2017", 2000000, 0.0523))
print("{0:^12}{1:^12,}{2:^14.2%}".format("2018", 2234000, 0.0547))
```

以第 2 个语句为例，除了使用 str.format() 函数将 "2016"、1550000、0.0309 对应到{0}、{1}、{2}的位置，同时还设置这些参数的格式，如{1:^12,}表示第 2 个参数的格式是字段宽度为 12 字符、加上千分位符号、居中；{2:^14.2%}表示第 3 个参数的格式是字段宽度为 14 字符、精确度为 2 位、百分比表示法、居中，如图 3-6 所示。

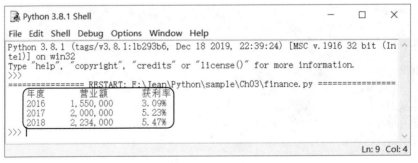

图 3-6

学习检测

一、选择题

1. 下列哪个函数可以返回与参数最接近的整数（四舍五入）？（　　　）
   A. eval()　　　　　　B. round()　　　　　　C. int()　　　　　　D. floor()

2. 下列哪个函数可以返回参数的阶乘值？（　　　）
   A. math.pow()　　　　B. math.gcd()　　　　C. math.ceil()　　　　D. math.factorial()

3. 下列哪个函数可以返回参数由弧度转换成角度的结果？（　　　）
   A. math.degrees()　　B. math.radians()　　C. math.sin()　　　　D. math.tan()

4. 下列哪个函数可以返回一个大于或等于 0.0、小于 1.0 的随机浮点数？（　　　）
   A. random.randint()　B. random.random()　C. math.isinf()　　　D. math.log()

5. 下列哪个函数可以返回整数参数表示的 Unicode 字符？（　　　）
   A. chr()　　　　　　B. ord()　　　　　　C. str()　　　　　　D. int()

6. 下列哪个运算符可以用来重复字符串？（　　　）
   A. +　　　　　　　　B. –　　　　　　　　C. *　　　　　　　　D. /

7. 下列哪个函数可以返回字符串参数大小写互换的字符串？（　　　）
   A. str.replace()　　　B. str.capitalize()　　C. str.title()　　　　D. str.swapcase()

8. 下列哪个函数可以用来测试字符串参数所有字符是否都是英文字母？（　　　）
   A. str.isalpha()　　　B. str.isdigit()　　　C. str.isalnum()　　　D. str.isidentifier()

9. 下列哪个函数可以返回字符串参数出现在字符串中的最小索引？（　　　）
   A. str.count()　　　　B. str.rfind()　　　　C. str.find()　　　　D. str.lfind()

10. 下列哪个函数可以用来从字符串左侧删除参数所指定的字符？（　　　）
   A. str.format()　　　B. str.ljust()　　　　C. str.rstrip()　　　　D. str.lstrip()

二、练习题

1. 在 Python 解释器中计算下列题目的结果。

（1）–58.47 的绝对值。

（2）将 255 转换成二进制的字符串。

（3）–58.47 的整数部分。

（4）–2 的 11 次方。

（5）1024 的平方根。

（6）比−58.47 小 1 的整数。

（7）sin(45º)的值。

（8）−58.74 四舍五入到小数点后面第 1 位。

（9）英文字母 p 的 Unicode 码。

（10）100 表示的 Unicode 字符。

2. [最大公约数] 编写一个 Python 程序，要求用户输入两个数字，然后输出这两个数字的最大公约数。

3. 假设字符串变量 s1 的值为 "Today is Friday."，请在 Python 解释器中计算下列题目的结果。

（1）s1 是否包含"day"？

（2）"day" 出现在 s1 的次数。

（3）"day" 出现在 s1 的最小索引。

（4）"day" 出现在 s1 的最大索引。

（5）根据 s1 建立一个新字符串变量 new1，令 new1 的值为 "Today is Saturday."。

（6）根据 s1 建立一个新字符串变量 new2，令 new2 的值为 s1 大小写互换。

（7）s1 的每个单词第一个字符都是大写吗？

（8）返回字段宽度为 20 字符、s1 靠右的字符串。

（9）s1 中 Unicode 码最大的字符。

（10）s1 的第 2~4 个字符。

4. [平方根] 编写一个 Python 程序，要求用户输入一个数字，然后输出这个数字的平方根且精确到小数点后面 5 位。

5. 在 Python 解释器中计算下列题目的结果。

（1）format(168, "*^10")

（2）format(-168, "=010")

（3）format(76.5638, "12.2f")

（4）format(76.5638, "12.3f")

（5）format(76.5638, "12.2e")

（6）format(76.5638, "12.3e")

（7）format(76.5638, "<12.2f")

（8）format(1.5, "8.2%")

（9）print("小明今年{0}岁，薪资为{1:,}元".format(23, 30000))

（10）print("半径为{0}的球体积为{1:.3f}".format(10, 4 / 3 * math.pi * 10 ** 3))

第 4 章

流程控制

4.1　认识流程控制

前几章示范的例子都是很单纯的程序，它们的执行方向都是从第 1 行语句开始，由上往下依次执行，不会转弯或跳行，但事实上，大部分程序并不会这么单纯，它们可能需要针对不同的情况进行不同的处理，以完成更复杂的任务，于是就需要流程控制（flow control）协助控制程序的执行方向。

Python 的流程控制分成下列两种类型。

> **选择结构**（decision structure）：用来检查表达式，然后根据结果为 True 或 False 执行不同的语句。Python 提供的选择结构为 if。

> **循环结构**（loop structure）：用来重复执行某些语句。Python 提供的循环结构为 for 与 while。

流程控制经常需要检查一些数据是 True 或 False，原则上，下面的值会被视为 False，其他值则会被视为 True。

> None。

> False。

> 等于 0 的数值，如 0、0.0、0j。

> 空的序列，如 ""（空字符串）、[]（空列表）、()（空元组）。

> 空的对映，如 {}（空集合）。

如想将布尔型数据转换成整数，可以使用 int() 函数，如 int（True）会返回 1，int（False）会返回 0；相反，如想将其他类型的数据转换成布尔数据，可以使用 bool() 函数，如 bool（10）、bool（1.5）、bool（"abc"）会返回 True，bool（0）、bool（0.0）、bool（""）会返回 False。

4.2　if

if 选择结构可以用来检查表达式，然后根据结果为 True 或 False 执行不同的语句，又分成"单分支 if""双分支 if…else""多分支 if…elif…else""嵌套 if"等类型。

4.2.1　单分支 if

单分支 if 的语法如下，*condition*（表达式）后面要加冒号。

```
if condition:
    statement(s)
```

这种类型的意义是"若……就……"，属于单分支选择，流程图如图 4-1 所示。*condition* 是一个表达式，结果为布尔型，若 *condition* 返回 True，就执行 *statement(s)*（一条或多条语句）。换句话说，若表达式成立，就执行指定的语句；若表达式不成立，就不执行指定的语句（即跳出该语句）。

condition
（表达式）
False
True
statement(s)
（一条或多条语句）

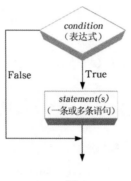

图 4-1

请注意，<u>*statement(s)*必须以 if 关键字为基准向右缩进至少一个空格，同时缩进要对齐，表示这些语句是在 if 代码块内，若 *condition* 返回 True，就执行 if 代码块内的所有语句。由于 Python 使用缩进划分程序的执行代码块，因此程序不能随意缩进。在本书中，我们将统一使用 4 个空格标示每个缩进层级，不能混淆空格和 Tab 键。</u>

下面是一个例子，每行语句前面的编号是为了方便解说，请勿输入程序。

\Ch04\if1.py

```
01 x = 15
02 y = 10
03
04 if x > y:
05     z = x - y
06     print("x 比 y 大", z)
```

执行结果如图 4-2 所示。由于变量 x 的值（15）大于变量 y 的值（10），因此，表达式 x > y 会返回 True，进而执行 if 代码块内的语句，也就是第 05、06 行，计算变量 z 的值为 15−10 得到 5，然后输出“x 比 y 大 5”。

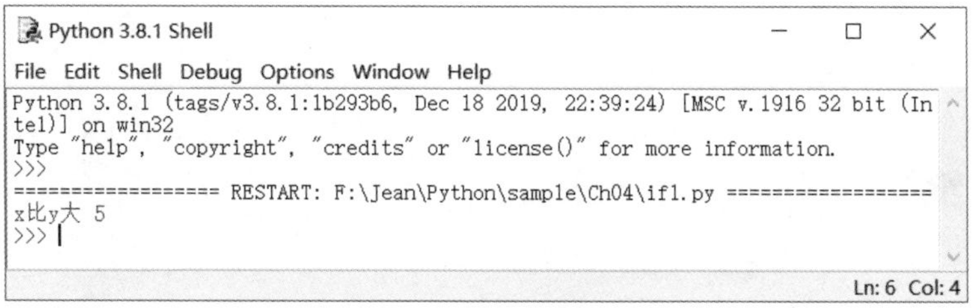

Python 3.8.1 Shell
File Edit Shell Debug Options Window Help
Python 3.8.1 (tags/v3.8.1:1b293b6, Dec 18 2019, 22:39:24) [MSC v.1916 32 bit (Intel)] on win32
Type "help", "copyright", "credits" or "license()" for more information.
>>>
================= RESTART: F:\Jean\Python\sample\Ch04\if1.py =================
x比y大 5
>>>
Ln: 6 Col: 4

图 4-2

可以试着交换变量 x 和变量 y 的值，看执行结果有何不同，此时表达式（x＞y）会返回 False，于是跳出 if 代码块，不会执行第 05、06 行。**注意**，第 05、06 行的缩进要对齐，否则会发生缩进错误或超乎预期的结果。

4.2.2 双分支 if…else

双分支 if…else 的语法如下，*condition*（表达式）和 else 关键字后面要加上冒号。

```
if condition:
    statements1
else:
    statements2
```

这种类型的意义是"若……就……否则……"，属于双分支选择，流程图如图 4-3 所示。*condition* 是一个表达式，结果为布尔型，若 *condition* 返回 True，就执行 *statements*1（语句 1）；否则执行 *statements*2（语句 2）。换句话说，若表达式成立，就执行 *statements*1，但不执行 *statements*2；若表达式不成立，就执行 *statements*2，但不执行 *statements*1，和单分支 if 相比，双分支 if…else 比较实用。

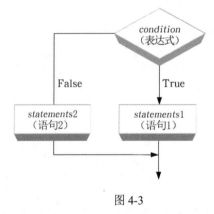

图 4-3

同样，*statements*1 必须以 if 关键字为基准向右缩进，同时缩进要对齐，表示这些语句是在 if 代码块内；而 *statements*2 必须以 else 关键字为基准向右缩进，同时缩进要对齐，表示这些语句是在 else 代码块内。

随堂练习

[判断成绩是否及格] 编写一个 Python 程序，要求用户输入 0～100 的数学分数，然后以 60 分为基准，检查该分数是否及格，若是，就输出"及格！"；否则就输出"不及格！"。

【解答】

\Ch04\if2.py

```
01  score = eval(input("请输入数学分数 (0 ~ 100)："))
02  if score >= 60:
03      print("及格！")
04  else:
05      print("不及格！")
```

执行结果如图 4-4 所示。当变量 score 的值大于或等于 60 时，表达式 score >= 60 会返回 True，进而执行 if 代码块内的语句，也就是第 03 行，输出 "及格！"，然后跳出双分支 if…else 选择结构，不会再执行第 05 行；相反，当变量 score 的值小于 60 时，表达式 score >= 60 会返回 False，进而执行 else 代码块内的语句，也就是跳过第 03 行，直接执行第 05 行，输出 "不及格！"。

```
Python 3.8.1 Shell                                    —    □    ×

File  Edit  Shell  Debug  Options  Window  Help

Python 3.8.1 (tags/v3.8.1:1b293b6, Dec 18 2019, 22:39:24) [MSC v.1916 32 bit (In
tel)] on win32
Type "help", "copyright", "credits" or "license()" for more information.
>>>
================= RESTART: E:\Jean\Python\sample\Ch04\if2.py =================
请输入数学分数 (0 ~ 100)：70
及格！
>>>
================= RESTART: E:\Jean\Python\sample\Ch04\if2.py =================
请输入数学分数 (0 ~ 100)：55
不及格！
>>>

                                                              Ln: 11  Col: 4
```

图 4-4

随堂练习

[判断偶数] 编写一个 Python 程序，要求用户输入一个整数，然后检查该整数是否为偶数，若是，就输出 "这是偶数"；否则就输出 "这是奇数"。

【解答】

\Ch04\even.py

```
# 获取用户输入的整数并存放在变量 num
num = eval(input("请输入一个整数："))


# 检查该整数是否为偶数
```

```
if num % 2 == 0:
    print("这是偶数")
else:
    print("这是奇数")
```

执行结果如图 4-5 所示。

图 4-5

随堂练习

[圆面积] 还记得 2.6 节的 <\Ch02\area2.py> 吗？这个程序可以根据用户输入的圆半径计算圆面积，不过它并没有考虑到输入负数时要怎么办，现在就请使用双分支语句 if...else 改写这个程序，令它在遇到输入负数时，就输出提示信息，否则输出圆面积。

【解答】

\Ch04\area3.py

```
PI = 3.14159
radius = eval(input("请输入圆半径："))
# 检查圆半径是否为负数
if radius < 0:
    print("圆半径不能是负数")
else:
    print("半径为", radius, "的圆面积为", PI * radius * radius)
```

4.2.3 多分支 if...elif...else

多分支 if...elif...else 的语法如下，表达式和 else 关键字后面要加冒号。

```
if condition1:
    statements1
elif condition2:
    statements2
elif condition3:
    statements3
⋮
else:
    statementsN+1
```

这种类型的意义是"若……就……否则 若……",属于多分支选择,流程图如图 4-6 所示。一开始先检查 *condition*1(表达式 1),若 *condition*1 返回 True,就执行 *statements*1(语句 1),否则检查 *condition*2(表达式 2);若 *condition*2 返回 True,就执行 *statements*2(语句 2),否则检查 *condition*3(表达式 3),…,以此类推。若所有表达式皆不成立,就执行 else 后面的 *statementsN*+1(语句 N+1),所以 *statements*1 ~ *statementsN*+1 只有一组会被执行。

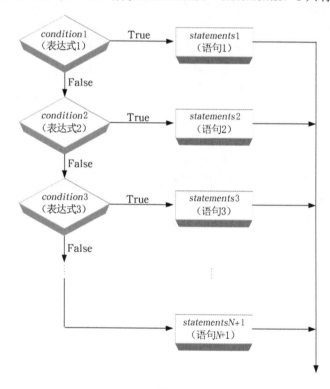

图 4-6

请注意,elif 关键字是 else if 的简写。elif 代码块可以没有、可以有一个或多个,而 else 代码块可以没有或只有一个。多分支 if...elif...else 相当实用,因为它可以处理多个表达式,而单分支 if 和双分支 if...else 则只能处理一个表达式。

随堂练习

[判断成绩等级] 编写一个 Python 程序，要求用户输入 0～100 的数学分数，然后根据 90 以上（含）、89～80、79～70、69～60、59 以下（含）等级距，将该分数划分为优等、甲等、乙等、丙等和不及格。

【解答】

\Ch04\if3.py

```
01  score = eval(input("请输入数学分数 (0 ～ 100)："))
02  if score >= 90:
03      print("优等")
04  elif score < 90 and score >= 80:
05      print("甲等")
06  elif score < 80 and score >= 70:
07      print("乙等")
08  elif score < 70 and score >= 60:
09      print("丙等")
10  else:
11      print("不及格")
```

执行结果如图 4-7 所示。假设第 01 行输入的分数为 85，接着执行第 02 行，表达式 score >= 90 会返回 False，于是跳过第 03 行，直接执行第 04 行，表达式 score < 90 and score >= 80 会返回 True，于是执行第 05 行，输出"甲等"，然后跳出多分支 if...elif...else 选择结构，不会再去执行第 06～11 行。

图 4-7

随堂练习

[中英数字对照] 编写一个 Python 程序，要求用户输入 1 ~ 5 的整数，然后输出该整数的英文（ONE、TWO、THREE、FOUR、FIVE），若输入的数据不是 1 ~ 5 的整数，就输出"您输入的数据超过范围！"，如图 4-8 所示。

【解答】

\Ch04\EnglishNum1.py

```python
num = eval(input("请输入 1 ~ 5 的整数： "))
if num == 1:
    print("ONE")
elif num == 2:
    print("TWO")
elif num == 3:
    print("THREE")
elif num == 4:
    print("FOUR")
elif num == 5:
    print("FIVE")
else:
    print("您输入的数据超过范围！ ")
```

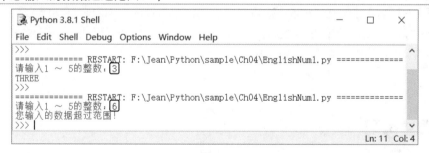

图 4-8

4.2.4 嵌套 if

嵌套 if 是指 if 语句里面包含其他 if 语句，而且没有深度的限制。例如，可以使用嵌套 if 将 4.2.3 小节的 <\Ch04\if3.py> 改写成以下形式，这个嵌套 if 的深度有 4 层，缩进层级一定要正确，才不会发生错误，为避免嵌套过深不易阅读，建议还是采取多分支 if…elif…else。

\Ch04\if4.py

```
01   score = eval(input("请输入数学分数 (0 ～ 100)： "))
02   if score >= 90:
03       print("优等")
04   else:
05       if score >= 80:
06           print("甲等")
07       else:
08           if score >= 70:
09               print("乙等")
10           else:
11               if score >= 60:
12                   print("丙等")
13               else:
14                   print("不及格")
```

执行结果将保持不变，如图 4-9 所示。

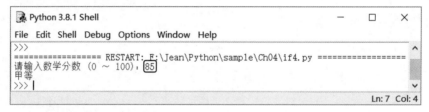

图 4-9

假设第 01 行输入的分数为 85，接着执行第 02 行，表达式 score >= 90 会返回 False，于是跳过第 03 行，直接执行第 04、05 行，表达式 score >= 80 会返回 True，于是执行第 06 行，输出"甲等"，然后跳出嵌套 if 选择结构，不再执行第 07～14 行。

随堂练习

使用嵌套 if 改写 4.2.3 小节的随堂练习 <\Ch04\EnglishNum.py>，执行结果将保持不变。

【解答】

\Ch04\EnglishNum2.py

```
num = eval(input("请输入 1 ～ 5 的整数： "))
if num == 1:
```

```
        print("ONE")
    else:
        if num == 2:
            print("TWO")
        else:
            if num == 3:
                print("THREE")
            else:
                if num == 4:
                    print("FOUR")
                else:
                    if num == 5:
                        print("FIVE")
                    else:
                        print("您输入的数据超过范围！")
```

4.3 for

重复执行某个动作是计算机的专长之一，若每执行一次，就要编写一次语句，那么程序将会变得相当冗长，而 for 循环（for loop）就是用来解决重复执行的问题。举例来说，假设要计算 1 加 2 加 3 加 4 一直加到 100 的总和，可以使用 for 循环逐一将 1、2、3、4、…、100 累加在一起，得到总和。

我们通常会使用控制变量来控制 for 循环的执行次数，所以 for 循环又称为"计数循环"，而此控制变量则称为"计数器"。

for 的语法如下，用来针对可迭代的对象进行重复运算，*iterator* 和 else 关键字后面要加冒号。

```
for var in iterator:
    statements1
[else:
    statements2]
```

iterator 是有顺序、可迭代（iterable）的对象，如 range 对象或字符串、列表、元组等有顺序的序列。在信息科学中，"迭代"（iteration）一词是指要重复执行的一组语句，也可视为"重复"的同义词。

进入 for 循环时，会先执行 *iterator* 产生一个可迭代的对象作为控制变量 *var* 的初始值，接着检查 *var* 是否符合循环的终止条件，若尚未符合（False），就执行循环主体 *statements*1，然后跳回 for 将 *var* 的值进行迭代，接着检查 *var* 是否符合循环的终止条件，若尚未符合（False），就执行循环主体 *statements*1，然后跳回 for 将 *var* 的值进行迭代，……，如此周而复始，直到 var 符合循环的终止条件，就执行 else 后面的 *statements*2（如有指定的话），然后跳出 for 循环。流程图如图 4-10 所示。

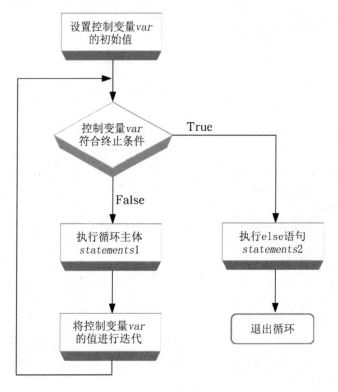

图 4-10

请注意，循环主体 *statements*1 必须以 for 关键字为基准向右缩进，表示在 for 代码块内，而 else 子句为选择性语句，可以指定或省略；此外，若要中途强制离开循环，可以加上 break 语句，4.5 节会介绍这个关键字。

前面提到 range 对象，我们可以使用 Python 内置的 range() 函数产生 range 对象，其语法如下，这会产生起始值为 *start*、终止值为 *stop*、间隔值为 *step* 的整数序列，若没有指定起始值 *start* 或间隔值 *step*，表示采取默认值 0 和 1。

```
range(stop)
range(start, stop[, step])
```

为了方便显示，下面的语句是使用 list() 函数将 range 对象转换成列表。

```
>>> # 起始值为 0、终止值为 5 (不含 5)、间隔值为 1 的整数序列
>>> list(range(5))
[0, 1, 2, 3, 4]
>>> # 起始值为 1、终止值为 10 (不含 10)、间隔值为 2 的整数序列
>>> list(range(1, 10, 2))
```

```
[1, 3, 5, 7, 9]
>>> # 起始值为 10、终止值为 -10 (不含 -10)、间隔值为 −2 的整数序列
>>> list(range(10, -10, -2))
[10, 8, 6, 4, 2, 0, -2, -4, -6, -8]
```

1. 使用 range 对象作为迭代的对象

认识 range 对象后，下面示范如何在 for 循环中使用 range 对象进行迭代。下面是一个例子，由于 range(5) 会产生 0、1、2、3、4 的整数序列作为控制变量 i 的值，因此，这个 for 循环总共执行 5 次 print(i) 语句，依次输出 0、1、2、3、4，如图 4-11 所示。

\Ch04\for1.py

```python
# 当 i 尚未等于终止值 5 时，就输出 i；当 i 等于终止值 5 时，就跳出循环
for i in range(5):
    print(i)
```

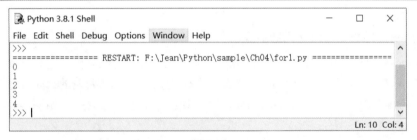

图 4-11

下面是另一个例子，它也是在 for 循环中使用 range 对象进行迭代，由于 range（1，7）会产生 1、2、3、4、5、6 的整数序列作为控制变量 i 的值，因此，这个 for 循环总共执行 6 次 sum = sum + i 语句，每次执行此语句时 sum 的值如表 4-1 所示。当 i 等于终止值 7 时，就执行 else 代码块，输出 "总和等于 21"，然后跳出循环，如图 4-12 所示。

\Ch04\for2.py

```python
sum = 0                 # 将变量 sum 的初始值设置为 0，用来存放总和
for i in range(1, 7):   # 当 i 尚未等于终止值 7 时，就将 i 累加到变量 sum
    sum = sum + i
else:                   # 当 i 等于终止值 7 时，就执行 else 代码块，然后跳出循环
    print("总和等于", sum)
```

表 4-1　每次执行语句时 sum 的值

循 环 次 数	= 右边的 sum	i	= 左边的 sum
第 1 次	0	1	0 + 1 (1)
第 2 次	1	2	1 + 2 (3)
第 3 次	3	3	3 + 3 (6)
第 4 次	6	4	6 + 4 (10)
第 5 次	10	5	10 + 5 (15)
第 6 次	15	6	15 + 6 (21)

```
Python 3.8.1 Shell                                    —    □    ×
File  Edit  Shell  Debug  Options  Window  Help
>>>
================ RESTART: F:\Jean\Python\sample\Ch04\for2.py ================
总和等于 21
>>>
                                                      Ln: 6  Col: 4
```

图 4-12

2. 使用 list（列表）作为迭代的对象

　　除了 range 对象外，如字符串、list、tuple 等有顺序的序列也可作为迭代的对象。下面是一个例子，它是在 for 循环中使用 list（列表）进行迭代，逐一将列表的每个元素累加到变量 sum，在所有元素读取完毕后，就跳出循环，然后输出"总和等于 83"，如图 4-13 所示。

\Ch04\for3.py

```
# 将变量 list1 设置为包含 5 个元素的列表
list1 = [15, 20, 33, 7, 8]

# 将变量 sum 的初始值设置为 0, 用来存放总和
sum = 0

# 使用 for 循环逐一将列表的每个元素累加到变量 sum
for i in list1:
    sum = sum + i

# 此语句没有缩进, 表示在 for 代码块外, 所以只会执行一次
print("总和等于", sum)
```

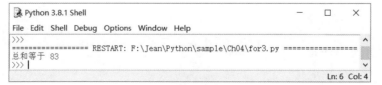

```
Python 3.8.1 Shell                                    —    □    ×
File  Edit  Shell  Debug  Options  Window  Help
>>>
================ RESTART: F:\Jean\Python\sample\Ch04\for3.py ================
总和等于 83
>>>
                                                      Ln: 6  Col: 4
```

图 4-13

3. 使用字符串作为迭代的对象

下面是一个例子，它是在 for 循环中使用字符串进行迭代，逐一输出字符串的每个字符和 '-' 字符，所有字符读取完毕后，就跳出循环，如图 4-14 所示。

\Ch04\for4.py

```
str1 = "Hello, World!"
# 使用 for 循环逐一输出字符串的每个字符和 '-' 字符
for i in str1:
    # 将选择性参数 end 设置为 '' (两个单引号)，表示每次输出 '-' 字符就加上空字符串
    print(i, '-', end = '')
```

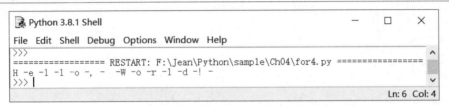

图 4-14

随堂练习

下列语句的执行结果为何？

```
for i in (range(1, 100, 9)):
    print(i)
```

【解答】

输出 1、10、19、28、37、46、55、64、73、82、91。

随堂练习

[阶乘] 编写一个 Python 程序，要求用户输入 1～100 的正整数，然后输出该正整数的阶乘，例如 5 阶乘等于 1×2×3×4×5，如图 4-15 所示。

【解答】

\Ch04\for5.py

```
num = eval(input("请输入 1 ~ 100 的正整数: "))
result = 1
for i in range(1, num + 1):
    result = result * i
print("{0}阶乘为{1}".format(num, result))
```

图 4-15

假设用户输入 5，则 for 循环总共执行 5 次 result = result * i 语句，具体情况见表 4-2。

表 4-2 执行 5 次语句的具体情况

循环次数	= 右边的 result	i	= 左边的 result
第 1 次	1	1	1 * 1 (1)
第 2 次	1	2	1 * 2 (2)
第 3 次	2	3	2 * 3 (6)
第 4 次	6	4	6 * 4 (24)
第 5 次	24	5	24 * 5 (120)

4. 嵌套 for 循环

嵌套 for 循环是指 for 循环里面包含一个或多个 for 循环，外部 for 循环每执行一次，就会重新进入内部 for 循环。

下面是一个例子，它会使用两个 for 循环显示九九乘法表，如图 4-16 所示。

\Ch04\nestedfor.py

```
01  result1, result2 = '', ''              # 将两个变量设置为空字符串 '' (两个单引号)
02
03  for i in range(1, 10):
04      result1 = ''                        # 将此变量重设为空字符串 ''
05      for j in range(1, 10):
06          result1 = result1 + str(i) + '*' + str(j) + '=' + str(i * j) + '\t'
07      result2 = result2 + result1 + '\n'
08
09  print(result2)
```

内部循环 外部循环

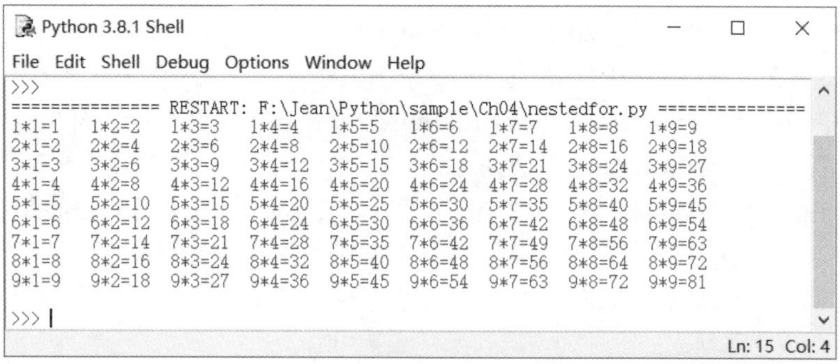

图 4-16

> 01：将 result1 和 result2 两个变量的初始值设置为空字符串 ''（两个单引号），用来存放九九乘法表。

> 03～07：这个 for 循环里又包含另一个 for 循环（第 05、06 行），外部循环每执行一次，内部循环就会执行 9 次，所以内部循环总共执行 9 * 9（81）次。

开始时，外部循环的 i 是 1，执行内部循环时便将内部循环的 j 乘上外部循环的 i，待内部循环执行完毕后，就将变量 result1 的值和换行字符（'\n'）存放在变量 result2，然后回到外部循环，将变量 result1 重设为空字符串（''），此时外部循环的 i 是 2，接着再进入内部循环，将内部循环的 j 乘上外部循环的 i，待内部循环执行完毕后，又会将变量 result2 原来的值、变量 result1 的值和换行字符存放在变量 result2，然后再回到外部循环，如此执行到外部循环的 i 等于 10 时，便跳出外部循环。

此处要特别说明第 04、06、07 行，第 04 行是将存放九九乘法表的变量 result1 归零，即重设为空字符串；第 06 行是将九九乘法表的结果存放在变量 result1，result1 = result1 + str(i) + '*' + str(j) + '=' + str(i * j) + '\t'，其中 '\t' 表示 [Tab] 键，以外部循环的 i 等于 1 为例，内部循环的执行次序如表 4-3 所示。

表 4-3 内部循环的执行次序

内部循环	i	j	= 右边的 result1	= 左边的 result2
第 1 次	1	1	''	1 * 1 = 1[Tab]
第 2 次	1	2	1 * 1 = 1[Tab]	1 * 1 = 1[Tab]1 * 2 = 2[Tab]
第 3 次	1	3	1 * 1 = 1[Tab]1 * 2 = 2[Tab]	1 * 1 = 1[Tab]1 * 2 = 2[Tab]1 * 3 = 3[Tab]
⋮	⋮	⋮	⋮	⋮
第 9 次	1	9	1 * 1 = 1[Tab]1 * 2 = 2[Tab]1 * 3 = 3[Tab]1 * 4 = 4[Tab]1 * 5 = 5[Tab]1 * 6 = 6[Tab]1 * 7 = 7[Tab]1 * 8 = 8[Tab]	1 * 1 = 1[Tab]1 * 2 = 2[Tab]1 * 3 = 3[Tab]1 * 4 = 4[Tab]1 * 5 = 5[Tab]1 * 6 = 6[Tab]1 * 7 = 7[Tab]1 * 8 = 8[Tab]1 * 9 = 9[Tab]

在外部循环第 1 次执行完毕时，变量 result1 的值为：1 * 1 = 1[Tab]1 * 2 = 2[Tab]1 * 3 = 3[Tab]1 * 4 = 4[Tab]1 * 5 = 5[Tab]1 * 6 = 6[Tab]1 * 7 = 7[Tab]1 * 8 = 8[Tab]1 * 9 = 9[Tab]，于是执行第 07 行，得到变量 result2 的值为：1 * 1 = 1[Tab]1 * 2 = 2[Tab]1 *3 = 3[Tab]1 * 4 = 4[Tab]1

* 5 = 5[Tab]1 * 6 = 6[Tab]1 * 7 = 7[Tab]1 * 8 = 8[Tab]1 * 9 = 9[Tab][Enter]。

在外部循环第 2 次执行完毕时，变量 result1 的值为：2 * 1 = 2[Tab]2 * 2 = 4[Tab]2 * 3 = 6[Tab]2 * 4 = 8[Tab]2 * 5 = 10[Tab]2 * 6 = 12[Tab]2 * 7 = 14[Tab]2 * 8 = 16[Tab]2 * 9 = 18[Tab]，于是执行第 07 行，得到变量 result2 的值为：1 * 1 = 1[Tab]1 * 2 = 2[Tab]1 * 3 = 3[Tab]1 * 4 = 4[Tab]1 * 5 = 5[Tab]1 * 6 = 6[Tab]1 * 7 = 7[Tab]1 * 8 = 8[Tab]1 * 9 = 9[Tab][Enter] 2 * 1 = 2[Tab]2 * 2 = 4[Tab]2 * 3 = 6[Tab]2 * 4 = 8[Tab]2 * 5 = 10[Tab]2 * 6 = 12[Tab]2 * 7 = 14[Tab]2 * 8 = 16[Tab]2 * 9 = 18[Tab][Enter]，以此类推，外部循环执行完毕后，就可以输出整个九九乘法表。

随堂练习

下列语句的执行结果为何？

```
sum = 0
for i in range(2, 101, 2):
    sum = sum + i
print(sum)
```

【解答】

输出 2250（2、4、6、…、98、100 的总和）。

随堂练习

[输出金字塔] 编写一个 Python 程序，要求用户输入 1 ~ 30 的正整数，然后输出高度为该正整数的金字塔，图 4-17 所示的执行结果可供参考。

```
Python 3.8.1 Shell                                    —    □    ×
File  Edit  Shell  Debug  Options  Window  Help
>>>
================ RESTART: F:\lean\Python\sample\Ch04\for6.py ================
请输入金字塔的高度（1 ~ 30）：10
              *
             ***
            *****
           *******
          *********
         ***********
        *************
       ***************
      *****************
     *******************
>>> |
                                                    Ln: 16  Col: 4
```

图 4-17

【解答】

这个程序的关键在于第 03、04 行的 for 循环，它会输出计算好数量的空格和星号组成金字塔，假设金字塔的高度为 n，在输出第 i 层时，会先输出（n-i）个空格，再输出（2 * i - 1）个星号。

\Ch04\for6.py

```
01  n = eval(input("请输入金字塔的高度 (1 ~ 30)："))
02
03  for i in range(1, n + 1):
04      print(" " * (n - i) , "*" * (2 * i - 1))
```

4.4　while

有别于 for 循环是以计数器控制循环的执行次数，while 循环是以表达式是否成立作为执行循环的根据，所以又称为 "表达式循环"。

while 的语法如下，*condition* 和 else 关键字后面要加冒号，*condition* 是一个表达式，结果为布尔型。

---

while *condition*:
　　*statements*1
[**else**:
　　*statements*2]

进入 while 循环时，会先检查 *condition* 是否成立，若返回 True 表示成立，就执行循环主体 *statements*1，然后跳回 while 再次检查 *condition* 是否成立；若返回 True 表示成立，就执行循环主体 *statements*1，然后跳回 while 再次检查 *condition* 是否成立，……，如此周而复始，直到 *condition* 返回 False 表示不成立，就执行 else 后面的 *statements*2（如有指定的话），然后跳出 while 循环。流程图如图 4-18 所示。

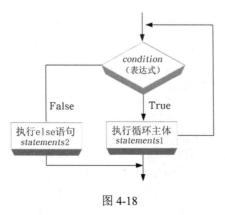

图 4-18

　　请注意，循环主体 *statements*1 必须以 while 关键字为基准向右缩进，表示在 while 代码块内，而 else 子句为选择性语句，可以指定或省略；此外，若要中途强制离开循环，可以加上 break 语句，4.5 节会介绍这个关键字。

　　下面是一个例子，它会使用 while 循环输出 0、1、2、3、4，如图 4-19 所示。

\Ch04\while1.py

```
01  i = 0                          # 将变量 i 的初始值设置为 0
02  while i < 5:                    # 当 i 小于 5 时就执行循环主体，大于或等于 5 时就跳出循环
03      print(i)                   # 输出 i 的值
04      i = i + 1                  # 将 i 的值递增 1
```

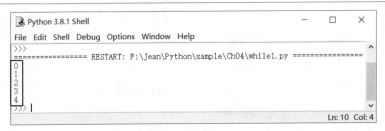

图 4-19

　　您可以用这个例子和 4.3 节的<\Ch04\for1.py>进行比较，像这种计次的循环，使用 for 循环会比较简洁，而且可以避免陷入**无穷循环**（infinite loop），也就是不断重复执行循环主体，无法跳出循环。

　　对于这个例子，变量 i 相当于计数器，初始值为 0，每执行一次循环主体，就将变量 i 的值递增 1，直到大于或等于 5 时就跳出循环，若没有第 04 行，变量 i 的值将永远保持 0，表达式 i < 5 也就不会有返回 False 的时候，此时将不断输出 0，无法终止程序。一旦遇到无穷循环，可以按 Ctrl + C 组合键，强制终止程序。

　　虽然如此，while 循环其实比 for 循环有弹性，因为只要确认表达式，最后一定会返回 False，就能跳出循环，无须限制执行次数。下面是一个例子，它会要求用户输入"快乐"的英文（Happy、happy...无论大小写皆可），若正确，就输出"答对了！"；若错误，就要求重新输入，直到答对为止。换句话说，循环的终止条件是输入正确的答案，而不是执行次数，如图 4-20 所示。

\Ch04\while2.py

```
01  answer = input("请输入"快乐"的英语单词：")
02
03  while answer.upper() != "HAPPY":
04      answer = input("答错了，请重新输入"快乐"的英语单词：")
05  else:
06      print("答对了！")
```

> 01：将用户输入的字符串存放在变量 answer 中。

> 03 ~ 06：将变量 answer 存放的字符串转换成大写，然后和 "HAPPY" 进行比较，若不相等，就执行循环主体（第 04 行），要求重新输入，直到输入转换为大写后等于 "HAPPY" 的字符串，就执行 else 代码块（第 05、06 行），输出"答对了!"，然后跳出循环。

```
Python 3.8.1 Shell                                    —    □    ×
File  Edit  Shell  Debug  Options  Window  Help
>>>
================ RESTART: F:\Jean\Python\sample\Ch04\while2.py ================
请输入"快乐"的英语单词：sad
答错了，请重新输入"快乐"的英语单词：sorry
答错了，请重新输入"快乐"的英语单词：HAPPY
答对了!
>>>
                                                              Ln: 9  Col: 4
```

图 4-20

随堂练习

[阶乘] 使用 while 循环改写 4.3 节的随堂练习（执行效果如图 4-21 所示），由此练习可以看出，虽然 while 循环可以达到和 for 循环相同的效果，但像这种计次的循环，使用 for 循环会比较简洁，因为不用再另外设置计数器。

【解答】

\Ch04\while3.py

```
num = eval(input("请输入 1 ~ 100 的正整数："))
# 将变量 result 的初始值设置为 1，用来存放阶乘
result = 1
# 将变量 i 的初始值设置为 1，用来作为计数器
i = 1

# 当 i 小于或等于 num 时，就将 i 累乘到 result，再将 i 递增 1
while  i <= num:
    result = result  * i
    i = i + 1

print("{0}阶乘为{1}".format(num, result))
```

04

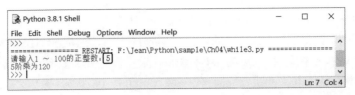

图 4-21

 随堂练习

　　[猜数字] 编写一个 Python 程序，随机产生一个范围为 1～100 的整数，然后要求用户猜数字，若大于该整数，就输出"太大了！"并要求继续猜数字；若小于该整数，就输出"太小了！"并要求继续猜数字，直到等于该整数，就输出"猜对了！"，然后结束程序，如图 4-22 所示。

【解答】

\Ch04\guess2.py

```python
import random                          # 导入 random 模块
num = random.randint(1, 100)           # 随机产生一个范围为 1～100 的数字
answer = -1                            # 变量 answer 的初始值设置为 -1，表示尚未输入
while answer != num:
    answer = eval(input("请猜数字 1~100： "))
    if answer > num:
        print("太大了！ ")
    elif answer < num:
        print("太小了！ ")
    else:
        print("猜对了！ ")
```

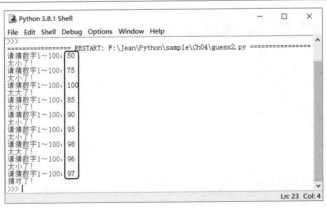

图 4-22

4.5 break 与 continue 语句

原则上，在终止条件成立之前，程序的控制权都不会离开循环，不过，有时可能需要在循环内检查其他条件，一旦符合该条件，就强制离开循环，此时可以使用 break 语句。

下面是一个例子，它改写自 4.4 节的 <\Ch04\while2.py>，允许用户在尚未答对却不想继续作答的时候，可以输入 quit 跳出循环，如图 4-23 所示。

\Ch04\while4.py

```
01  answer = input("请输入"快乐"的英语单词: ")
02
03  while answer.upper() != "HAPPY":
04      if answer.upper() == "QUIT":
05          print("我不玩了！")
06          break
07      answer = input("答错了，请重新输入"快乐"的英语单词: ")
08  else:
09      print("答对了！")
```

图 4-23

这个程序的关键在于第 04～06 行，检查用户是否输入 quit，若是，就输出"我不玩了！"，然后使用 break 语句强制离开循环，此时将不会执行 else 代码块。事实上，只有在循环正常终止的情况下，才会执行 else 代码块。

除了 break 语句外，Python 还提供了另一个经常用于循环的 continue 语句，该语句可用来在循环内跳过后面的语句，直接返回循环的开头。

下面是一个例子，它会输出 1～10 有哪些整数是 3 的倍数，如图 4-24 所示。

\Ch04\while5.py

```
01  i = 0
02  while i < 10:
03      i = i + 1
04      if i % 3 != 0:
05          continue
06      print(i)
```

图 4-24

这个程序的关键在于第 04、05 行，若变量 i 除以 3 的余数不等于 0，表示不是 3 的倍数，就使用 continue 语句跳过后面的第 06 行，直接返回第 02 行循环的开头；相反，若变量 i 除以 3 的余数等于 0，表示是 3 的倍数，就往下执行第 06 行，输出变量 i，然后返回第 02 行循环的开头。

可以试着变更第 02 行的终止条件，例如将 i < 10 改为 i < 100，就会输出 1～100 有哪些整数是 3 的倍数。

 随堂练习

[判断 BMI 指数] 编写一个 Python 程序，要求用户输入身高与体重，然后计算 BMI 指数，BMI 指数等于体重（千克）/身高^2（米^2）。若低于 18.5（不含），就输出"过轻"；若为 18.5～24，就输出"正常"；若超过 24（不含），就输出"过重"；若超过 27（不含），就输出"肥胖"；若超过 35（不含），就输出"极肥胖"，如图 4-25 所示。

【解答】

\Ch04\BMI2.py

```python
height = eval(input("请输入身高（厘米）: "))
weight = eval(input("请输入体重（千克）: "))
BMI = weight / (height / 100) ** 2
print("身高{0}厘米、体重{1}千克的 BMI 为{2}".format(height, weight, BMI))
if BMI < 18.5:
    print("过轻")
elif BMI <= 24 and BMI >= 18.5:
    print("正常")
elif BMI <= 27 and BMI > 24:
    print("过重")
elif BMI <= 35 and BMI > 27:
    print("肥胖")
elif BMI > 35:
    print("极肥胖")
```

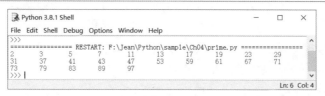

图 4-25

随堂练习

[找出质数] 编写一个 Python 程序，要求找出 2～100 的质数并输出结果（提示：质数是一个大于 1 的自然数，除了 1 和本身外，不能被其他自然数整除，例如 2、3、5、7、11、13 是质数，而 4、6、8、9、10、12、14 不是质数），如图 4-26 所示。

【解答】

\Ch04\prime.py

```python
for i in range(2, 100):
    for j in range(2, i):
        if i % j == 0:
            break
    else:
        print(i, end = '\t')
```

图 4-26

随堂练习

[细胞分裂次数] 假设有一个细胞每分钟分裂一次，第 1 次分裂后的总数是 2 个，第 2 次分裂后的总数是 4 个，第 3 次分裂后的总数是 8 个，以此类推，每次分裂后的总数是前一次分裂的两倍，请编写一个 Python 程序，计算该细胞经过几分钟后，总数会超过 100 万个。

【解答】

```
\Ch04\while6.py
number = 1
minutes = 0
while number < 1000000:
    number *= 2
    minutes += 1
print("该细胞在经过", minutes, "分钟后，总数会超过 100 万个")
```

执行结果如图 4-27 所示。该细胞在经过 20 分钟后，总数会超过 100 万个。可以在互动模式下验算，先计算 2 ** 19 得到 524288，再计算 2 ** 20 得到 1048576，就可以确定是 20 分钟。

图 4-27

学习检测

一、选择题

1. 下列哪种流程控制最适合用来计算连续数字的累加？（　　　）

    A. if…else   B. if…elif…else   C. for   D. switch

2. 若要提前强制离开循环，可以使用下列哪个语句？（　　　）

    A. continue   B. return   C. exit   D. break

3. 在 for i in range(100, 200, 3): 循环执行完毕时，i 的值为何？（　　　）

    A. 200   B. 202   C. 199   D. 201

4. 在下列循环执行完毕时，i 的值为何？（　　　）

```
i = 1
while i < 100:
    i = i + 7
```

    A. 106   B. 100   C. 99   D. 105

5. 若要使程序在循环内跳过后面的语句，直接返回循环的开头，可以使用下列哪个语句？（　　）

    A. continue   B. return   C. exit   D. break

6. range（100, 10, -3）产生的整数序列包含几个元素？（　　）

    A. 28   B. 31   C. 29   D. 30

二、练习题

1. [判断 13 的倍数] 编写一个 Python 程序，找出 1 ~ 100 可以被 13 整除的数字，然后输出结果。

2. 编写一个 Python 程序，计算下列算式的结果。

$(1/2)^1 + (1/2)^2 + (1/2)^3 + (1/2)^4 + (1/2)^5 + (1/2)^6 + (1/2)^7 + (1/2)^8$

3. 编写一个 Python 程序，计算下列算式的结果。

$1 + 1/2 + 1/3 + 1/4 + 1/5 + 1/6 + 1/7 + 1/8 + 1/9 + 1/10$

4. [个人综合税] 编写一个 Python 程序，要求用户输入综合所得净额，接着根据表 4-4 所示累进税率计算个人综合税，然后输出结果（只是为了练习，与实际情况无关）。

表 4-4　综合所得净额和累进税率的关系

综合所得净额/元	累进税率/%
0 ~ 520 000	5
520 001 ~ 1 170 000	12
1 170 001 ~ 2 350 000	20
2 350 001 ~ 4 400 000	30
4 400 001 以上	40

5. [预测调薪速度] 假设小明的月薪是 25 000 元，每年调薪的幅度为 3%，请编写一个 Python 程序，计算经过多少年小明的月薪会加倍。

6. 下列循环执行完毕时，会输出哪些数值？

```
for i in range(1, 5):
    for j in range(1, 5):
        if i * j < 8:
            continue
        print(i * j)
```

第 5 章

函 数

5.1 认 识 函 数

函数（function）是将一段具有某种功能或重复使用的语句写成独立的程序单元，然后给予名称，供后续调用使用，以简化程序，提高可读性。有些程序语言将函数称为方法（method）、程序（procedure）或子程序（subroutine）。

使用函数的优点如下。

➢ 函数具有重复使用性，我们可以在程序中不同的地方调用相同的函数，不必重复编写相同的语句。

➢ 加上函数后，程序会变得比较精简，因为虽然多了调用函数的语句，却少了更多重复的语句。

➢ 加上函数后，程序的可读性会提高。

➢ 将程序拆成几个函数后，写起来比较轻松，而且程序的逻辑性和正确性都会提高，如此不仅容易理解，也比较容易侦错、修改与维护。

至于使用函数的缺点，则是会使程序的执行速度减慢，因为多了一道调用的手续，执行速度自然比直接将语句写进程序里慢一点，如图 5-1 所示。

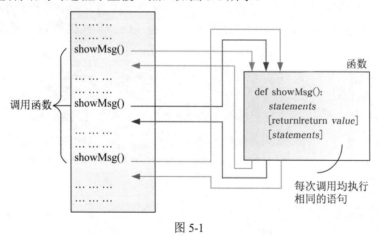

图 5-1

5.2 定 义 函 数

前面几章已经介绍过许多 Python 内置的函数，如 print()、input()、eval()、type()、int()、bool() 等，这是 Python 针对常见的用途提供的，但不一定满足所有需求，若要定制一些功能，就要自行定义函数。

可以使用 def 关键字定义函数，其语法如下，小括号后面要加冒号。

```
def functionName([parameters]):
    statements
    [return|return value]
    [statements]
```

- ➤ def：这个关键字用来表示要定义函数。
- ➤ *functionName*：这是函数的名称，命名规则与变量相同，即第 1 个字符可以是英文字母、底线（_）或中文，其他字符可以是英文字母、底线（_）、数字或中文，英文字母有大小写之分。不过，由于标准函数库或第三方函数库几乎都是以英文命名的，因此，建议不以中文命名。
- ➤ （[*parameters*]）：这是函数的参数，可以有 0 个、1 个或多个，若没有参数，小括号仍需保留；若有多个参数，中间以逗号（,）隔开，我们可以利用参数给函数传递数据。
- ➤ *statements*：这是函数的主体，用来执行指定的动作，*statements* 必须以 def 关键字为基准向右缩进至少一个空格，同时缩进要对齐，表示这些语句在 def 代码块内。
- ➤ [return|return *value*]：若要将程序的控制权从函数的内部转移到调用函数的地方，可以使用 return 语句。*value* 是函数的返回值，可以有 0 个、1 个或多个，若没有返回值，return 语句可以省略不写；若有多个返回值，中间以逗号（,）隔开。

例如，下面的语句是定义一个名称为 CtoF1、有一个参数、没有返回值的函数，用来将参数指定的摄氏温度转换成华氏温度，然后输出结果（注：华氏温度等于摄氏温度乘以 1.8 再加 32）。

```
def CtoF1(degreeC):
    degreeF = degreeC * 1.8 + 32
    print("摄氏", degreeC, "度可以转换成华氏", degreeF, "度")
```

下面的语句是定义一个名称为 CtoF2、有一个参数、有一个返回值的函数，用来将参数指定的摄氏温度转换成华氏温度，然后返回华氏温度，它和前一个函数的差别在于不会输出结果，但会返回华氏温度。

```
def CtoF2(degreeC):
    degreeF = degreeC * 1.8 + 32
    return degreeF
```

 备注

- ➤ 当某个函数里没有 return 语句或 return 语句后面没有任何值时，我们习惯说这个函数没有返回值，但严格来说，这个函数其实是返回默认的特殊值 None，表示没有值或没有参照到任何对象。
- ➤ 只定义函数并不会执行里面的语句，必须调用才行，5.3 节有详细的说明。

5.3　调　用　函　数

函数必须被调用才会执行，而且当函数有参数时，参数个数及顺序均不能错，即便函数没有参数，小括号仍需保留，其语法如下。

functionName([*parameters*])

若函数没有返回值，可以将函数调用视为一般的语句。下面是一个例子，当程序执行时，解释器会从第 01 行开始读取，发现第 01～03 行是函数定义，于是将这些语句存放在内存，暂时不执行；接着略过第 04 行的空白行，执行第 05 行，将用户输入的摄氏温度存放在变量 temperatureC；继续略过第 06 行的注释，执行第 07 行，调用 CtoF1() 函数并传递摄氏温度作为参数，此时，控制权会转移到第 01 行的 CtoF1() 函数，执行第 02、03 行，将摄氏温度转换成华氏温度并输出结果，然后将控制权返回调用函数的地方，即第 07 行。由于后面已经没有语句，所以会结束程序，如图 5-2 所示。

\Ch05\degree1.py

```
01  def CtoF1(degreeC):
02      degreeF = degreeC * 1.8 + 32
03      print("摄氏", degreeC, "度可以转换成华氏", degreeF, "度")
04
05  temperatureC = eval(input("请输入摄氏温度："))
06  # 调用函数并传递摄氏温度作为参数
07  CtoF1(temperatureC)
```

图 5-2

相反，若函数有返回值，可以将函数调用视为一般的值做进一步的处理或赋值给其他变量。

下面是一个例子，它和 <\Ch05\degree1.py> 的差别在于，CtoF2() 函数不会输出结果，但会返回华氏温度，所以第 07 行是将函数的返回值赋值给变量 temperatureF。

同样，当解释器读取到第 07 行时，控制权会转移到第 01 行的 CtoF2() 函数，执行第 02、03 行，将摄氏温度转换成华氏温度并返回华氏温度，然后将控制权返回调用函数的地方，即第 07 行，将返回值赋值给变量 temperatureF，继续执行第 09 行输出结果，再结束程序，如图 5-3 所示。

\Ch05\degree2.py

```
01  def CtoF2(degreeC):
02      degreeF = degreeC * 1.8 + 32
03      return degreeF
04
05  temperatureC = eval(input("请输入摄氏温度: "))
06  # 调用函数并传递摄氏温度作为参数
07  temperatureF = CtoF2(temperatureC)
08  # 输出结果
09  print("摄氏", temperatureC, "度可以转换成华氏", temperatureF, "度")
```

图 5-3

随堂练习

05

（1）定义一个 Python 函数，令它的名称为 larger，两个参数为 x 和 y，返回值为参数中比较大的值。

（2）编写一行语句，调用题目（1）定义的函数，令它返回 −100 和 −50 比较大的值。

【解答】

（1）

```
def larger(x, y):
    if x > y:
        return x
    else:
        return y
```

（2）

```
larger(-100, -50)
```

> **注意**
>
> - 当程序中有多个函数定义时，Python 并没有规定这些函数定义的前后顺序，只要调用某个函数时，其函数定义已经存放在内存即可。
> - 我们将函数定义中的参数称为"形式参数"（formal parameter）或"参数"（parameter），如 <\Ch05\degree2.py> 第 01 行的 degreeC，而将函数调用中的参数称为"实际参数"（actual parameter）或"自变量"（argument），如 <\Ch05\degree2.py> 第 07 行的 temperatureC。

5.4　函数的参数

参数可以用来传递数据给函数，我们已经示范过如何使用参数，接下来进一步介绍参数传递方式、关键字参数、默认参数值和任意参数列表。

5.4.1　参数传递方式

1. 传值调用

Python 并不允许程序设计人员选择参数传递方式，当参数属于不可改变内容的对象时，如数值、字符串、tuple（元组），就会采取传值调用（call by value），此时函数无法改变参数的值，因为传递给函数的是参数的值，而不是参数的地址。下面是一个例子，其执行结果如图 5-4 所示。

\Ch05\swap1.py

```
01  def swap(x, y):
02      temp = x
03      x = y
04      y = temp
05
06  a, b = 1, 2                      # 将变量 a、b 的值设定为数值 1、2
07  print(a, b)                      # 输出变量 a、b 在交换之前的值
08  swap(a, b)                       # 调用 swap() 函数交换两个参数的值
09  print(a, b)                      # 输出变量 a、b 交换之后的值
```

图 5-4

➢ 01 ~ 04：定义一个 swap() 函数，用来将两个参数的值交换。

➢ 08：调用 swap() 函数并传递变量 a、b 的值作为参数，所以参数 x、y 的值一开始为 1、2，经过交换后，变成 2、1。

➢ 07、09：由于变量 a、b 的值为数值，属于不可改变内容的对象，因此，第 08 行是采取传值调用，这表示变量 a、b 和参数 x、y 是不同的对象，被交换的是参数 x、y 的值，变量 a、b 的值则不受影响，所以第 07 行和第 09 行输出的值相同。

2. 传址调用

相反，当参数属于可改变内容的对象时，如 list（列表）、set（集合）、dict（字典），就会采取传址调用（call by reference），此时函数能够改变参数的值，因为传递给函数的是参数的地址，不是参数的值。下面是一个例子，其执行结果如图 5-5 所示。

\Ch05\swap2.py

```
01  def swap(x):
02      temp = x[0]
03      x[0] = x[1]
04      x[1] = temp
05
06  a = [1, 2]                    # 将变量 a 的值设定为列表 [1, 2]
07  print(a)                      # 输出变量 a 的元素在交换之前的值
08  swap(a)                       # 调用 swap() 函数交换参数的元素
09  print(a)                      # 输出变量 a 的元素交换之后的值
```

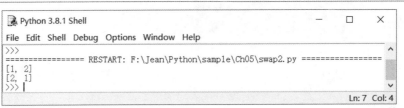

图 5-5

➢ 01 ~ 04：定义一个 swap() 函数，用来将参数的元素交换，其中 x[0]、x[1] 是列表的第 1、2 个元素。

➢ 08：调用 swap() 函数并传递变量 a 的值作为参数，所以参数 x 的值一开始为列表 [1, 2]，经过交换后，变成 [2, 1]。

➢ 07、09：由于变量 a 的值为列表，属于可改变内容的对象，因此，第 08 行是采取传址调用，这表示变量 a 和参数 x 参照相同的地址，也就是相同的对象，参数 x 的值被交换了，变量 a 的值也随之被交换，所以第 07 行和第 09 行输出的值不同。

5.4.2 关键字参数

Python 默认采取位置参数（position argument），函数调用里的参数顺序必须对应函数定义里的参数顺序，一旦写错顺序，就会导致对应错误，但有些参数顺序实在不容易记，此时可以使用关键字参数（keyword argument）进行区分，也就是在调用函数时指定参数对应的参数名称。

下面是一个例子，其中第 01 ~ 03 行定义一个 trapezoidArea() 函数，用来计算梯形面积，3 个参数 top、bottom、height 表示上底、下底、高，第 05 ~ 07 行则示范了几种调用 trapezoidArea() 函数的方式，特别是第 06 行混合位置参数与关键字参数，所以位置参数一定要放在关键字参数的前面，执行效果如图 5-6 所示。

\Ch05\keyword.py

```
01  def trapezoidArea(top, bottom, height):
02      area = (top + bottom) * height / 2
03      print("这个梯形面积为", area)
04
05  trapezoidArea(10, 20, 5)
06  trapezoidArea(10, height = 5, bottom = 20)
07  trapezoidArea(height = 5, bottom = 20, top = 10)
```

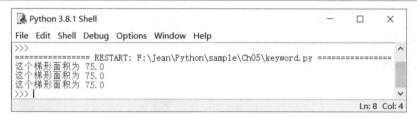

图 5-6

5.4.3 默认参数值

我们可以在定义函数时设定默认参数值（default argument value），如此一来，当函数调用里没有提供某个参数时，就会采取默认参数值。这种拥有默认参数值的参数称为选择性参数（optional argument），必须放在一般参数的后面。

下面是一个例子，其中第 01 行在定义 teaTime() 函数时将第 2 个参数的默认参数值设定为 "红茶"，第 04 ~ 07 行则示范了几种调用 teaTime() 函数的方式，特别是第 05 行没有提供第 2 个参数，所以第 2 个参数将采取默认参数值 "红茶"，效果如图 5-7 所示。

\Ch05\default.py

```
01  def teaTime(dessert, drink = "红茶"):
02      print("我的甜点是", dessert, ", 饮料是", drink)
```

113

```
03
04  teaTime("马卡龙", "咖啡")
05  teaTime("帕尼尼")
06  teaTime(dessert = "三明治", drink = "奶茶")
07  teaTime("红豆饼", drink = "绿茶")
```

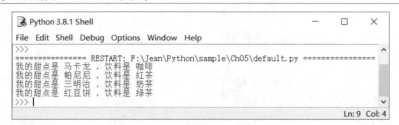

图 5-7

5.4.4 任意参数列表

Python 支持任意参数列表（arbitrary argument list）的功能，也就是函数接受不限定个数的参数。

下面是一个例子，其中第 01～05 行在定义 add() 函数时将参数加上星号（*），表示接受不限定个数的参数，第 07～11 行则示范了几种调用 add() 函数的方式，这些函数调用所传递的参数个数均不相同，如图 5-8 所示。

\Ch05\arbitrary.py

```
01  def add(*numbers):
02      total = 0
03      for i in numbers:
04          total = total + i
05      return total
06
07  print(add(1))
08  print(add(1, 2))
09  print(add(1, 2, 3))
10  print(add(1, 2, 3, 4))
11  print(add(1, 2, 3, 4, 5))
```

```
Python 3.8.1 Shell                                    —    □    ×
File  Edit  Shell  Debug  Options  Window  Help
>>>
================ RESTART: F:\Jean\Python\sample\Ch05\arbitrary.py ===============
1
3
6
10
15
>>>
                                                        Ln: 10  Col: 4
```

图 5-8

随堂练习

（1）[算术平均数] 定义一个 Python 函数，计算参数的算术平均数并返回结果。

（2）[几何平均数] 定义一个 Python 函数，计算参数的几何平均数并返回结果。

（3）编写一个 Python 程序，调用前面定义的函数输出一组数据 1、4、5、6、7、3、8、4、9 的算术平均数与几何平均数。

【提示】

平均数（mean）是统计学中常用的统计量，用来反映数据的集中趋势，显示各个观测值相对集中在哪个中心位置，常见的有算术平均数（arithmetic mean）、中位数（median）、众数（mode）、几何平均数（geometric mean）、调和平均数（harmonic mean）等类型。

➤ 假设有 n 个数据 x_1、x_2、x_3、$\cdots$、x_n，则算术平均数 $\bar{x}$ 的定义是 n 个数据的总和除以 n，公式如下，优点是容易计算，缺点则是容易受到极端值的影响。

$$\bar{x} = \frac{x_1 + x_2 + x_3 + \cdots + x_n}{n}$$

➤ 假设有 n 个数据 x_1、x_2、x_3、$\cdots$、x_n，则几何平均数 G 的定义是 n 个数据的连乘积开 n 次方根，公式如下，适合用来计算数据的平均变化率，如平均利率、平均合格率、平均发展速度等。

$$G = \sqrt[n]{x_1 \times x_2 \times x_3 \times \cdots \times x_n}$$

【解答】

\Ch05\mean.py

```python
def arithmeticMean(*numbers):
    sum = 0
    n = 0
    for i in numbers:
        sum += i
        n += 1
    return sum / n

def geometricMean(*numbers):
    product = 1
    n = 0
    for i in numbers:
        product *= i
        n += 1
    return product ** (1 / n)
```

```
print("这组数据的算术平均数为", arithmeticMean(1, 4, 5, 6, 7, 3, 8, 4, 9))
print("这组数据的几何平均数为", geometricMean(1, 4, 5, 6, 7, 3, 8, 4, 9))
```

执行结果如图 5-9 所示。

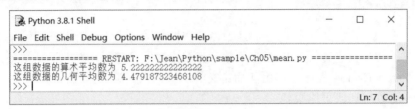

图 5-9

5.5 函数的返回值

原则上，在 def 代码块内的语句执行完毕之前，程序的控制权都不会离开函数，不过，有时我们可能需要离开函数，返回调用函数的地方，此时可以使用 return 语句；或者，我们可能需要从函数返回某个值或某些值，此时可以使用 return 语句，后面再加上返回值。

下面是一个例子，其中第 01~04 行定义一个 divmod() 函数，它会计算第一个参数除以第二个参数的商数与余数，然后使用 return 语句返回商数与余数，如图 5-10 所示。

\Ch05\divmod.py

```
01  def divmod(x, y):
02      div = x // y
03      mod = x % y
04      return div, mod
05
06  a, b = divmod(100, 7)
07  print("100 除以 7 的商数为", a, "，余数为", b)
08
09  c, d = divmod(200, 13)
10  print("200 除以 13 的商数为", c, "，余数为", d)
```

图 5-10

下面是另一个例子，其中第 01~08 行定义一个 checkScore() 函数，它会先检查分数是否小于 0 或大于 100，若是，就输出"分数超过范围！"，然后使用 return 语句离开函数，返回调用函数的地方；若否，则进一步检查分数是否及格，如图 5-11 所示。

\Ch05\score.py

```
01  def checkScore(score):
02      if score < 0 or score > 100:
03          print("分数超过范围！")
04          return
05      if score >= 60:
06          print("及格！")
07      else:
08          print("不及格！")
09
10  s = eval(input("请输入数学分数 (0 ~ 100)："))
11  checkScore(s)
```

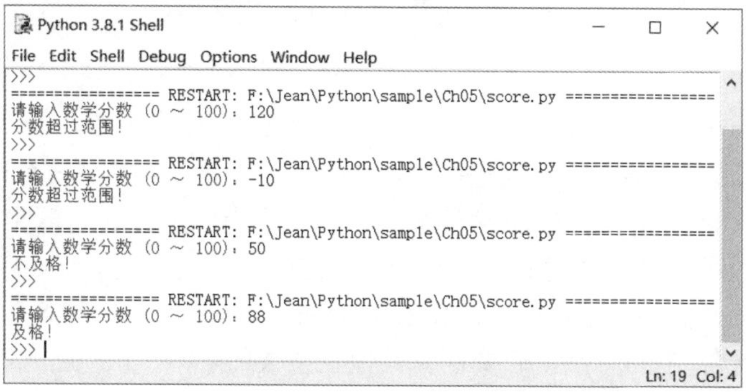

图 5-11

5.6   全局变量与局部变量

在本节中，我们要讨论一个重要的概念，就是变量的有效范围（scope），是指程序的哪些语句能够访问变量的值，大部分的 Python 变量都只有一种有效范围，就是程序的所有语句都能访问变量的值，称为全局变量（global variable），但在函数内定义的变量则称为局部变量（local variable），只有函数内的语句能够访问局部变量的值。

下面是一个例子，它在 f1() 函数里定义变量 x，由于这是局部变量，所以第 05 行企图输出变量 x 将发生如图 5-12 所示的错误信息，表示名称 x 尚未定义。

\Ch05\scope.py

```
01  def f1():
02      x = 1
03      print(x)
04
05  print(x)
```

Python 3.8.1 Shell
File Edit Shell Debug Options Window Help
>>>
================= RESTART: F:\Jean\Python\sample\Ch05\scope.py =================
Traceback (most recent call last):
File "F:\Jean\Python\sample\Ch05\scope.py", line 6, in <module>
print(x)
NameError: name 'x' is not defined
>>>
Ln: 9 Col: 4

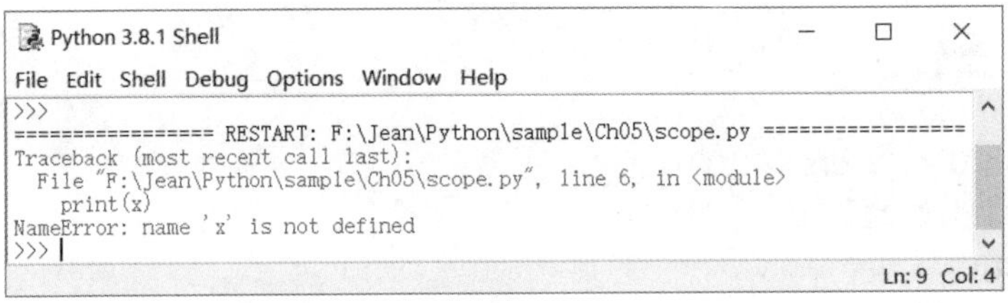

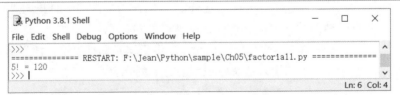

图 5-12

若要输出变量 x，必须将第 05 行改写成如下的函数调用，因为只有函数内的语句能够调用局部变量的值。

```
f1()
```

5.7 递归函数

递归函数（recursive function）是一种可以调用自己本身的函数，若函数 f1() 调用函数 f2()，而函数 f2() 又在某种情况下调用函数 f1()，那么函数 f1() 也算是一个递归函数。

递归函数通常可以被 for 或 while 循环取代，但由于递归函数的逻辑性、可读性及弹性均比循环来得好，所以很多时候，尤其是编写递归算法时，还是会选择递归函数。

下面是一个例子，它使用 for 循环计算 5 的阶乘，即 5! 等于 $1 \times 2 \times 3 \times 4 \times 5$，但它有一个缺点，就是只能计算 5 的阶乘，若要计算其他正整数的阶乘，for 循环的 range() 就要重新设定范围，相当不方便，而且也没有考虑到 0! 等于 1 的情况，如图 5-13 所示。

\Ch05\factorial1.py

```
result = 1
for i in range(1, 6):
    result = result * i

print("5! =", result)
```

Python 3.8.1 Shell
File Edit Shell Debug Options Window Help
>>>
=============== RESTART: F:\Jean\Python\sample\Ch05\factorial1.py ===============
5! = 120
>>>
Ln: 6 Col: 4

图 5-13

事实上，只要根据如下公式，就可以使用递归函数改写这个例子。

```
当 n = 0 时，F(n) = n! = 0! = 1
当 n > 0 时，F(n) = n! = n * F(n - 1)
当 n < 0 时，F(n) = -1，表示无法计算阶乘
```

\Ch05\factorial2.py

```
def  F(n):
     if  n == 0:                          # 当 n = 0 时，F(n) = n! = 0! = 1
          return  1
     elif  n > 0:
          return  n * F(n - 1)            # 当 n > 0 时，F(n) = n! = n * F(n - 1)
     else:
          return  -1                      # 当 n < 0 时，F(n) = −1，表示无法计算阶乘

print("0! =", F(0))
print("5! =", F(5))
```

执行效果如图 5-14 所示。

```
Python 3.8.1 Shell                                          —    □    ×

File  Edit  Shell  Debug  Options  Window  Help
>>>
=============== RESTART: F:\Jean\Python\sample\Ch05\factorial2.py ===============
0! = 1
5! = 120
>>> |
                                                              Ln: 7  Col: 4
```

图 5-14

很明显，递归函数比 for 循环有弹性，只要改变参数，就能计算不同正整数的阶乘，而且连 0! 等于 1 和 *n* 为负数的情况都考虑到了。递归函数的语法并不难，重点在于如何设计递归算法，而这需要算法的基础，建议初学者简略看过就好，等有需要的时候再研究。

随堂练习

[最大公约数] 编写一个 Python 程序，根据如下的递归算法计算两个正整数的最大公约数（GCD），例如计算 84 和 1080 的最大公约数，然后输出结果，如图 5-15 所示。

当 n 可以整除 m 时，GCD(m, n) 等于 n
当 n 无法整除 m 时，GCD(m, n) 等于 GCD(n, m 除以 n 的余数)

【解答】

\Ch05\gcd.py

```
def  GCD(m, n):
     if  m % n == 0:
          return  n
     else:
```

```
        return GCD(n, m % n)

print("84 和 1080 的最大公约数为", GCD(84, 1080))
```

图 5-15

随堂练习

[费氏（Fibonacci）数列] 编写一个 Python 程序，根据如下的递归算法计算费氏数列的前 15 个数字，然后输出结果，如图 5-16 所示。

当 n = 1 时, fibo(n) = fibo(1) = 1
当 n = 2 时, fibo(n) = fibo(2) = 1
当 n > 2 时, fibo(n) = fibo(n - 1) + fibo(n - 2)

【解答】

\Ch05\fibo.py

```
def fibo(n):
    if n == 1 or n == 2:
        return 1
    else:
        return fibo(n - 1) + fibo(n - 2)

for i in range(1, 16):
    print(fibo(i), end='\t')
```

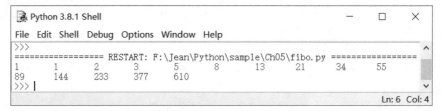

图 5-16

5.8 lambda 表达式

Python 提供一个 lambda 关键字，可用来建立小的匿名函数。所谓**匿名函数**（anonymous function），是指没有名称的函数，其语法如下，*arg*1, *arg*2, …的后面要加上冒号。

lambda *arg*1, *arg*2, …: *expression*

lambda 表达式会产生一个函数对象，*arg*1, *arg*2, …相当于函数定义的参数，而 *expression* 相当于函数定义的主体，我们可以在 *expression* 中使用这些参数。

例如，下面的语句是将 lambda 表达式产生的匿名函数指派给变量 add，这个匿名函数会返回参数 x 和参数 y 相加的结果。

>>> add = lambda x, y: x + y

接下来，可以通过变量 add 调用这个匿名函数。例如：

```
>>> print(add(1, 2))
3
>>> print(add(50, -100))
-50
>>> print(add(50, 3.8))
53.8
>>> print(add(50, True))                        # True 会被当作数值 1
51
>>> print(add("abc", "de"))
abcde
```

<u>**请注意**，lambda 表达式不能有代码块，所以只能处理简单的工作，对于一些比较复杂的工作，还是要使用 def 关键字定义函数才行。</u>

5.9 日期时间函数

本章最后要介绍一些日期时间函数，这些函数位于 Python 内置的 time 和 calendar 模块，学会使用它们，就可以在程序中处理日期时间。

5.9.1 time 模块

time 模块有一些时间属性和时间函数。在使用 time 模块之前，必须使用 import 命令导入。下面介绍一些常用时间属性和时间函数。

```
>>> import time
```

➢ time.daylight：这个属性表示本地时间是否使用日光节约时间（夏令时间），1 表示是，0 表示否。以台湾地区为例，time.daylight 的值为 0。

➢ time.timezone：这个属性表示本地时间和 UTC 时间相差多少秒。以台湾地区为例，time.timezone 的值为 -28800，表示 UTC 时间比台湾地区的时间慢 28800 秒，即 8 小时，UTC（Coordinated Universal Time）是比格林威治标准时间（Greenwich Mean Time，GMT）更精确的世界时间标准。

➢ time.altzone：这个属性表示本地时间和 UTC 日光节约时间相差多少秒。以台湾地区为例，time.altzone 的值为 -32400，表示 UTC 日光节约时间比台湾地区的时间慢 32400 秒，即 9 小时。

➢ time.time()：返回从 1970 年 1 月 1 日 12 时 00 分到目前的 UTC 时间总共经过多少秒，由于 Python 以 tick 作为时间的计数单位，1 tick 等于 1 微秒（10^{-6} 秒），因此，time.time() 函数返回的秒数可以精确到小数点后面 6 位。例如：

```
>>> time.time()
1481167626.671224
```

➢ time.clock()：第一次调用会返回此函数的运行时间，第二次调用会返回这一次和上一次调用此函数相差多少秒。例如：

```
>>> time.clock()                          # 返回此函数的运行时间
2.0311901433654626e-06
>>> time.clock()                          # 返回这一次和上一次调用此函数相差多少秒
5.830913170277514
```

➢ time.gmtime([secs])：返回从 1970 年 1 月 1 日 12 时 00 分经过 time.time() 或选择性参数 secs 所指定之秒数的时间，即目前的 UTC 时间。例如：

```
>>> time.gmtime()                         # 返回目前的 UTC 时间
time.struct_time(tm_year=2018, tm_mon=8, tm_mday=15, tm_hour=4, tm_min=35,
tm_sec=29, tm_wday=2, tm_yday=227, tm_isdst=0)
```

返回值的类型是 time.struct_time 结构，包含表 5-1 所示的属性。

表 5-1　返回值包含的属性

属　　性	说　　明
tm_year	公元年（如 1993）
tm_mon	月（1 ~ 12）
tm_mday	日（1 ~ 31）
tm_hour	小时（0 ~ 23，24 小时制）

属　性	说　明
tm_min	分（0 ~ 59）
tm_sec	秒 [0 ~ 61（闰秒）]
tm_wday	星期几（0 ~ 6，0 表示星期一）
tm_yday	一年的第几天 [1 ~ 366（闰年）]
tm_isdst	日光节约时间（1 表示是，0 表示否，−1 表示自动判断）

➢ time.localtime([*secs*])：用途和 time.gmtime([*secs*]) 函数类似，但返回的是目前的本地时间。以台湾地区为例，返回的 tm_hour 属性会比 UTC 时间快 8 小时，如下。

```
>>> time.localtime()                          # 返回目前的本地时间
time.struct_time(tm_year=2018, tm_mon=8, tm_mday=15, tm_hour=12, tm_min=36,
tm_sec=13, tm_wday=2, tm_yday=227, tm_isdst=0)
```

➢ time.asctime([*t*])：以 str 类型返回目前的本地时间或选择性参数 *t* 指定的时间，参数 *t* 是 time.struct_time 或包含 9 个数字的 tuple（对应 time.struct_time 的 9 个属性）。例如：

```
>>> time.asctime()                            # 返回目前的本地时间
'Wed Aug 15 12:36:38 2018'
>>> time.asctime((2018, 8, 15, 12, 36, 38, 2, 227, 0))   # 返回参数指定的时间
'Wed Aug 15 12:36:38 2018'
```

➢ time.ctime([*secs*])：用途和 time.asctime([*t*]) 函数相同，但选择性参数 *secs* 是从 1970 年 1 月 1 日 12 时 00 分经过的秒数。例如：

```
>>> time.ctime()                              # 返回目前的本地时间
'Wed Aug 15 12:36:38 2018'
>>> time.ctime(1534307798.0)                  # 返回参数指定的时间
'Wed Aug 15 12:36:38 2018'
```

➢ time.mktime(*t*)：返回从 1970 年 1 月 1 日 12 时 00 分到参数 *t* 指定的时间经过的秒数，参数 *t* 是 time.struct_time 或 tuple。例如：

```
>>> time.mktime((2018, 8, 15, 12, 36, 38, 2, 227, 0))
1534307798.0
```

➢ time.sleep(*secs*)：令 Python 暂停参数 *secs* 指定的秒数。

➢ time.strftime(*format*[, *t*])：根据参数 *format* 指定的格式，将 time.gmtime() 或 time.localtime() 函数返回的目前时间（time.struct_time 或 tuple）转换成字符串，格式化符号如表 5-2 所示。若要指定欲进行格式化的时间，可以使用选择性参数 *t* 指定时间（time.struct_time 或 tuple）。

表 5-2　格式化符号

格式化符号	说　　明
%a	简写的星期几
%A	完整的星期几
%b	简写的月份名称
%B	完整的月份名称
%c	本地适合的日期时间表示法
%d	一个月的第几天（1 ~ 31）
%H	小时（0 ~ 23，24 小时制）
%I	小时（1 ~ 12，12 小时制）
%j	一年的第几天 [1 ~ 366（闰年）]
%m	月份（1 ~ 12）
%M	分（0 ~ 59）
%p	本地对应的 AM 或 PM
%S	秒 [0 ~ 61（闰秒）]
%U	一年的第几周（0 ~ 53），星期日为星期的开始
%w	星期几（0 ~ 6，0 表示星期日）
%W	一年的第几周（0 ~ 53），星期一为星期的开始
%x	本地适合的日期表示法
%X	本地适合的时间表示法
%y	2 位数的公元年
%Y	4 位数的公元年
%z	时区位移（和 UTC 的时间差，−23:59 ~ +23:59）
%Z	时区名称
%%	% 字符

例如：

```
>>> time.strftime("%Y 年%m 月%d 日 %H:%M:%S %Z")
'2018 年 8 月 15 日 12:44:37 台湾地区时间'
>>> time.strftime("%Y 年%m 月%d 日")
'2018 年 8 月 15 日'
>>> time.strftime("%H:%M:%S")
'12:44:37'
>>> time.strftime("%a, %d %b %Y %H:%M:%S")
'Wed, 15 Aug 2018 12:44:37'
>>> t = (2018, 8, 15, 12, 44, 37, 2, 227, 0)
```

```
>>> time.strftime("%b %d %Y %H:%M:%S", t)
'Aug 15 2018 12:44:37'
```

> time.strptime(*string*[, *format*])：根据参数 *format* 指定的格式，将参数 *string* 指定的字符串剖析成 time.struct_time，相当于 time.strftime() 的反函数。例如：

```
>>> time.strptime("30 Nov 00", "%d %b %y")
time.struct_time(tm_year=2000, tm_mon=11, tm_mday=30, tm_hour=0, tm_min=0,
tm_sec=0, tm_wday=3, tm_yday=335, tm_isdst=-1)
```

5.9.2　calendar 模块

calendar 模块有一些日历函数，常用的如下，使用 calendar 模块之前，必须使用 import 命令导入。

```
>>> import calendar
```

> calendar.firstweekday()：返回一周的第 1 个工作日，默认值为 0 表示星期一。
> calendar.setfirstweekday(*weekday*)：将一周的第 1 个工作日设定为参数 *weekday* 指定的日子，0 ~ 6 表示星期一 ~ 星期日。例如：

```
>>> calendar.firstweekday()              # 返回 0 表示第 1 个工作日是星期一
0
>>> calendar.setfirstweekday(1)          # 将第 1 个工作日设定为星期二
>>> calendar.firstweekday()              # 返回 1 表示第 1 个工作日是星期二
1
```

> calendar.isleap(*year*)：若参数 *year* 指定的年份是闰年，就返回 True，否则返回 False。例如：

```
>>> calendar.isleap(2020)                # 返回 True 表示 2020 年是闰年
True
>>> calendar.isleap(2021)                # 返回 False 表示 2021 年不是闰年
False
```

> calendar.weekday(*year*, *month*, *day*)：返回参数 *year*、*month*、*day* 指定的年、月、日是星期几，0 ~ 6 表示星期一 ~ 星期日。例如：

```
>>> calendar.weekday(2020, 12, 4)        # 返回 4 表示 2020 年 12 月 4 日是星期五
4
```

> calendar.monthrange(*year*, *month*)：返回两个整数，第 1 个整数表示 *year* 年 *month* 月的第一天是星期几，第 2 个整数表示该月份有几天。例如：

```
>>> calendar.monthrange(2020, 1)         # 返回 2020 年 1 月第 1 天是星期三，有 31 天
(2, 31)
```

➤ calendar.calendar(*year*)：返回参数 *year* 指定之年份的日历。例如，下面的语句会输出公元 2020 年的月历（图 5-17）。

```
print(calendar.calendar(2020))
```

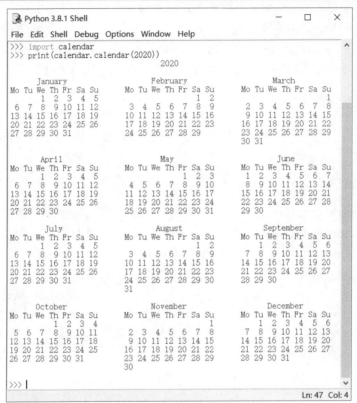

图 5-17

➤ calendar.month(*year, month*)：返回参数 *year* 和参数 *month* 指定之年份与月份的日历。例如，下面的语句会输出公元 2020 年 1 月的月历（图 5-18）。

```
print(calendar.month(2020, 1))
```

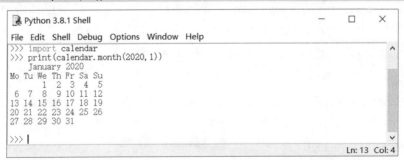

图 5-18

备注

Python 还内置了一个 datetime 模块，里面有很多与日期时间相关的对象、属性和函数。例如，datetime.date 对象可以用来获取今天的日期：

```
>>> from datetime import date              # 从 datetime 模块导入 date 类
>>> print(date.today())                     # 获取今天的日期并输出
2019-12-15
```

而 datetime.datetime 对象可以用来取得目前的日期时间：

```
>>> from datetime import datetime           # 从 datetime 模块导入 datetime 类
>>> print(datetime.now())                    # 获取目前的日期时间并输出
2019-12-15 10:48:12.945065
>>> print(datetime.now().strftime("%Y 年%m 月%d 日 %H:%M:%S"))
2019 年 12 月 15 日 10:48:13
```

由于这些功能可以通过 time 和 calendar 模块完成，此处不再深入介绍，有兴趣的读者可以参考说明文件 https://docs.python.org/3/library/datetime.html。

 随堂练习

[判断闰年] 编写一个 Python 程序，输出公元 2000 ～ 2050 年有几个闰年，"闰年"是指年份能被 4 整除但不能被 100 整除，或能被 400 整除，如图 5-19 所示。

【解答 1】

\Ch05\leapyear1.py

```
def isLeapYear(year):
    if (year % 4 == 0 and year % 100 != 0) or (year % 400 == 0):
        return True
    else:
        return False


for i in range(2000, 2051):
    if isLeapYear(i):
        print(i)
```

【解答 2】

\Ch05\leapyear2.py

```python
import calendar
for i in range(2000, 2051):
    if calendar.isleap(i):
        print(i)
```

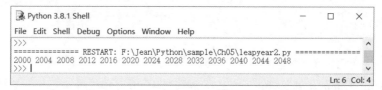

图 5-19

随堂练习

[倒数计时] 编写一个 Python 程序，要求用户输入要倒数的秒数，然后每隔一秒就输出"倒数 X 秒……"的信息，并于倒数完毕时输出"时间到!"。图 5-20 的执行结果供参考（提示：使用 time.sleep() 函数）。

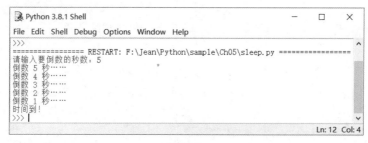

图 5-20

【解答】

\Ch05\sleep.py

```python
import time

secs = eval(input("请输入要倒数的秒数："))

for i in range(secs, 0, -1):
    print("倒数", i, "秒……")
    time.sleep(1)

print("时间到! ")
```

学习检测

一、选择题

1. 下列哪个选项不是使用函数的优点？（　　　）

A. 提高程序的重复使用性　　　　　　B. 提高程序的可读性

C. 让程序变得比较精简　　　　　　　D. 让执行速度变得比较快

2. 若要定义匿名函数，可以使用下列哪个关键字？（　　　）

A. def　　　　　　B. var　　　　　　C. lambda　　　　　　D. anonymous

3. 若要将程序的控制权从函数的内部转移到调用函数的地方，可以使用下列哪个关键字？

（　　　）

A. back　　　　　　B. goto　　　　　　C. continue　　　　　　D. return

4. 当函数的参数属于下列哪种类型时，将采取传址调用？（　　　）

A. 数值　　　　　　B. 字符串　　　　　　C. tuple（元组）　　　　　　D. list（列表）

5. 若要接受不限定个数的参数，可以在定义函数时将参数加上下列哪个符号？（　　　）

A. *　　　　　　B. !　　　　　　C. #　　　　　　D. $

6. 下列哪个属性表示本地时间和 UTC 时间相差多少秒？（　　　）

A. time.daylight　　　　B. time.timezone　　　　C. time.altzone　　　　D. datetime.now

7. 下列哪个函数可以用来取得目前的本地时间？（　　　）

A. time.gmtime()　　　　B. time.localtime()　　　　C. time.mktime()　　　　D. time.time()

8. 下列哪个函数可以用来格式化日期时间？（　　　）

A. time.asctime()　　　　B. time.ctime()　　　　C. time.strftime()　　　　D. time.timetostr()

9. 下列哪个函数可以令 Python 暂时停止执行？（　　　）

A. time.clock()　　　　B. time.sleep()　　　　C. time.suspend()　　　　D. time.pause()

10. 下列哪个函数可以用来判断某个年份是否为闰年？（　　　）

A. calendar.calendar()　　　　　　B. calendar.year()

C. calendar.month()　　　　　　　D. calendar.isleap()

二、练习题

1. [找出最大值] 定义一个 Python 函数，令它的名称为 largest，不限定参数个数，返回值为参数中的最大值，然后调用此函数返回 10、50、100、-10、-5 等参数中的最大值，再输出结果。

2. [当月月历] 编写一个 Python 程序，令它显示目前的本地时间和当月月历。图 5-21 所示的执行结果供参考。

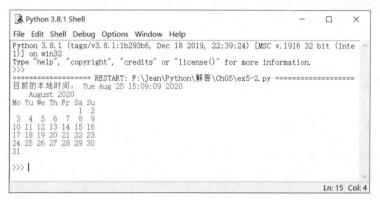

图 5-21

3. [计算薪资] 定义一个 Python 函数，令它的名称为 salary，3 个参数为 hours（工作时数）、hourlypay（时薪）、bonus（奖金），其中 bonus 有默认参数值 0，返回值为薪资，也就是薪资 = 时薪 × 工作时数 + 奖金。

4. [判断质数] 定义一个 Python 函数，令它判断参数是否为质数，若是，就返回 True；否则就返回 False，然后编写一个 Python 程序，令它调用该函数找出 2 ~ 100 的质数并输出结果。

5. [单利本利和] 单利是一种计算利息的方式，假设本金为 P 元，年利率为 r，年数为 t 年，单利利息为 I 元，本利和为 S 元，则单利利息的计算公式如下：

$$I = P \times r \times t$$

单利本利和的计算公式如下：

$$S = P + I = P + P \times r \times t = P \times (1 + r \times t)$$

举例来说，假设小明向朋友借款 100 万元，约定利息的年利率为 6% 单利计算，那么 3 年后小明还款的本利和如下：

$$1\,000\,000 \times (1 + 6\% \times 3) = 1\,180\,000$$

现在，请编写一个 Python 程序，令它定义一个函数用来计算单利本利和，接着要求用户输入本金、年利率和年数，然后调用此函数计算单利本利和，再输出结果。下面的函数和执行结果（图 5-22）供参考。

```
def Sum(P, r, t):
    return P * (1 + r * t)
```

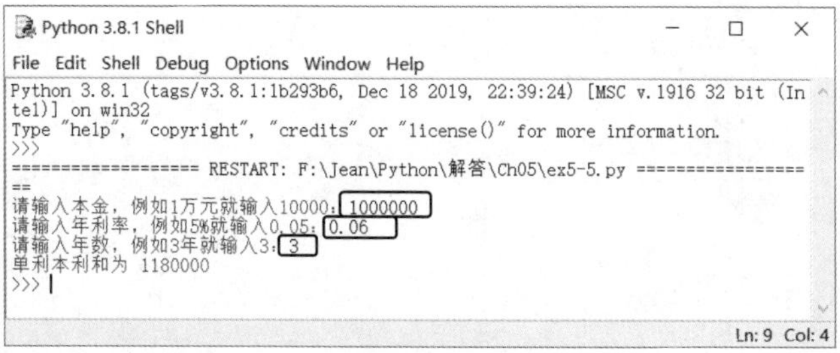

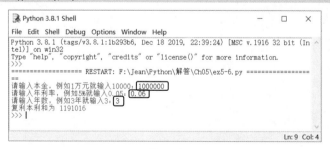

图 5-22

6. [复利本利和] 复利也是一种计算利息的方式，不同的是单利不会将利息计入本金，而复利会将利息计入本金重复计息，也就是将上一期的本利和作为下一期的本金。

假设本金为 P 元，年利率为 r，年数为 t 年，复利本利和为 S 元，则复利本利和的计算公式如下。

$$S = P \times (1 + r)^t$$

举例来说，假设小明向朋友借款 100 万元，约定利息的年利率为 6% 复利计算，那么 3 年后小明还款的本利和如下。

第 1 年期末本利和 1 000 000×(1＋6%)

第 2 年期末本利和 1 000 000×(1＋6%)(1＋6%)＝1 000 000×(1＋6%)^2

第 3 年期末本利和 1 000 000×(1＋6%)^2(1＋6%)＝1 000 000×(1＋6%)^3＝1 191 016

现在，请编写一个 Python 程序，令它定义一个函数用来计算复利本利和，接着要求用户输入本金、年利率和年数，然后调用此函数计算复利本利和，再输出结果。下面的函数和执行结果（图 5-23）供参考。

```python
def Sum(P, r, t):
    return P * pow((1 + r), t)
```

图 5-23

第 6 章

列表、元组、集合与字典

6.1　list（列表）

虽然计算机可以执行重复的动作，也可以处理大量的数据，但截至目前，我们都只是定义了极小量的资料，若想定义成千上万个数值或字符串，该怎么办？难道要写出成千上万条语句吗？当然不是！此时可以使用 list（列表）。

list 是由一连串数据组成、有顺序且可改变内容（mutable）的序列（sequence）。列表的前后以中括号标示，里面的数据以逗号隔开，数据的类型可以不同。例如：

```
>>> [1, "Taipei", 2, "Tokyo"]              # 包含 4 个元素的列表
[1, 'Taipei', 2, 'Tokyo']
>>> [2, "Tokyo", 1, "Taipei"]              # 元素相同但顺序不同，表示不同列表
[2, 'Tokyo', 1, 'Taipei']
```

6.1.1　创建列表

可以使用 Python 内的 list() 函数创建列表。例如：

```
>>> list1 = list()                         # 创建空列表
>>> list1
[]
>>> list2 = list([1, 2, 3])                # 创建包含 1、2、3 的列表
>>> list2
[1, 2, 3]
```

或者，也可以使用 [] 写成如下形式：

```
>>> list1 = []
>>> list2 = [1, 2, 3]
```

此外，可以从字符串或 range 对象创建列表。例如：

```
>>> list3 = list("ABCA")                   # 从字符串创建包含 'A', 'B', 'C', 'A' 的列表
>>> list3
['A', 'B', 'C', 'A']
>>> list4 = list(range(5))                 # 从 range 对象创建包含 0、1、2、3、4 的列表
>>> list4
[0, 1, 2, 3, 4]
>>> list5 = list(range(10, 0, -2))         # 从 range 对象创建包含 10、8、6、4、2 的列表
>>> list5
[10, 8, 6, 4, 2]
```

或者，也可以使用 str.split([*sep*]) 方法，根据选择性参数 *sep* 指定的分隔字符串将字符串分隔成列表，然后返回该列表，参数 *sep* 可以省略不写，表示为空格。例如：

```
>>> "1 2 3".split()                    # 根据空格将字符串分隔成列表
['1', '2', '3']
>>> "1,2,,3,".split(',')               # 根据逗号将字符串分隔成列表
['1', '2', '', '3', '']
```

 注意

- 在前面的例子中，list3 = list("ABCA") 不能写成 list3 = ["ABCA"]，两者的意义不同，前者是将 list3 的值设置为 ['A', 'B', 'C', 'A']，而后者是将 list3 的值设置为 ["ABCA"]。
- 列表可以包含不同类型的元素，例如 [1, "Taipei", 2, "Tokyo"] 混合了数值与字符串类型。
- 若列表的元素相同但顺序不同，则表示不同列表，例如 [1, "Taipei", 2, "Tokyo"] 和 [2, "Tokyo", 1, "Taipei"] 是不同的列表。

6.1.2　内置函数

第 3 章介绍的内置函数有些也适用于列表。例如：

- ➤ len(*L*)：返回列表参数 *L* 的长度，也就是包含几个元素。
- ➤ max(*L*)：返回列表参数 *L* 中最大的元素。
- ➤ min(*L*)：返回列表参数 *L* 中最小的元素。
- ➤ sum(*L*)：返回列表参数 *L* 中元素的总和。例如：

```
>>> len([1, 2, 3, 4, 5])               # 返回列表的长度为 5
5
>>> max([1, 2, 3, 4, 5])               # 返回列表中最大的元素为 5
5
>>> min([1, 2, 3, 4, 5])               # 返回列表中最小的元素为 1
1
>>> sum([1, 2, 3, 4, 5])               # 返回列表中元素的总和为 15
15
```

此外，random 模块的 shuffle(*L*) 函数可以将列表参数 *L* 中的元素随机重排，choice(*L*) 可以从列表参数 *L* 中的元素随机选择一个。例如：

```
>>> import random
>>> L = [1, 2, 3, 4, 5]
>>> random.shuffle(L)                  # 将列表中的元素随机重排
>>> L
[3, 1, 4, 2, 5]
>>> random.choice(L)                   # 从列表中的元素随机选择一个
```

```
5
>>> random.choice(L)                          # 从列表中的元素随机选择一个
3
```

6.1.3　连接运算符

　　+ 运算符也可以用来连接列表。例如：

```
>>> [1, 2, 3] + ["Taipei", "Tokyo", "Vienna"]
[1, 2, 3, 'Taipei', 'Tokyo', 'Vienna']
```

6.1.4　重复运算符

　　* 运算符也可以用来重复列表。例如：

```
>>> 3 * [1, 2, 3]
[1, 2, 3, 1, 2, 3, 1, 2, 3]
>>> [1, 2, 3] * 3
[1, 2, 3, 1, 2, 3, 1, 2, 3]
```

6.1.5　比较运算符

　　比较运算符（>、<、>=、<=、==、!=）也可以用来比较两个列表的大小或相同与否，进行比较时，会先从两个列表的第一个元素开始，若不相等，就显示比较结果；若相等，就继续比较第二个元素，以此类推。例如：

```
>>> [1, "神隐少女", "宫崎骏"] == [ "神隐少女", "宫崎骏", 1]
False
>>> [1, 2, 3] != [1, 2, 3, 4]
True
>>> ['a', 'b', 'c', 'd', 'e'] > ['a', 'b', 'c', 'd', 'E']
True
>>> ['我', '是', 'A'] < ['我', '是', 'B']
True
```

6.1.6　in 与 not in 运算符

　　可以使用 in 运算符检查某个元素是否存在于列表。例如：

```
>>> "Taipei" in [1, "Taipei", 2, "Tokyo"]
True
>>> "Vienna" in [1, "Taipei", 2, "Tokyo"]
False
```

可以使用 not in 运算符检查某个元素是否不存在于列表。例如：

```
>>> "Taipei" not in [1, "Taipei", 2, "Tokyo"]
False
>>> "Vienna" not in [1, "Taipei", 2, "Tokyo"]
True
```

6.1.7 索引与切片运算符

可以使用索引运算符 ([]) 获取列表的元素。例如，假设变量 L 的值为 [5, 10, 15, 20, 25, 30, 35, 40, 45, 50]，其存放顺序如表 6-1 所示。索引 0 表示从前端开始，索引 −1 表示从尾端开始，L[0]、L[1]、⋯、L[9] 表示 5、10、⋯、50，而 L[−1]、L[−2]、⋯、L[−10] 表示 50、45、⋯、5。

表6-1　变量 L 的存放顺序

索　引	0	1	2	3	4	5	6	7	8	9
内　容	5	10	15	20	25	30	35	40	45	50
索　引	−10	−9	−8	−7	−6	−5	−4	−3	−2	−1

请注意，列表和字符串一样，都是有顺序的序列，但不同的是，列表属于可改变内容（mutable），换句话说，可以通过类似 L[0]=100 的语句变更列表的元素，一旦执行此语句，变量 L 的值将变更为 [100, 10, 15, 20, 25, 30, 35, 40, 45, 50]。

也可以使用切片运算符 ([*start:end*]) 指定索引范围。例如：

```
>>> L = [5, 10, 15, 20, 25, 30, 35, 40, 45, 50]
>>> L[2:5]                          # 索引 2 到索引 4 的元素 (不含索引 5)
[15, 20, 25]
>>> L[3:7]                          # 索引 3 到索引 6 的元素 (不含索引 7)
[20, 25, 30, 35]
>>> L[6:-1]                         # 索引 6 到索引-2 的元素 (不含索引-1)
[35, 40, 45]'
```

若在指定索引范围时省略第一个索引，表示采取默认值为 0；若在指定索引范围时省略第 2 个索引，表示采取默认值为列表的长度。例如：

```
>>> L = [5, 10, 15, 20, 25, 30, 35, 40, 45, 50]
>>> L[:2]                           # 索引 0 到索引 1 的元素 (不含索引 2)
[5, 10]
>>> L[2:]                           # 索引 2 到索引 9 的元素 (不含索引 10)
[15, 20, 25, 30, 35, 40, 45, 50]
```

此外，列表和字符串、range 对象一样可以作为迭代的对象。下面是一个例子，它将列表作为迭代的对象，然后使用 for 循环逐一取出每个元素相加在一起，得到总和为 275。

```
>>> L = [5, 10, 15, 20, 25, 30, 35, 40, 45, 50]
>>> sum = 0
>>> for i in L:
        sum = sum + i

>>> sum
275
```

随堂练习

假设有两个列表变量如下：

```
>>> list1 = [10, 20, 30, 40, 50]
>>> list2 = [50, 40, 30, 20, 10]
```

请在 Python 解释器中计算下列题目的结果。

（1）list1 包含几个元素？

（2）list1 和 list2 是否相等？

（3）list1 中最大的元素。

（4）list1 的第 3～5 个元素。

（5）将 list1 的第 3 个元素变更为 100。

【解答】

```
>>> len(list1)                    # (1)
5
>>> list1 == list2                # (2)
False
>>> max(list1)                    # (3)
50
>>> list1[2:5]                    # (4)
[30, 40, 50]
>>> list1[2] = 100                # (5)
>>> list1
[10, 20, 100, 40, 50]
```

随堂练习

[中英对照] 编写一个 Python 程序，要求用户输入 1～5 的整数，然后输出该整数的英语（ONE、TWO、THREE、FOUR、FIVE），若输入的数据不是 1～5 的整数，就输出"您输入的数据超过范围！"。图 6-1 所示的执行结果供参考（提示：使用列表存放英文对照，程序会比较精简）。

```
Python 3.8.1 Shell                                          —    □    ×
File  Edit  Shell  Debug  Options  Window  Help
>>>
=============== RESTART: F:\Jean\Python\sample\Ch06\EnglishNum3.py ===============
请输入1 ~ 5的整数：5
FIVE
>>>
=============== RESTART: F:\Jean\Python\sample\Ch06\EnglishNum3.py ===============
请输入1 ~ 5的整数：6
您输入的数据超过范围！
>>>                                                           Ln: 11  Col: 4
```

图 6-1

【解答】

\Ch06\EnglishNum3.py

```python
# 列表变量 EnglishNum 用来存放 1 ~ 5 的英语
EnglishNum = ["ONE", "TWO", "THREE", "FOUR", "FIVE"]

num = eval(input("请输入 1 ~ 5 的整数: "))

# 若输入的整数为 1 ~ 5，就输出对应的英文，否则输出超过范围
if num in range(1, 6):
    print(EnglishNum[num - 1])
else:
    print("您输入的数据超过范围！")
```

6.1.8　列表处理方法

列表是隶属于 list 类的对象，list 类内置许多列表处理方法。常用的如下：

➤ list.append(x)：将参数 x 指定的元素加入列表的尾端。

➤ list.extend(L)：将参数 L 指定之列表的所有元素加入列表。

➤ list.insert(i, x)：将参数 x 指定的元素插入列表中索引为参数 i 的位置。

➤ list.remove(x)：从列表中删除第一个值为参数 x 的元素。

➤ list.pop([i])：从列表中删除索引为选择性参数 i 的元素并返回该元素，若没有指定参数 i，就删除最后一个元素并返回该元素。例如：

```
>>> list1 = [10, 20, 30, 40, 50]
>>> list2 = [100, 200, 300]
>>> list1.append(60)                    # 将 60 加入列表的尾端
>>> list1
[10, 20, 30, 40, 50, 60]
>>> list1.extend(list2)                 # 将 list2 列表加入 list1 列表
>>> list1
[10, 20, 30, 40, 50, 60, 100, 200, 300]
>>> list1.insert(1, 1000)               # 将 1000 插入索引为 1 的位置
>>> list1
[10, 1000, 20, 30, 40, 50, 60, 100, 200, 300]
>>> list1.remove(1000)                  # 删除第一个值为 1000 的元素
>>> list1
[10, 20, 30, 40, 50, 60, 100, 200, 300]
>>> list1.pop()                         # 删除最后一个元素并返回该元素
300
>>> list1
[10, 20, 30, 40, 50, 60, 100, 200]
```

> list.index(x)：返回参数 x 指定的元素第一次出现在列表中的索引。
> list.count(x)：返回参数 x 指定的元素出现在列表中的次数。
> list.sort()：将列表中的元素由小到大排序。
> list.reverse()：将列表中的元素顺序反转过来。
> list.copy()：返回列表的副本，这和原来的列表是不同的对象。
> list.clear()：从列表中删除所有元素。例如：

```
>>> list1 = [50, 20, 40, 20, 30, 20, 10]
>>> list1.index(20)                     # 返回元素 20 第一次出现的索引
1
>>> list1.count(20)                     # 返回元素 20 出现的次数
3
>>>
>>> list1.sort()                        # 将元素由小到大排序
>>> list1
[10, 20, 20, 20, 30, 40, 50]
>>>
>>> list1.reverse()                     # 将元素的顺序反转过来
>>> list1
[50, 40, 30, 20, 20, 20, 10]
>>>
>>> list2 = list1.copy()                # 复制列表并赋值给变量 list2
```

```
>>> list2
[50, 40, 30, 20, 20, 20, 10]
>>>
>>> list2.clear()                          # 删除 list2 列表的所有元素
>>> list2
[]
```

随堂练习

[计算比赛总分] 编写一个 Python 程序，要求用户输入音乐比赛中 5 位评审给某位选手的分数，然后计算总分。图 6-2 所示的执行结果供参考（提示：使用列表存放分数，然后计算列表中元素的总和）。

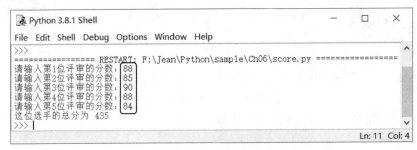

图 6-2

【解答】

\Ch06\score.py

```python
# 列表变量 list1 用来存放 5 位评审给某位选手的分数，初始值为空列表
list1 = []

# 使用 for 循环要求输入分数，然后调用 append() 方法将分数加入列表的尾端
for i in range(1, 6):
    prompt = "请输入第" + str(i) + "位评审的分数："
    score = eval(input(prompt))
    list1.append(score)

# 调用 sum() 方法计算总分，然后输出结果
print("这位选手的总分为", sum(list1))
```

6.1.9 列表解析

列表解析（list comprehension）提供了一种更简洁的方式创建列表，列表的中括号里有一个 for 语句，后面跟着 0 个、1 个或多个 for 或 if 语句，而列表的元素就是这些表达式产生的结果。例如：

```
>>> list1 = [i for i in range(10)]          # 列表的元素是 for 语句的 i
>>> list1
[0, 1, 2, 3, 4, 5, 6, 7, 8, 9]
>>>
>>> list2 = [i * 2 for i in range(10)]      # 列表的元素是 for 语句的 i 乘以 2
>>> list2
[0, 2, 4, 6, 8, 10, 12, 14, 16, 18]
>>>
>>> list3 = [i for i in range(10) if i < 8] # 列表的元素是 for 语句的 i 且 i 要小于 8
>>> list3
[0, 1, 2, 3, 4, 5, 6, 7]
```

又如：

```
>>> list1 = [-1.5, -2, 0, 2, 8]
>>> list2 = [abs(i) for i in list1]         # 列表的元素是 list1 列表中每个元素的绝对值
>>> list2
[1.5, 2, 0, 2, 8]
>>> list3 = [i for i in list1 if i >= 0]    # 列表的元素是 list1 列表中大于或等于 0 的元素
>>> list3
[0, 2, 8]
>>> list4 = [i ** 2 for i in list1]         # 列表的元素是 list1 列表中每个元素的平方
>>> list4
[2.25, 4, 0, 4, 64]
```

 随堂练习

[自然对数的底数 e] 定义一个 Python 函数，根据下列公式计算 e 的值，然后编写一个 Python 程序，令它调用该函数计算当 n 等于 5、10、100、1000 时，e 的值为何。

$$e = 1 + \frac{1}{1!} + \frac{1}{2!} + \frac{1}{3!} + \frac{1}{4!} + \cdots + \frac{1}{n!}$$

【解答】

\Ch06\e.py

```
import math

def e(n):
    return sum([1 / math.factorial(i) for i in range(n)])

print(e(5))
print(e(10))
print(e(100))
print(e(1000))
```

这个程序充分运用了列表解析的技巧，而且 *n* 越大，e 的值就越精确，如图 6-3 所示。

图 6-3

随堂练习

[模拟大乐透计算机选号] 编写一个 Python 程序，令它随机产生 6 个 1 ~ 49 且不重复的整数，作为大乐透玩家在选择号码时的参考。执行结果如图 6-4 所示。

【解答】

\Ch06\lotto.py

```
import random

# 列表变量 lotto 用来存放随机产生的整数
lotto = []
# 随机产生 6 个 1 ~ 49 且不重复的整数
for i in range(6):
    lotto.append(random.choice([x for x in range(1, 50) if x not in lotto]))
# 将随机产生的 6 个整数由小到大排序
lotto.sort()
print(lotto)
```

这个程序不仅运用了列表解析的技巧，还使用到 random 模块的 choice(*L*) 函数从列表参数 *L* 中的元素随机选择一个。

图 6-4

6.1.10　del 语句

del 语句可以用来从列表中删除指定索引的元素。以下面的语句为例，del L[0] 表示从列表 L 中删除索引为 0 的元素，即删除第一个元素。

```
>>> L = [-1, 1.5, 66, 333, 333, 1234]
>>> del L[0]                          # 删除索引为 0 的元素
>>> L
[1.5, 66, 333, 333, 1234]
```

也可以使用切片运算符指定索引范围。以下面的语句为例，del L[2:5] 表示从列表 L 中删除索引为 2 ~ 4 的元素，而 del L[:] 表示从列表 L 中删除所有元素。

```
>>> L = [-1, 1.5, 66, 333, 333, 1234]
>>> del L[2:5]                        # 删除索引为 2 ~ 4 的元素
>>> L
[-1, 1.5, 1234]
>>> del L[:]                          # 删除所有元素 (会得到空列表)
>>> L
[]
```

此外，del 语句可以用来删除变量。例如：

```
>>> del L                             # 删除变量 L
>>> L                                 # 调用被删除的变量 L 将会发生错误
Traceback (most recent call last):
  File "<pyshell#18>", line 1, in <module>
    L
NameError: name 'L' is not defined
>>>
```

6.1.11　二维列表

二维列表（two-dimension list）是列表的延伸，若说列表是呈线性的一维空间，那么二维列表就是呈平面的二维空间，任何平面的二维表格或矩阵，都可以使用二维列表存放。

举例来说，表 6-2 所示是一个 5 行 3 列的成绩单，我们可以通过下面的语句定义一个名称为 grades、5×3 的二维列表存放成绩单，grades 其实是一个**嵌套列表**（nested list），它的每个元素都是一个列表，存放一位学生的 3 科分数。

```
>>> grades = [[95, 100, 100], [86, 90, 75], [98, 98, 96], [78, 90, 80], [70, 68, 72]]
```

表 6-2　5 行 3 列的成绩单

学　　生	语　　文	英　　语	数　　学
学生 1	95	100	100
学生 2	86	90	75
学生 3	98	98	96
学生 4	78	90	80
学生 5	70	68	72

若要访问这个二维列表，必须使用两个索引，以表 6-2 所示的成绩单为例，可以使用两个索引将它表示成如表 6-3 所示，第一个索引是**行索引**（row index），0 表示第 1 行，1 表示第 2 行，……，以此类推；第 2 个索引是**列索引**（column index），0 表示第 1 列，1 表示第 2 列，……，以此类推。

表 6-3　使用两个索引表示的成绩单

学　　生	语　　文	英　　语	数　　学
学生 1	[0][0]	[0][1]	[0][2]
学生 2	[1][0]	[1][1]	[1][2]
学生 3	[2][0]	[2][1]	[2][2]
学生 4	[3][0]	[3][1]	[3][2]
学生 5	[4][0]	[4][1]	[4][2]

由此可知，学生 1 的语文、英语、数学分数存放在索引为 [0][0]、[0][1]、[0][2] 的位置，学生 2 的语文、英语、数学分数存放在索引为 [1][0]、[1][1]、[1][2] 的位置，……，以此类推，我们马上来验证一下。

```
>>> grades = [[95, 100, 100], [86, 90, 75], [98, 98, 96], [78, 90, 80], [70, 68, 72]]
>>> grades[0]                        # 学生 1 的 3 科分数
[95, 100, 100]
>>> grades[1]                        # 学生 2 的 3 科分数
[86, 90, 75]
>>> grades[2]                        # 学生 3 的 3 科分数
[98, 98, 96]
>>> grades[0][0]                     # 学生 1 的第 1 科分数（语文）
```

```
95
>>> grades[0][1]                                    # 学生 1 的第 2 科分数 (英语)
100
>>> grades[0][2]                                    # 学生 1 的第 3 科分数 (数学)
100
>>> grades[1][0]                                    # 学生 2 的第 1 科分数 (语文)
86
```

下面是一个例子，它会根据这个成绩单输出每位学生的总分。

\Ch06\grades.py

```
01  grades = [[95, 100, 100], [86, 90, 75], [98, 98, 96], [78, 90, 80], [70, 68, 72]]
02  for i in range(5):
03      subTotal = 0                              # 将用来暂存总分的变量 subTotal 归零
04      for j in range(3):                        # 将分数累加的总分暂存在变量 subTotal
05          subTotal += grades[i][j]
06      grades[i].append(subTotal)                # 将总分加入二维列表
07
08  for i in range(5):
09      print("学生", i + 1, "的总分为", grades[i][3])
```

> 01：将 5 位学生的 3 科分数存放在名称为 grades 的二维列表。

> 02 ~ 06：使用嵌套 for 循环计算每位学生的总分，外部循环的执行次数为 5，表示 5 位学生，而外部循环每执行 1 次，内部循环会执行 3 次，表示将该学生的 3 科分数累加在一起。

一进入循环时，外部循环的 i 是 0（第 02 行），先将用来暂存总分的变量 subTotal 归零（第 03 行），接着执行内部循环，将学生 1 的 3 科分数累加在一起的总分 295 存放在变量 subTotal（第 04、05 行），然后调用 append() 方法将总分 295 加入学生 1 的分数列表（第 06 行），此时 grades[0] 的值变成 [95, 100, 100, 295]。

> 继续回到外部循环的开头，i 递增成为 1，先将用来暂存总分的变量 subTotal 归零（第 03 行），接着执行内部循环，将学生 2 的 3 科分数累加在一起的总分 251 存放在变量 subTotal（第 04、05 行），然后调用 append() 方法将总分 251 加入学生 2 的分数列表（第 06 行），此时 grades[1] 的值变成 [86, 90, 75, 251]，…，以此类推，grades[2]、grades[3]、grades[4] 的值变成 [98, 98, 96, 292]、[78, 90, 80, 248]、[70, 68, 72, 210]。

> 08、09：使用 for 循环输出每位学生的总分，学生 i + 1 的总分存放在 grades[i][3]，执行结果如图 6-5 所示。

```
Python 3.8.1 Shell                                    —   □   ×
File  Edit  Shell  Debug  Options  Window  Help
=============== RESTART: F:\Jean\Python\sample\Ch06\grades.py ===============
学生 1 的总分为 295
学生 2 的总分为 251
学生 3 的总分为 292
学生 4 的总分为 248
学生 5 的总分为 210
>>> |
                                                              Ln: 10 Col: 4
```

图 6-5

随堂练习

（1）[定义矩阵] 二维列表可以用来存放数学的矩阵（matrix），例如图 6-6 是一个 4×3 的矩阵（4 行 3 列），请编写一行语句，定义一个名称为 matrix、4×3 的二维列表存放图 6-6 所示的矩阵。

$$\begin{bmatrix} 1 & 2 & 3 \\ 4 & 5 & 6 \\ 7 & 8 & 9 \\ 10 & 11 & 12 \end{bmatrix}_{4 \times 3}$$

图 6-6

（2）[输入矩阵] 改用嵌套 for 循环让用户输入图 6-6 所示的矩阵，由上往下逐行输入，同样是存放在名称为 matrix、4×3 的二维列表，输入完毕后，调用 print() 方法输出此矩阵，验证看是否和题目（1）编写的二维列表相同，图 6-7 所示的执行结果供参考。

```
Python 3.8.1 Shell                                    —   □   ×
File  Edit  Shell  Debug  Options  Window  Help
=============== RESTART: F:\Jean\Python\sample\Ch06\matrix1.py ===============
请输入矩阵的行数: 4
请输入矩阵的列数: 3
请输入矩阵的元素（由上往下逐行输入）: 1
请输入矩阵的元素（由上往下逐行输入）: 2
请输入矩阵的元素（由上往下逐行输入）: 3
请输入矩阵的元素（由上往下逐行输入）: 4
请输入矩阵的元素（由上往下逐行输入）: 5
请输入矩阵的元素（由上往下逐行输入）: 6
请输入矩阵的元素（由上往下逐行输入）: 7
请输入矩阵的元素（由上往下逐行输入）: 8
请输入矩阵的元素（由上往下逐行输入）: 9
请输入矩阵的元素（由上往下逐行输入）: 10
请输入矩阵的元素（由上往下逐行输入）: 11
请输入矩阵的元素（由上往下逐行输入）: 12
[[1, 2, 3], [4, 5, 6], [7, 8, 9], [10, 11, 12]]
>>> |
                                                              Ln: 20 Col: 4
```

图 6-7

【解答】

（1）

```
matrix = [[1, 2, 3], [4, 5, 6], [7, 8, 9], [10, 11, 12]]
```

（2）

\Ch06\matrix1.py

```
01  matrix = []
02  rows = eval(input("请输入矩阵的行数："))
03  cols = eval(input("请输入矩阵的列数："))
04
05  for i in range(rows):
06      matrix.append([])
07      for j in range(cols):
08          element = eval(input("请输入矩阵的元素（由上往下逐行输入）："))
09          matrix[i].append(element)
10
11  print(matrix)
```

- ➢ 01：变量 matrix 用来存放矩阵，初始值为空列表。
- ➢ 02：要求用户输入矩阵的行数。
- ➢ 03：要求用户输入矩阵的列数。
- ➢ 05～09：外部循环针对矩阵的每行执行，第 06 行调用 append() 方法将空列表加入变量 matrix，此空列表将用来存放第 i + 1 行的元素，而第 07～09 行的内部循环是要求用户输入矩阵的元素，然后调用 append() 方法将该元素加入列表。
- ➢ 11：输出变量 matrix 的元素，由于矩阵是存放在二维列表，所以会得到和题目（1）相同的结果。

随堂练习

[输出矩阵] 定义一个名称为 printMatrix 的函数，令它以矩阵的形式输出参数指定的矩阵。图 6-8 所示的执行结果供参考。

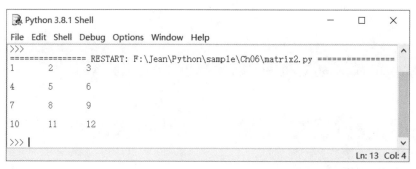

图 6-8

【解答】

\Ch06\matrix2.py

```
01  matrix = [[1, 2, 3], [4, 5, 6], [7, 8, 9], [10, 11, 12]]
02  # 定义 printMatrix() 方法用来输出矩阵
03  def printMatrix(matrix):
04      for i in range(len(matrix)):
05          for j in range(len(matrix[i])):
06              print(matrix[i][j], end = '\t')
07          print('\n')
08
09  # 调用 printMatrix() 方法输出矩阵
10  printMatrix(matrix)
```

第 04 行的 len(matrix) 会返回矩阵的行数，第 05 行的 len(matrix[i]) 会返回第 i + 1 行的元素个数，即矩阵的列数，而第 06 行的 matrix[i][j] 表示矩阵第 i + 1 行第 j + 1 列的元素。

随堂练习

[矩阵相加] 假设 A、B 均为 $m \times n$ 矩阵，则 A 与 B 相加得出的 C 也为 $m \times n$ 矩阵，且 C 的第 i 行第 j 列元素等于 A 的第 i 行第 j 列元素加上 B 的第 i 行第 j 列元素，即 $c_{ij} = a_{ij} + b_{ij}$，如图 6-9 所示。

$$\begin{bmatrix} a_{00} & a_{01} & \cdots & a_{0(n-1)} \\ a_{10} & a_{11} & \cdots & a_{1(n-1)} \\ \cdots & \cdots & \cdots & \cdots \\ a_{(m-1)0} & a_{(m-1)1} & \cdots & a_{(m-1)(n-1)} \end{bmatrix}_{m\times n} + \begin{bmatrix} b_{00} & b_{01} & \cdots & b_{0(n-1)} \\ b_{10} & b_{11} & \cdots & b_{1(n-1)} \\ \cdots & \cdots & \cdots & \cdots \\ b_{(m-1)0} & b_{(m-1)1} & \cdots & b_{(m-1)(n-1)} \end{bmatrix}_{m\times n}$$

$$= \begin{bmatrix} a_{00}+b_{00} & a_{01}+b_{01} & \cdots & a_{0(n-1)}+b_{0(n-1)} \\ a_{10}+b_{10} & a_{11}+b_{11} & \cdots & a_{1(n-1)}+b_{1(n-1)} \\ \cdots & \cdots & \cdots & \cdots \\ a_{(m-1)0}+b_{(m-1)0} & a_{(m-1)1}+b_{(m-1)1} & \cdots & a_{(m-1)(n-1)}+b_{(m-1)(n-1)} \end{bmatrix}_{m\times n}$$

图 6-9

请编写一个 Python 程序，将下列两个矩阵相加，图 6-10 所示的执行结果供参考。

$$\begin{bmatrix} 1 & 2 & 3 \\ 4 & 5 & 6 \\ 7 & 8 & 9 \\ 10 & 11 & 12 \end{bmatrix}_{4\times 3} + \begin{bmatrix} 1 & 2 & 3 \\ 4 & 5 & 6 \\ 7 & 8 & 9 \\ 10 & 11 & 12 \end{bmatrix}_{4\times 3} = \begin{bmatrix} 2 & 4 & 6 \\ 8 & 10 & 12 \\ 14 & 16 & 18 \\ 20 & 22 & 24 \end{bmatrix}_{4\times 3}$$

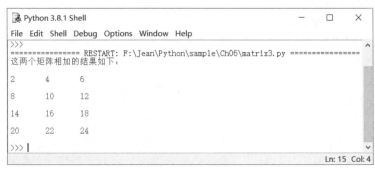

图 6-10

【解答】

\Ch06\matrix3.py

```
# 定义 matrixAdd() 方法用来进行矩阵相加
def matrixAdd(A, B):
    # 使用嵌套 for 循环将存放矩阵 C 的二维列表的每个元素初始化为 0
    C = []
    for i in range(len(A)):
        C.append([])
        for j in range(len(A[i])):
            C[i].append(0)

    # 使用嵌套 for 循环将矩阵 A、B 相加，然后返回结果，即矩阵 C
```

```
        for i in range(len(A)):
            for j in range(len(A[i])):
                C[i][j] = A[i][j] + B[i][j]
        return C

# 定义 printMatrix() 方法用来输出矩阵
def printMatrix(matrix):
        for i in range(len(matrix)):
            for j in range(len(matrix[i])):
                print(matrix[i][j], end = '\t')
            print('\n')
```

```
# 将要相加的两个矩阵赋值给变量 A、B
A = [[1, 2, 3], [4, 5, 6], [7, 8, 9], [10, 11, 12]]
B = [[1, 2, 3], [4, 5, 6], [7, 8, 9], [10, 11, 12]]
# 调用 matrixAdd() 方法将矩阵 A、B 相加，然后将结果赋值给变量 C
C = matrixAdd(A, B)
# 调用 printMatrix() 方法输出矩阵 C
print("这两个矩阵相加的结果如下：\n")
printMatrix(C)
```

6.2 tuple（元组）

tuple（元组）是由一连串数据组成、有顺序且不可改变内容（immutable）的序列（sequence）。元组的前后以小括号标示，里面的元素以逗号隔开，数据的类型可以不同。例如：

```
>>> (1, "Taipei", 2, "Tokyo")              # 包含 4 个元素的元组
(1, 'Taipei', 2, 'Tokyo')
>>> (2, "Tokyo", 1, "Taipei")              # 元素相同但顺序不同，表示不同元组
(2, 'Tokyo', 1, 'Taipei')
```

tuple（元组）和 list（列表）类似，差别在于 tuple 不可改变内容，加入、删除、排序或变更元素等动作都不被允许，因此，tuple 可以用来存放一些不会变更的元素，而且 tuple 的执行效率比列表好。

6.2.1 创建元组

可以使用 Python 内置的 tuple() 函数创建元组。例如：

```
>>> tuple1 = tuple()                       # 创建空元组
```

```
>>> tuple1
()
>>> tuple2 = tuple((1, 2, 3))          # 创建包含 1、2、3 的元组
>>> tuple2
(1, 2, 3)
```

或者，也可以使用 **( )** 写成如下形式：

```
>>> tuple1 = ()
>>> tuple2 = (1, 2, 3)
```

此外，可以从字符串、range 对象或列表创建元组。例如：

```
>>> tuple3 = tuple("ABCA")             # 从字符串创建元组
>>> tuple3
('A', 'B', 'C', 'A')
>>> tuple4 = tuple(range(5))           # 从 range 对象创建元组
>>> tuple4
(0, 1, 2, 3, 4)
>>> tuple5 = tuple([i * 2 for i in range(5)])   # 从列表解析得到的列表创建元组
>>> tuple5
(0, 2, 4, 6, 8)
```

6.2.2　元组的运算

元组支持所有共同的序列运算，6.1.2 节介绍的 len()、max()、min()和 sum() 等内置函数均适用于元组，而 random.shuffle() 方法因为涉及变更元素的顺序，所以不适用于元组。例如：

```
>>> T = (1, 2, 3, 4, 5)                # 定义名称为 T、包含 5 个元素的元组
>>> len(T)                             # 返回元组参数 T 的长度为 5
5
>>>
>>> max(T)                             # 返回元组参数 T 中最大的元素为 5
5
>>>
>>> min(T)                             # 返回元组参数 T 中最小的元素为 1
1
>>>
>>> sum(T)                             # 返回元组参数 T 中元素的总和为 15
15
```

原则上，适用于列表且不会涉及变更元素的运算符均适用于元组，包括连接运算符（+）、重复运算符（*）、比较运算符（>、<、>=、<=、==、!=）、in 与 not in 运算符、索引运算符

（[]）、切片运算符（[*start:end*]）。例如：

```
>>> (1, 2, 3) + ("Taipei", "Tokyo", "Vienna")   # 连接运算符 (+)
(1, 2, 3, 'Taipei', 'Tokyo', 'Vienna')
>>>
>>> 3 * (1, 2, 3)                               # 重复运算符 (*)
(1, 2, 3, 1, 2, 3, 1, 2, 3)
>>> (1, 2, 3) * 3
(1, 2, 3, 1, 2, 3, 1, 2, 3)
>>>
>>> (1, "小美", "大明") == ("小美", "大明", 1)  # 比较运算符
False
>>> (1, 2, 3) != (1, 2, 3, 4)
True
>>> (1, 2, 3) < (1, 2, 3, 4)
True
>>>
>>> "Taipei" in (1, "Taipei", 2, "Tokyo")        # in 与 not in 运算符
True
>>> "Taipei" not in (1, "Taipei", 2, "Tokyo")
False
>>>
>>> T = (5, 10, 15, 20, 25, 30, 35, 40, 45, 50)
>>> T[0]                                         # 索引 0 的元素
5
>>> T[2:5]                                       # 索引 2 到索引 4 的元素 (不含索引 5)
(15, 20, 25)
>>> T[6:-1]                                      # 索引 6 到索引 -2 的元素 (不含索引 -1)
(35, 40, 45)
```

元组也支持如下方法：

➤ tuple.index(*x*)：返回参数 *x* 指定的元素第一次出现在元组中的索引。例如：

```
>>> T = (50, 20, 40, 20, 30, 20, 10)
>>> T.index(20)                                 # 返回元素 20 第一次出现的索引
1
```

➤ tuple.count(*x*)：返回参数 *x* 指定的元素出现在元组中的次数。例如：

```
>>> T = (50, 20, 40, 20, 30, 20, 10)
>>> T.count(20)                                 # 返回元素 20 出现的次数
3
```

此外，元组和字符串、range 对象、列表一样可以作为迭代的对象。下面是一个例子，它将元组作为迭代的对象，然后使用 for 循环逐一取出每个元素相加在一起，得到总和为 275。

```
>>> T = (5, 10, 15, 20, 25, 30, 35, 40, 45, 50)
>>> sum = 0
>>> for i in T:
        sum = sum + i

>>> sum
275
```

请注意，由于元组具有不可改变内容的特质，因此，类似下面用来变更元素的语句将会发生错误。

```
T[0] = 100
```

随堂练习

假设有两个元组变量如下：

```
>>> tuple1 = (2, 4, 6, 8, 10, 12)
>>> tuple2 = tuple(i * 2 for i in range(1, 7))
```

请在 Python 解释器中计算下列题目的结果。

（1）tuple1 包含几个元素？

（2）tuple1 和 tuple2 是否相等？

（3）tuple1 的第 2～6 个元素。

（4）元素 8 第一次出现在元组中的索引。

（5）从 tuple1 创建 tuple3，要求它的每个元素为 tuple1 中每个元素的平方。

【解答】

```
>>> len(tuple1)                        # (1)
6
>>> tuple1 == tuple2                    # (2)
True
>>> tuple1[1:6]                         # (3)
(4, 6, 8, 10, 12)
>>> tuple1.index(8)                     # (4)
3
>>> tuple3 = tuple(i ** 2 for i in tuple1)    # (5)
>>> tuple3
```

(4, 16, 36, 64, 100, 144)

6.3 set（集合）

set 类型用来表示集合，其中包含没有顺序、没有重复且可改变内容的多个数据，概念上就像数学的集合。集合的前后以大括号标示，里面的元素以逗号隔开，数据的类型可以不同。例如：

```
>>> {1, "Taipei", 2, "Tokyo"}              # 包含 4 个元素的集合
{1, 2, 'Tokyo', 'Taipei'}
>>> {2, "Tokyo", 1, "Taipei"}              # 元素相同但顺序不同，仍是相同集合
{1, 2, 'Tokyo', 'Taipei'}
```

set（集合）和 list（列表）一样可以用来存放多个数据，差别在于集合中的元素没有顺序且不可重复，执行效率比列表好。集合可以应用在测试会员资格、删除序列中重复的元素或交集、并集、差集等数学运算。

6.3.1 创建集合

可以使用 Python 内置的 set() 函数或 {} 创建集合。例如：

```
>>> set1 = set()                           # 创建空集合
>>> set1
set()
>>> set2 = set({1, 2, 3})                  # 创建包含 1、2、3 的集合
>>> set2
{1, 2, 3}
>>> set3 = {"上海", "纽约"}                 # 创建包含 "上海""纽约" 的集合
>>> set3
{'上海', '纽约'}
```

请注意，创建空集合的语句不能写成 set1 = {}，这会创建空字典，6.4 节有进一步的说明。

此外，可以从字符串、range 对象、列表或元组创建集合。例如：

```
>>> set4 = set("ABCA")                     # 从字符串创建集合，'A' 不会重复出现
>>> set4
{'A', 'B', 'C'}
>>> set5 = set(range(5))                   # 从 range 对象创建集合
>>> set5
{0, 1, 2, 3, 4}
>>> set6 = set([i * 2 for i in range(5)])  # 从列表解析得到的列表创建集合
```

```
>>> set6
{0, 8, 2, 4, 6}
```

6.3.2 内置函数

6.1.2 节介绍的 len()、max()、min() 和 sum() 等内置函数均适用于集合，而 random.shuffle() 方法因为涉及变更元素的顺序，但集合中的元素没有顺序之分，所以不适用于集合。例如：

```
>>> S = {1, 2, 3, 4, 5}              # 定义名称为 S、包含 5 个元素的集合
>>> len(S)                           # 返回集合参数 S 的长度为 5
5
>>>
>>> max(S)                           # 返回集合参数 S 中最大的元素为 5
5
>>>
>>> min(S)                           # 返回集合参数 S 中最小的元素为 1
1
>>>
>>> sum(S)                           # 返回集合参数 S 中元素的总和为 15
15
```

6.3.3 运算符

由于集合中的元素没有顺序之分，因此，集合不支持连接运算符（+）、重复运算符（*）、索引运算符（[]）、切片运算符（[*start:end*]）或其他与顺序相关的运算。

集合支持 in 与 not in 运算符，用来检查指定的元素是否存在于集合。例如：

```
>>> "Taipei" in {1, "Taipei", 2, "Tokyo"}
True
>>> "Taipei" not in {1, "Taipei", 2, "Tokyo"}
False
```

集合也支持以下比较运算符，但意义有些不同，其中 S1 和 S2 为集合。

➤ S1 == S2：若 S1 和 S2 包含相同的元素，就返回 True，否则返回 False。

➤ S1 != S2：若 S1 和 S2 包含不同的元素，就返回 True，否则返回 False。

➤ S1 <= S2：若 S1 是 S2 的子集合（subset），就返回 True，否则返回 False（注：若存在于集合 S1 的每个元素也存在于集合 S2，则 S1 为 S2 的子集合，S2 为 S1 的超集）。

➤ S1 < S2：若 S1 是 S2 的真子集合（proper subset），就返回 True，否则返回 False（注：若存在于集合 S1 的每个元素也存在于集合 S2，且集合 S2 至少有一个元素不存在于集合 S1，则 S1 为 S2 的真子集合，S2 为 S1 的真超集）。

➤ S1 >= S2：若 S1 是 S2 的超集（superset），就返回 True，否则返回 False。

> S1 > S2：若 S1 是 S2 的真超集（proper superset），就返回 True，否则返回 False。

下面是一些例子：

```
>>> S1 = {"小丸子", "小玉", "花轮"}
>>> S2 = {"丸尾", "小丸子", "花轮", "小玉"}
>>> S3 = {"花轮", "小丸子", "小玉"}
>>> S1 == S3                          # S1 和 S3 包含相同的元素
True
>>> S1 != S2                          # S1 和 S2 包含不同的元素
True
>>> S1 <= S2                          # S1 是 S2 的子集合
True
>>> S1 < S2                           # S1 是 S2 的真子集合
True
>>> S1 >= S2                          # S1 不是 S2 的超集
False
>>> S1 > S2                           # S1 不是 S2 的真超集
False
>>> S2 > S3                           # S2 是 S3 的真超集
True
>>> S2 >= S3                          # S2 是 S3 的超集
True
```

此外，可以使用 for 循环遍历集合中的元素。下面是一个例子，它使用 for 循环逐一取出每个元素相加在一起，得到总和为 275。

```
>>> S = {5, 10, 15, 20, 25, 30, 35, 40, 45, 50}
>>> sum = 0
>>> for i in S:
        sum = sum + i

>>> sum
275
```

6.3.4 集合处理方法

集合是隶属于 set 类的对象，set 类内置了许多集合处理方法，常用的方法如下。

1. 新增/删除/复制

> set.add(x)：将参数 x 指定的元素加入集合。
> set.remove(x)：从集合中删除参数 x 指定的元素，若该元素不存在，将会发生 KeyError 错误。

- ➢ set.pop()：从集合中删除一个元素并返回该元素。
- ➢ set.copy()：返回集合的副本，这和原来的集合是不同的对象。
- ➢ set.clear()：从集合中删除所有元素。例如：

```
>>> S1 = {10, 20, 30, 40, 50}          # 定义名称为 S1、包含 5 个元素的集合
>>> S1.add(60)                         # 将元素 60 加入 S1
>>> S1
{40, 10, 50, 20, 60, 30}
>>> S1.remove(30)                      # 从 S1 中删除元素 30
>>> S1
{40, 10, 50, 20, 60}
>>> S1.pop()                           # 从 S1 中删除一个元素并返回，此例为 40
40
>>> S1
{10, 50, 20, 60}
>>> S2 = S1.copy()                     # 返回 S1 的副本并赋值给 S2
>>> S2
{10, 50, 20, 60}
>>> S1.clear()                         # 从 S1 中删除所有元素，S1 会变成空集合
>>> S1
set()
```

2. 子集合/超集

- ➢ set.issubset(*S*)：若集合是参数 *S* 的子集合，就返回 True，否则返回 False。
- ➢ set.issuperset(*S*)：若集合是参数 *S* 的超集，就返回 True，否则返回 False。例如：

```
>>> S1 = {"小丸子", "小玉", "花轮"}
>>> S2 = {"丸尾", "小丸子", "花轮", "小玉"}
>>> S1.issubset(S2)                    # S1 是 S2 的子集合吗？返回 True，表示是
True
>>> S1.issuperset(S2)                  # S1 是 S2 的超集吗？返回 False，表示否
False
>>> S2.issubset(S1)                    # S2 是 S1 的子集合吗？返回 False，表示否
False
```

3. 集合运算

- ➢ set.isdisjoint(*S*)：若集合和参数 *S* 指定的集合没有相同的元素，就返回 True，否则返回 False。例如：

```
>>> S1 = {1, 3, 5}
>>> S2 = {3, 5, 7, 9}
>>> S1.isdisjoint(S2)                  # S1 和 S2 没有相同的元素吗？返回 False，表示否
```

False

> ➢ set.union(S)：将集合和参数 S 指定的集合进行并集，然后返回新的集合，也可使用 "|" 运算符进行并集（注：S1 和 S2 的并集是指存在于 S1 或存在于 S2 的元素）。
> ➢ set.update(S)：将集合和参数 S 指定的集合进行并集，然后将结果更新到集合。例如：

```
>>> S1 = {1, 3, 5}
>>> S2 = {3, 5, 7, 9}
>>> S3 = S1.union(S2)        # 也可写成 S3 = S1 | S2，表示 S3 是 S1 和 S2 的并集
>>> S1                       # S1 的内容没有改变
{1, 3, 5}
>>> S3                       # S3 的内容是并集的结果
{1, 3, 5, 7, 9}
>>> S1.update(S2)            # 将 S1 和 S2 进行并集的结果更新到 S1
>>> S1                       # S1 的内容更新成并集的结果
{1, 3, 5, 7, 9}
```

> ➢ set.intersection(S)：将集合和参数 S 指定的集合进行交集，然后返回新的集合，也可使用 "&" 运算符进行交集（注：S1 和 S2 的交集是指存在于 S1 且存在于 S2 的元素）。
> ➢ set.intersection_update(S)：将集合和参数 S 指定的集合进行交集，然后将结果更新到集合。例如：

```
>>> S1 = {1, 3, 5}
>>> S2 = {3, 5, 7, 9}
>>> S3 = S1.intersection(S2)  # 也可写成 S3 = S1 & S2，表示 S3 是 S1 和 S2 的交集
>>> S1                        # S1 的内容没有改变
{1, 3, 5}
>>> S3                        # S3 的内容是交集的结果
{3, 5}
>>> S1.intersection_update(S2)  # 将 S1 和 S2 进行交集的结果更新到 S1
>>> S1                        # S1 的内容更新成交集的结果
{3, 5}
```

> ➢ set.difference(S)：将集合和参数 S 指定的集合进行差集，然后返回新的集合，也可使用 "-" 运算符进行交集（注：S1 和 S2 的差集是指存在于 S1 但不存在于 S2 的元素）。
> ➢ set.difference_update(S)：将集合和参数 S 指定的集合进行差集，然后将结果更新到集合。例如：

```
>>> S1 = {1, 3, 5}
>>> S2 = {3, 5, 7, 9}
>>> S3 = S1.difference(S2)   # 也可写成 S3 = S1 - S2
>>> S1                       # S1 的内容没有改变
{1, 3, 5}
```

```
>>> S3                            # S3 的内容是差集的结果
{1}
>>> S1.difference_update(S2)      # 将 S1 和 S2 进行差集的结果更新到 S1
>>> S1                            # S1 的内容更新成差集的结果
{1}
```

> set.symmetric_difference(*S*)：将集合和参数 *S* 指定的集合进行对称差集（互斥），然后返回新的集合，也可使用"^"运算符进行对称差集（注：S1 和 S2 的对称差集是指存在于 S1 但不存在于 S2，或存在于 S2 但不存在于 S1 的元素）。

> set.symmetric_difference_update(*S*)：将集合和参数 *S* 指定的集合进行对称差集（互斥），然后将结果更新到集合。例如：

```
>>> S1 = {1, 3, 5}
>>> S2 = {3, 5, 7, 9}
>>> S3 = S1.symmetric_difference(S2)   # 也可写成 S3 = S1 ^ S2
>>> S1                                  # S1 的内容没有改变
{1, 3, 5}
>>> S3                                  # S3 的内容是对称差集的结果
{9, 1, 7}
>>> S1.symmetric_difference_update(S2)  # 将 S1 和 S2 进行对称差集的结果更新到 S1
>>> S1                                  # S1 的内容更新成对称差集的结果
{9, 1, 7}
```

随堂练习

假设有两个集合变量如下：

```
>>> S1 = {'A', 'B', 'C'}
>>> S2 = {'C', 'D', 'E', 'F', 'A'}
```

请在 Python 解释器中计算下列题目的结果。

（1）S1 包含几个元素？　　　　　　　（2）S1 是否为 S2 的子集合？
（3）S1 和 S2 的并集。　　　　　　　　（4）S1 和 S2 的交集。
（5）S1 和 S2 的差集。

【解答】

```
>>> len(S1)                       # (1)
3
>>> S1.issubset(S2)               # (2)
```

```
False
>>> S1 | S2                                      # (3)
{'B', 'D', 'A', 'F', 'E', 'C'}
>>> S1 & S2                                      # (4)
{'A', 'C'}
>>> S1 - S2                                      # (5)
{'B'}
```

 备注

使用 set() 函数创建的集合是可改变内容的，若要创建不可改变内容的集合，可以改用 frozenset() 函数创建集合，frozenset 虽然没有 add()、remove() 等函数，但仍可进行集合运算，有兴趣的读者可以参考 Python 说明文件。

 随堂练习

[集合运算] 假设在期末考试成绩中，语文、英语、数学不及格的同学名单如表 6-4 所示，请编写一个 Python 程序，输出 3 科均不及格的同学名单，以及语文和英语及格，但数学不及格的同学名单。

表 6-4   各科不及格的同学名单

语文不及格	铁雄、大明、珍珍、阿丁、小凯、阿美、阿文、大雄
英语不及格	大明、珍珍、阿丁、大雄
数学不及格	阿吉、胖虎、大雄、阿丁、小凯、阿美、静香、小乖、包包

【解答】

\Ch06\set1.py

```
S1 = {"铁雄", "大明", "珍珍", "阿丁", "小凯", "阿美", "阿文", "大雄"}
S2 = {"大明", "珍珍", "阿丁", "大雄"}
S3 = {"阿吉", "胖虎", "大雄", "阿丁", "小凯", "阿美", "静香", "小乖", "包包"}

print("三科均不及格的同学: ", S1 & S2 & S3)
print("语文和英语及格，但数学不及格的同学: ", (S3 - S1) - S2)
```

由于集合中的元素没有顺序之分，所以这个程序的执行结果每次出现的元素顺序不一定相同，但一定都是相同的元素，如图 6-11 所示。

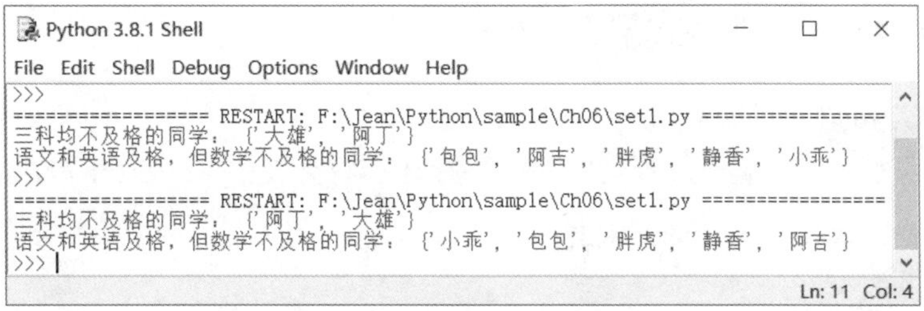

图 6-11

6.4   dict（字典）

dict 类型用来表示字典，包含没有顺序、没有重复且可改变内容的多个键:值对（key: value pair），属于映射类型（mapping type），也就是以键（key）作为索引访问字典里的值（value）。字典的前后以大括号标示，里面的键:值对以逗号隔开。例如：

```
>>> {"ID": "N123456", "name": "小丸子"}          # 包含 2 个键:值对的字典
{'name': '小丸子', 'ID': 'N123456'}
>>> {"name": "小丸子", "ID": "N123456"}          # 键:值对相同但顺序不同，仍是相同字典
{'name': '小丸子', 'ID': 'N123456'}
```

正因为是通过 dict（字典）中的键获取、新增、变更或删除对应的值，所以键不能重复，而且只有诸如数值、字符串或 tuple（元组）等不可改变内容的数据才能作为键，至于值的类型，则无此限制。

6.4.1   创建字典

可以使用 Python 内置的 dict() 函数或 {} 创建字典，例如下面的前 4 个语句会创建包含相同键:值对的字典，您可以择一使用，而 E = {} 语句会创建空字典。

```
>>> A = {"one": 1, "two": 2, "three": 3}          # 创建包含 3 个键:值对的字典
>>> B = dict({"three": 3, "one": 1, "two": 2})    # 同上
>>> C = dict(one=1, two=2, three=3)               # 同上
>>> D = dict([("two", 2), ("one", 1), ("three", 3)])   # 从包含 3 个元组的列表创建字典
>>> A
{'three': 3, 'two': 2, 'one': 1}
>>> E = {}                                        # 创建空字典，也可写成 E = dict()
>>> E
{}
```

6.4.2　获取、新增、变更或删除键:值对

创建字典后，可以通过键获取对应的值，例如下面的语句是获取字典 A 中键为 "one" 对应的值（即 1）并赋值给变量 x，若指定的键不存在，将会发生 KeyError 错误。

```
>>> A = {"one": 1, "two": 2, "three": 3}
>>> x = A["one"]
>>> x
1
```

也可以新增或变更键:值对，其语法如下，当 *key* 尚未存在于字典时，就新增一个键为 *key*、值为 *value* 的键:值对；相反，当 *key* 已经存在于字典时，就将键为 *key* 对应的值变更为 *value*：

```
dictName[key] = value
```

此外，可以使用 del 语句删除键为 *key* 的键:值对。其语法如下：

```
del dictName[key]
```

例如：

```
>>> A = {"one": 1, "two": 2, "three": 3}
>>> A["four"] = 4                        # 新增键:值对 'four': 4
>>> A
{'three': 3, 'two': 2, 'one': 1, 'four': 4}
>>> A["four"] = "四"                      # 将键为 "four" 对应的值变更为 "四"
>>> A
{'three': 3, 'two': 2, 'one': 1, 'four': '四'}
>>> del A["four"]                        # 删除键为 "four" 的键:值对
>>> A
{'three': 3, 'two': 2, 'one': 1}
```

6.4.3　内置函数

6.1.2 小节介绍的内置函数只有 len() 函数适用于字典，它会返回字典包含几个键:值对。例如：

```
>>> A = {"one": 1, "two": 2, "three": 3}
>>> len(A)                               # 返回字典 A 包含 3 个键:值对
3
```

6.4.4　运算符

由于字典中的键:值对没有顺序之分，因此，字典不支持连接运算符（+）、重复运算符（*）、索引运算符（[]）、切片运算符（[*start*:*end*]）或其他与顺序相关的运算。

字典支持 in 与 not in 运算符，用来检查指定的键是否存在于字典。例如：

```
>>> A = {"one": 1, "two": 2, "three": 3}
>>> "one" in A                          # 键 "one" 存在于字典 A
True
>>> "ten" not in A                      # 键 "ten" 不存在于字典 A
True
```

字典也支持 == 和 != 两个比较运算符，如下，其中 D1 和 D2 为字典，至于 >、>=、<、<= 等比较运算符，则不适用于字典。

➢ D1 == D2：若 D1 和 D2 包含相同的键:值对，就返回 True，否则返回 False。

➢ D1 != D2：若 D1 和 D2 包含不同的键:值对，就返回 True，否则返回 False。

下面是一些例子，其中最后一条语句是使用 is 运算符检查 D1 和 D3 是否为相同的对象，由执行结果为 False 可知，D1 和 D3 虽然包含相同的键:值对，但却是不同的对象。

```
>>> D1 = {"user1":"小丸子", "user2":"小玉", "user3":"花轮"}
>>> D2 = {"user4":"丸尾", "user1":"小丸子", "user3":"花轮", "user2":"小玉"}
>>> D3 = {"user3":"花轮", "user1":"小丸子", "user2":"小玉"}
>>> D1 == D2                            # D1 和 D2 包含不同的键:值对
False
>>> D1 == D3                            # D1 和 D3 包含相同的键:值对
True
>>> D2 != D3                            # D2 和 D3 包含不同的键:值对
True
>>> D1 is D3                            # D1 和 D3 是不同的对象
False
```

此外，可以使用 for 循环遍历字典中的键:值对。下面是一个例子，它使用 for 循环逐一输出每个键:值对。

```
>>> D1 = {"user1":"小丸子", "user2":"小玉", "user3":"花轮"}
>>> for key in D1:
        print("键为", key, "对应的值为", D1[key])


键为 user1 对应的值为 小丸子
键为 user3 对应的值为 花轮
键为 user2 对应的值为 小玉
>>>
```

6.4.5 字典处理方法

字典是隶属于 dict 类的对象，dict 类内置数个字典处理方法，常用的方法如下。

> ➢ dict.get(*key*[, *default*])：返回字典中键为 *key* 对应的值，若该键不存在，就返回选择性参数 *default*；若没有参数 *default*，就返回 None，不会发生 KeyError 错误。
> ➢ dict.pop(*key*[, *default*])：从字典中删除键为 *key* 的键:值对并返回对应的值，若该键不存在，就返回选择性参数 *default*；若没有参数 *default*，就会发生 KeyError 错误。
> ➢ dict.popitem()：从字典中随机删除一个键:值对并返回该键:值对，若目前是空字典，就会发生 KeyError 错误。例如：

```
>>> D1 = {"user1":"小丸子", "user2":"小玉", "user3":"花轮"}
>>> D1.get("user1")                    # 返回键为 "user1" 对应的值
'小丸子'
>>>
>>> D1.pop("user2")                    # 删除键为 "user2" 的键:值对并返回值
'小玉'
>>> D1
{'user1': '小丸子', 'user3': '花轮'}
>>>
>>> D1.popitem()                       # 随机删除一个键:值对并返回该键:值对
('user1', '小丸子')
>>> D1
{'user3': '花轮'}
```

> ➢ dict.keys()：返回字典中的所有键。
> ➢ dict.values()：返回字典中的所有值。
> ➢ dict.items()：返回字典中的所有键:值对。例如：

```
>>> D1 = {"user1":"小丸子", "user2":"小玉", "user3":"花轮"}
>>> D1.keys()                          # 返回所有键
dict_keys(['user1', 'user3', 'user2'])}
>>> tuple(D1.keys())                   # 转换成元组方便使用
('user1', 'user3', 'user2')
>>>
>>> D1.values()                        # 返回所有值
dict_values(['小丸子', '花轮', '小玉'])
>>> tuple(D1.values())                 # 转换成元组方便使用
('小丸子', '花轮', '小玉')
>>>
>>> D1.items()                         # 返回所有键:值对
dict_items([('user1', '小丸子'), ('user3', '花轮'), ('user2', '小玉')])
>>> tuple(D1.items())                  # 转换成元组方便使用
(('user1', '小丸子'), ('user3', '花轮'), ('user2', '小玉'))
```

➢ dict.copy()：返回字典的副本，这和原来的字典是不同的对象。例如：

```
>>> D1 = {"user1":"小丸子", "user2":"小玉", "user3":"花轮"}
>>> D2 = D1.copy()                      # 返回 D1 的副本并赋值给 D2
>>> D2
{'user1': '小丸子', 'user3': '花轮', 'user2': '小玉'}
>>> D2 == D1                            # D2 和 D1 包含相同的键:值对
True
```

➢ dict.clear()：从字典中删除所有键:值对。例如：

```
>>> D2.clear()                         # 从 D2 中删除所有键:值对
>>> D2
{}
```

➢ dict.update([*other*])：根据参数 *other* 指定的字典更新目前的字典，也就是将两个字典合并，若有重复的键，就以参数 *other* 中的键:值对取代。例如：

```
>>> D1 = {"user1":"小丸子", "user2":"小玉", "user3":"花轮"}
>>> D2 = {"user1":"丸尾", "user2":"小玉", "user4":"永泽"}
>>> D1.update(D2)
>>> D1
{'user1': '丸尾', 'user3': '花轮', 'user4': '永泽', 'user2': '小玉'}
```

随堂练习

06

[单词出现次数的统计] 假设有一首歌的歌词如下，请编写一个 Python 程序，计算歌词中每个单词的出现次数，英文字母没有大小写之分。图 6-12 所示的执行结果供参考。

I have a pen. I have an apple, Apple pen. I have a pen. I have pineapple. pineapple pen, Apple pen, Pineapple pen, Pen pineapple, apple pen.

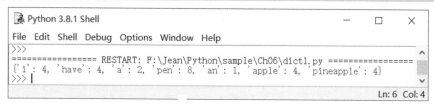

图 6-12

{'have': 4, 'apple': 4, 'i': 4, 'pen': 8, 'pineapple': 4, 'a': 2, 'an': 1}

【解答】

\Ch06\dict1.py

```
01  # 这个函数用来将字符串中的特殊字符用空格取代
02  def replaceSymbols(string):
03      for char in string:
04          if char in "~!@#$%^&()[]{},+-*|/?<>'.;:\"":
05              string = string.replace(char, ' ')
06      return string
07
08  # 这个函数用来计算字符串中每个单词的出现次数
09  def counts(string):
10      wordlist = string.split()        # 根据空格将字符串中每个单词分隔成列表
11      for word in wordlist:            # 使用 for 循环计算列表中每个单词的出现次数
12          if word in result:
13              result[word] = result[word] + 1
14          else:
15              result[word] = 1
16
17  song = "I have a pen. I have an apple, Apple pen. I have a pen. I have pineapple. \
18      pineapple pen, Apple pen, Pineapple pen, Pen pineapple, apple pen."
19  # 这个空字典用来存放每个单词的出现次数
20  result = {}
21  # 将歌词转换成小写，然后调用 replaceSymbols() 函数将特殊字符取代成空格
22  tmp = replaceSymbols(song.lower())
23  # 调用 counts() 函数计算每个单词的出现次数
24  counts(tmp)
25  print(result)
```

这个程序的关键在于第 11～15 行，使用 for 循环计算列表中每个单词的出现次数，若单词已经存在于字典，就将键为该单词对应的值加 1，若单词尚未存在于字典，就将该单词作为键加入字典并将对应的值设置为 1。

随堂练习

[中英文对照] 编写一个 Python 程序，定义一个字典存放数种水果的英语，接着要求用户输入一种中文水果名称，然后输出该水果的英语，若字典中没有该水果，就输出提示信息。

图 6-13 所示的执行结果供参考。

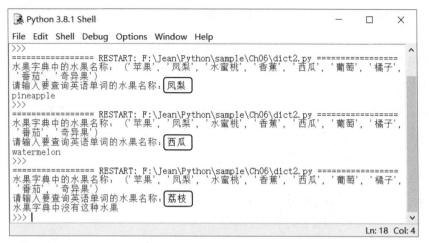

图 6-13

【解答】

\Ch06\dict2.py

```
fruits = {"苹果":"apple", "凤梨":"pineapple", "水蜜桃":"peach", "香蕉":"banana", \
                "西瓜":"watermelon", "葡萄":"grape", "橘子":"orange", "番茄":"tomato", \
                "奇异果":"kiwifruit"}
print("水果字典中的水果名称：", tuple(fruits.keys()))
Q = input("请输入要查询英语单词的水果名称：")
print(fruits.get(Q,"水果字典中没有这种水果"))
```

学习检测

一、选择题

1. 下列哪种类型的数据没有顺序之分？（　　）

    A. 字符串   B. 列表   C. 元组   D. 集合

2. 下列哪个方法可以根据指定的分隔字符串将字符串分隔成列表？（　　）

    A. str.split()   B. str.join()   C. list.reverse()   D. list.pop()

3. 下列哪个方法可以将指定的元素加到列表的尾端？（　　）

    A. list.append()   B. list.extend()   C. list.insert()   D. list.index()

4. 下列哪个函数或方法不适用于元组？（　　）

A. sum()　　　　　B. insert()　　　　　C. max()　　　　　D. len()

5. 下列哪个语句可以定义一个名称为 S 的空集合？（　　　）

A. S = {}　　　　B. S = set()　　　　C. S = []　　　　D. S = ()

6. 下列哪个方法可以用来进行两个集合的差集运算？（　　　）

A. set.update()　　　　　　　　　　B. set.intersection()

C. set.difference()　　　　　　　　　D. set.symmetric_difference()

7. 下列哪个运算符可以用来进行两个集合的并集运算？（　　　）

A. ^　　　　　　B. -　　　　　　C. &　　　　　　D. |

8. 下列哪个运算符不适用于字典？（　　　）

A. in　　　　　B. not in　　　　　C. !=　　　　　D. >=

9. 下列哪个方法可以返回字典中的所有值？（　　　）

A. dict.keys()　　B. dict.values()　　C. dict.items()　　D. dict.popitem()

10. 下列哪个方法可以合并两个字典？（　　　）

A. dict.update()　　B. dict.clear()　　C. dict.copy()　　D. dict.get()

二、练习题

1. 假设有字典 student1 = {"ID":"01", "name":"王小明"}，请问下列语句执行完毕后，该字典的内容是什么？

```
>>> student1["name"] = "张美丽"
>>> student1["语文"] = 90
>>> student1["英语"] = 80
>>> student1["数学"] = 100
>>> del student1["ID"]
```

2. 假设有列表 list1 = [5, 10, 15, 20]，请问下列题目的执行结果是什么？

（1）list1 * 2

（2）100 in list1

（3）list1.index(15)

（4）[i ** 2 for i in list1]

（5）[i * 5 for i in list1 if i < 20]

（6）list1.reverse()

3. [顺序搜索] 定义一个 Python 函数，令它在列表中进行顺序搜索（sequential search），也就是从第一个数据开始，依照顺序一个一个进行比较，直到找到符合的数据或所有数据比较完毕，若找到，就返回其索引；若找不到，就返回 -1，然后编写一个 Python 程序，令它

调用该函数在 [54, 2, 40, 22, 17, 22, 60, 35] 中搜寻 22。图 6-14 所示的执行结果供参考。

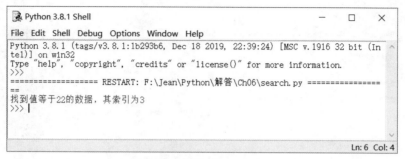

图 6-14

4. [矩阵元素总和] 编写一个 Python 程序，计算矩阵中所有元素的总和。以下面的矩阵为例，其执行结果如图 6-15 所示。

$$\begin{bmatrix} 1 & 2 & 3 \\ 4 & 5 & 6 \\ 7 & 8 & 9 \\ 10 & 11 & 12 \end{bmatrix}_{4\times3}$$

```
Python 3.8.1 Shell                                          —    □    ×
File  Edit  Shell  Debug  Options  Window  Help
Python 3.8.1 (tags/v3.8.1:1b293b6, Dec 18 2019, 22:39:24) [MSC v.1916 32 bit (In
tel)] on win32
Type "help", "copyright", "credits" or "license()" for more information.
>>>
================== RESTART: F:\Jean\Python\解答\Ch06\matrix4.py ==================
==
矩阵中所有元素的总和等于 78
>>>
                                                              Ln: 6  Col: 4
```

图 6-15

5. 假设有两个集合变量如下，请问下列题目的执行结果是什么？

```
>>> S1 = {1, 8, 9, 7, 6}
>>> S2 = {2, 5, 6, 8, 9}
```

（1）S1 包含几个元素？
（2）S1 是否为 S2 的子集合？
（3）S1 和 S2 的并集。
（4）S1 和 S2 的交集。
（5）S1 和 S2 的差集。
（6）S1 的元素总和。

6. [反转字符串] 编写一个 Python 程序，要求用户输入一个单词，然后输出该单词的反转字符串。图 6-16 所示的执行结果供参考。

图 6-16

第 7 章

绘 图

7.1 认识 turtle 模块

本章介绍一个有趣又好玩的主题——绘图。目前有许多模块可以用来绘图，我们选用的是 Python 内置的 turtle 模块，另外还有一个 tkinter 包可用来建立图形用户界面，第 12 章会有详细介绍。

turtle 绘图属于 Logo 程序语言的一部分，该语言是 Wally Feurzig 和 Seymour Papert 于 1966 年研发的。这个绘图系统源自一个颇具童趣的想象，假设平面坐标（0, 0）处有一只带着画笔的海龟，它可以接收简单的指令，例如向前走 100 步、向右转 45°、画一串文字、画一个圆形等，通过向海龟发送指令，让它绘制出三角形、星形、花朵、交通标志等图形。

由于海龟的移动是相对它目前位置的，例如向右转 45° 是指海龟从目前的位置向右转 45°，因此，初学者可以设身处地地站在海龟的角度思考如何执行指令。对初学者来说，将程序设计的过程图像化，不仅有助于理解，而且容易获得成就感。

下面来做一个简单的练习，请跟着一起做。

（1）执行"开始\Python 3.8\IDLE"命令，开启 Python Shell 窗口。

（2）输入如下指令，导入 turtle 模块。

```
>>> import turtle
```

（3）输入如下指令，会出现如图 7-1（a）的 Python Turtle Graphics 窗口，中心点的箭头代表海龟，也就是画笔的位置与方向，起始状态的位置坐标为（0, 0），方向为向右。

```
>>> turtle.showturtle()
```

（4）输入如下指令，会依序出现如图 7-1（b）~（h）所示的执行结果，成功画出一个正方形。

```
>>> turtle.forward(100)          # 向前走 100 步，即向前画 100 像素，如图 7-1(b)所示
>>> turtle.left(90)              # 向左转 90°，箭头变成指向上，如图 7-1(c)所示
>>> turtle.forward(100)          # 向前走 100 步，即向前画 100 像素，如图 7-1(d)所示
>>> turtle.left(90)              # 向左转 90°，箭头变成指向左，如图 7-1(e)所示
>>> turtle.forward(100)          # 向前走 100 步，即向前画 100 像素，如图 7-1(f)所示
>>> turtle.left(90)              # 向左转 90°，箭头变成指向下，如图 7-1(g)所示
>>> turtle.forward(100)          # 向前走 100 步，即向前画 100 像素，如图 7-1(h)所示
```

（a）箭头的位置在窗口的中心点、向右

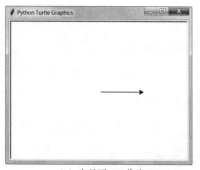

（b）向前画 100 像素

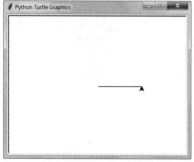

（c）向左转 90°，箭头变成指向上

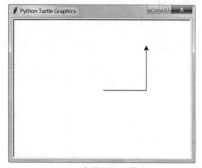

（d）向前画 100 像素

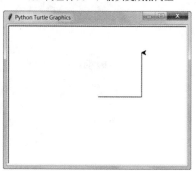

（e）向左转 90°，箭头变成指向左

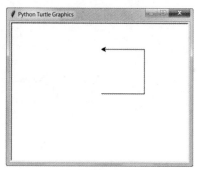

（f）向前画 100 像素

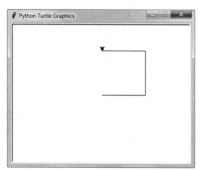

（g）向左转 90°，箭头变成指向下

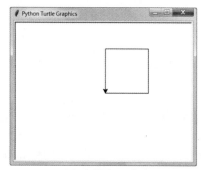

（h）向前画 100 像素

图 7-1

（5）输入如下指令，将箭头隐藏起来，如图 7-2（a）所示。

```
>>> turtle.hideturtle()
```

（6）输入如下指令，将箭头显示出来，如图 7-2（b）所示。

```
>>> turtle.showturtle()
```

（7）输入如下指令，清除图形，箭头保持在目前的位置与方向，如图 7-2（c）所示。

```
>>> turtle.clear()
```

（8）输入如下指令，重设成起始状态，包括清除图形并将箭头恢复到起始状态的位置与方向，如图 7-2（d）所示。

```
>>> turtle.reset()
```

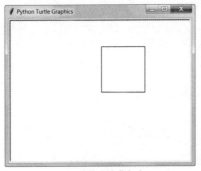
（a）将箭头隐藏起来

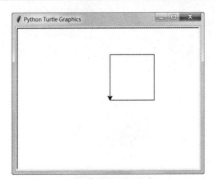
（b）将箭头显示出来

（c）清除图形，箭头的位置与方向不变

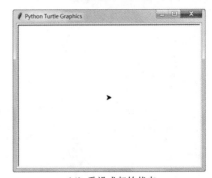
（d）重设成起始状态

图 7-2

请注意，turtle.clear() 和 turtle.reset() 两个方法都会清除图形，差别在于 turtle.clear()会将箭头保持在目前的位置与方向，而 turtle.reset() 会将箭头恢复到起始状态的位置与方向。此外，调用 turtle.reset() 之前，不需要先调用 turtle.clear()。

7.2 控制箭头与画图

在开始绘制图形之前，我们要先学会判断箭头目前的状态，包括坐标和方向；接着才是移动箭头与画图，包括前后移动、左右转动、移到指定的坐标、设置移动速度，以及画点和基本图形。

7.2.1 判断箭头目前的状态

turtle 模块提供了一些方法用来判断箭头目前的状态，常用的方法如下。

➢ turtle.position()、turtle.pos()：返回箭头的坐标。

➢ turtle.xcor()：返回箭头在 X 轴的坐标。

➢ turtle.ycor()：返回箭头在 Y 轴的坐标。

➢ turtle.heading()：返回箭头的方向。

➢ turtle.towards(x, y)：返回从箭头的位置到参数（x, y）指定的位置之间的角度。

➢ turtle.distance(x, y)：返回从箭头的位置到参数（x, y）指定的位置之间的距离。

举例来说，在起始状态下，箭头的位置在 Python Turtle Graphics 窗口的中心点，坐标为（0, 0），方向为向右，如图 7-3（a）所示；接着，输入如下指令，将箭头向左转 45°，然后向前画 100 像素，得到如图 7-3（b）所示的结果。为了便于理解，我们加上假想的 X 轴和 Y 轴供参考。

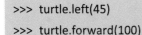

```
>>> turtle.left(45)                    # 向左转 45°
>>> turtle.forward(100)                # 向前画 100 像素
```

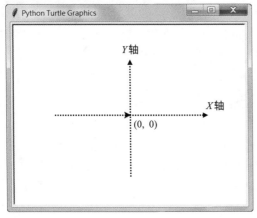

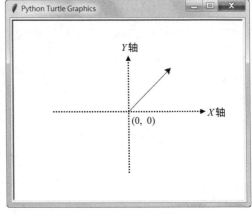

（a）方向向右   （b）向前画 100 像素

图 7-3

现在，根据图 7-3（b）调用前述几个方法判断箭头目前的状态，由于 turtle.xcor()、turtle.ycor()、turtle.distance() 等方法的返回值小数位数太多，读者可视实际需要使用 round() 函数取四舍五入值。

```
>>> turtle.position()            # 返回箭头的坐标为 (70.71, 70.71)
(70.71, 70.71)
>>> turtle.xcor()                # 返回箭头在 X 轴的坐标为 70.71067811865476
70.71067811865476
>>> turtle.ycor()                # 返回箭头在 Y 轴的坐标为 70.71067811865474
70.71067811865474
>>>
>>> turtle.heading()             # 返回箭头的方向为 45.0°
45.0
>>> turtle.towards(0, 0)         # 返回从箭头到 (0, 0) 之间的角度为 225.0°
225.0
>>> turtle.distance(0, 0)        # 返回从箭头到 (0, 0) 之间的距离为 99.99999999999999
99.99999999999999
>>> round(turtle.distance(0, 0)) # 将箭头到 (0, 0) 之间的距离四舍五入为 100
100
```

7.2.2 移动箭头与画图

turtle 模块提供了一些方法用来移动箭头与画图，常用的方法如下。

➢ turtle.forward(*distance*)、turtle.fd(*distance*)：将箭头向前移动参数 *distance* 指定的距离，若是负数，就向后移动，箭头的方向保持不变。

➢ turtle.back(*distance*)、turtle.bk(*distance*)：将箭头向后移动参数 *distance* 指定的距离，若是负数，就向前移动，箭头的方向保持不变，例如：

```
>>> turtle.reset()               # 重设回起始状态，如图 7-4(a) 所示
>>> turtle.position()            # 返回箭头的坐标为 (0.00, 0.00)
(0.00, 0.00)
>>> turtle.back(50)              # 向后画 50 像素，如图 7-4(b) 所示
>>> turtle.position()            # 返回箭头的坐标为 (-50.00, 0.00)
(-50.00, 0.00)
```

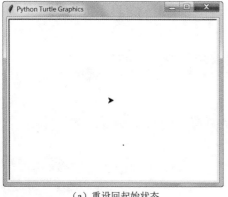
（a）重设回起始状态

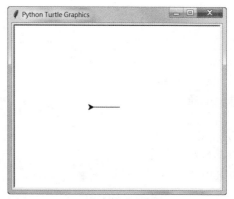
（b）向后画 50 像素

图 7-4

> ➤ turtle.left(*angle*)、turtle.lt(*angle*)：将箭头向左转参数 *angle* 指定的角度。
> ➤ turtle.right(*angle*)、turtle.rt(*angle*)：将箭头向右转参数 *angle* 指定的角度。例如：

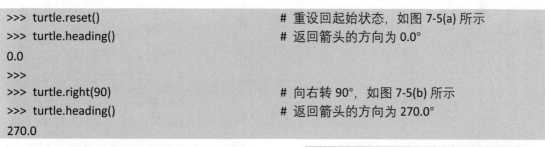

```
>>> turtle.reset()                    # 重设回起始状态，如图 7-5(a) 所示
>>> turtle.heading()                  # 返回箭头的方向为 0.0°
0.0
>>>
>>> turtle.right(90)                  # 向右转 90°，如图 7-5(b) 所示
>>> turtle.heading()                  # 返回箭头的方向为 270.0°
270.0
```

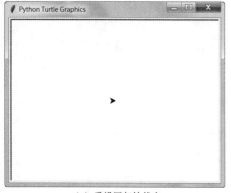
（a）重设回起始状态

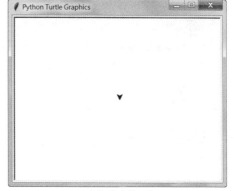
（b）向右转 90º

图 7-5

> ➤ turtle.home()：将箭头移到坐标（0，0），方向为向右。
> ➤ turtle.undo()：取消箭头的上一个动作。
> ➤ turtle.setx(*x*)：将箭头移到 X 轴上参数 *x* 指定的位置，Y 轴坐标保持不变。
> ➤ turtle.sety(*y*)：将箭头移到 Y 轴上参数 *y* 指定的位置，X 轴坐标保持不变。

> turtle.goto(*x*, *y*)、turtle.setpos(*x*, *y*)、turtle.setposition(*x*, *y*)：将箭头移到坐标（*x*, *y*），箭头的方向保持不变。例如：

```
>>> turtle.reset()                    # 重设回起始状态，如图 7-6(a) 所示
>>> turtle.position()                 # 返回箭头的坐标为 (0.00, 0.00)
(0.00, 0.00)
>>>
>>> turtle.goto(100, 100)             # 将箭头移到坐标 (100, 100)，如图 7-6(b) 所示
>>> turtle.position()                 # 返回箭头的坐标为 (100.00, 100.00)
(100.00, 100.00)
```

 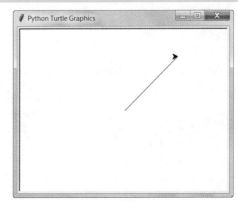

（a）重设回起始状态   （b）将箭头移到坐标（100, 100）

图 7-6

> turtle.setheading(*to_angle*)、turtle.seth(*to_angle*)：将箭头的方向设置为参数 *to_angle* 指定的角度，0 表示东方，90 表示北方，180 表示西方，270 表示南方。

> turtle.speed(*speed* = None)：根据参数 *speed* 设置箭头的移动速度，参数 *speed* 的范围为 1～10，数字越大，速度就越快，也可设置为 "fastest" "fast" "normal" "slow" "slowest" 等字符串，分别对应 0、10、6、3、1，若没有指定参数 *speed*，就返回目前箭头的移动速度。例如：

```
>>> turtle.speed()                    # 返回目前箭头的移动速度为 3
3
```

> turtle.dot(*size* = None, *color*)：根据参数 *size* 指定的画笔宽度和参数 *color* 指定的画笔色彩画出圆点，若没有指定参数 *size*，就采取目前的画笔宽度加 4 或画笔宽度乘以 2（以大者为准）；若没有指定参数 *color*，就采取目前的画笔色彩。例如：

```
>>> turtle.reset()                    # 重设回起始状态
>>> turtle.dot()                      # 画一个圆点，如图 7-7(a) 所示
>>> turtle.hideturtle()               # 将箭头隐藏起来方便查看，如图 7-7(b) 所示
>>> turtle.forward(50)                # 向前画 50 像素，如图 7-7(c) 所示
>>> turtle.dot(20, "red")             # 画一个画笔宽度为 20、红色的圆点，如图 7-7(d) 所示
```

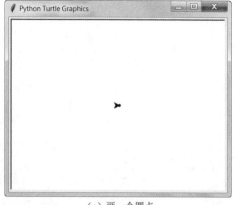

（a）画一个圆点

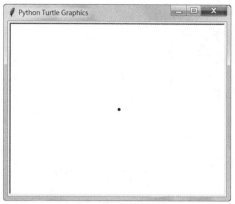

（b）将箭头隐藏起来

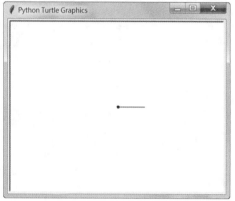

（c）向前画 50 像素

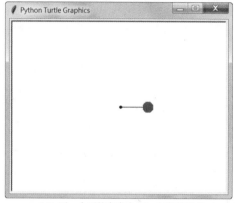

（d）画一个画笔宽度为 20、红色的圆点

图 7-7

> turtle.circle(*radius*, *extent* = None, *steps* = None)：根据参数画圆，其中参数 *radius* 是圆的半径；选择性参数 *extent* 是角度，用来决定要画出圆的哪些部分，若没有指定，则表示画出整个圆；选择性参数 *steps* 是边数，用来决定要在圆内部画出几边形，若没有指定，则表示画圆。例如：

```
>>> turtle.reset()                # 重设回起始状态，如图 7-8(a) 所示
>>> turtle.circle(50)             # 画一个半径为 50 的圆，如图 7-8(b) 所示
>>> turtle.reset()                # 重设回起始状态，如图 7-8(a) 所示
>>> turtle.circle(50, steps=3)    # 在半径为 50 的圆内部画三角形，如图 7-8(c) 所示
>>> turtle.reset()                # 重设回起始状态，如图 7-8(a) 所示
>>> turtle.circle(50, steps=4)    # 在半径为 50 的圆内部画四边形，如图 7-8(d) 所示
```

（a）重设回起始状态

（b）画一个半径为 50 的圆

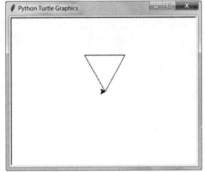

（c）在半径为 50 的圆内部画三角形

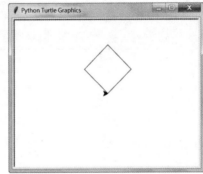

（d）在半径为 50 的圆内部画四边形

图 7-8

随堂练习

[六边形与星形] 使用 turtle 模块绘制图 7-9 和图 7-10 所示的图形。

（1）六边形　　　　　　　　　　　　　　　（2）星形

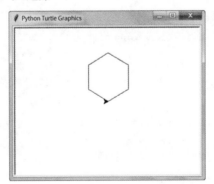

图 7-9

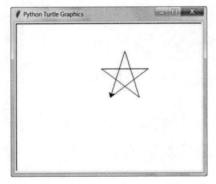

图 7-10

【解答】

```
>>> turtle.reset()                              # (1)
>>> turtle.circle(50, steps=6)
>>>
>>> turtle.reset()                              # (2)
>>> turtle.left(36)
>>> turtle.forward(100)
>>> turtle.setheading(180)
>>> turtle.forward(100)
>>> turtle.left(180 - 36)
>>> turtle.forward(100)
>>> turtle.setheading(108)
>>> turtle.forward(100)
>>> turtle.left(180 - 36)
>>> turtle.forward(100)
```

7.3 控制画笔、色彩与填满色彩

在学会如何移动箭头与画图之后，接下来练习如何提起画笔，放下画笔，设置画笔宽度、画笔色彩，填满色彩和画文字。

7.3.1 设置画笔状态

turtle 模块提供了一些方法用来设置画笔状态，常用的方法如下。

➢ turtle.pensize（*width* = None）、turtle.width（*width* = None）：根据参数 *width* 设置画笔宽度，若没有指定参数 *width*，就返回目前的画笔宽度。例如：

```
>>> turtle.reset()              # 重设回起始状态
>>> turtle.pensize()            # 返回目前的画笔宽度为 1
1
>>> turtle.forward(50)          # 向前画 50 像素，如图 7-11(a) 所示
>>> turtle.pensize(5)           # 将画笔宽度设置为 5
>>> turtle.forward(50)          # 向前画 50 像素，如图 7-11(b) 所示
```

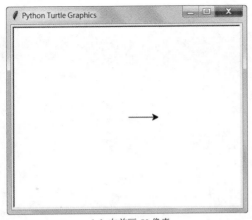

(a) 向前画 50 像素　　　　　　　　　　　(b) 画笔宽度设置为 5 后再向前画 50 像素

图 7-11

> turtle.penup()、turtle.up()：提起画笔，在移动箭头时不画线。

> turtle.pendown()、turtle.down()：放下画笔，在移动箭头时画线。

> turtle.isdown()：若画笔是放下的，就返回 True，否则返回 False。

```
>>> turtle.reset()              # 重设回起始状态，如图 7-12(a) 所示
>>> turtle.circle(20)           # 画一个圆，如图 7-12(b) 所示
>>> turtle.penup()              # 提起画笔
>>> turtle.goto(0, -50)         # 将箭头移到 (0, -50)，如图 7-12(c) 所示，注意没有画线
>>> turtle.pendown()            # 放下画笔
>>> turtle.circle(20)           # 画另一个圆，如图 7-12(d) 所示
```

(a) 重设回起始状态　　　　　　　　　　　(b) 画一个圆

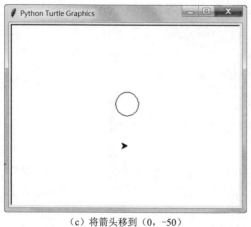

（c）将箭头移到（0，-50）

（d）画另一个圆

图 7-12

7.3.2 设置色彩

turtle 模块提供了一些方法用来设置画笔色彩与填满色彩，常用的方法如下。

➢ turtle.pencolor（*args）：根据参数设置画笔色彩，若没有指定参数，就返回目前的画笔色彩。参数可以是 "red"（红）、"green"（绿）、"blue"（蓝）、"black"（黑）等色彩名称，或 "#ff0000"（红）、"#00ff00"（绿）、"#0000ff"（蓝）、"#ffffff"（黑）等十六进制表示法，这种表示法里有 3 组十六进制数字，代表色彩的红、绿、蓝级数。例如：

```
>>> turtle.pencolor()              # 返回目前的画笔色彩为黑色
'black'
>>> turtle.pencolor("red")         # 将画笔色彩设置为红色
>>> turtle.pencolor()              # 返回目前的画笔色彩为红色
'red'
```

参数也可以是 3 个数值 r、g、b 或序对 (r, g, b)，r、g、b 代表色彩的红、绿、蓝级数，范围为 0.0～1.0 或 0～255，视 turtle.colormode() 的值为 1.0 或 255 而定。若 turtle.colormode() 为 255，则红色为 $(255, 0, 0)$、绿色为 $(0, 255, 0)$、蓝色为 $(0, 0, 255)$、黑色为 $(255, 255, 255)$；若 turtle.colormode() 为 1，则红色为 $(1, 0, 0)$、绿色为 $(0, 1, 0)$、蓝色为 $(0, 0, 1)$、黑色为 $(1, 1, 1)$，也就是将红、绿、蓝级数除以 255。更多的色彩名称和红、绿、蓝级数可以参考 http://www.tcl.tk/man/tcl8.4/TkCmd/colors.htm。

```
>>> turtle.colormode(255)          # 将 colormode (色彩模式) 设置为 255
>>> turtle.pencolor(255, 0, 0)     # 将画笔色彩设置为红色，参数为 3 个数值
>>> turtle.pencolor()              # 返回目前的画笔色彩为红色
(255.0, 0.0, 0.0)
```

```
>>> turtle.pencolor((0, 0, 255))          # 将画笔色彩设置为蓝色，参数为一个元组
>>> turtle.pencolor()                       # 返回目前的画笔色彩为蓝色
(0.0, 0.0, 255.0)
```

➤ turtle.fillcolor(*args)：根据参数设置填满色彩，若没有指定参数，就返回目前的填满色彩，参数的指定方式和 turtle.pencolor() 方法一样。

➤ turtle.color(*args)：根据参数设置画笔色彩与填满色彩，若没有指定参数，就返回目前的画笔色彩与填满色彩。例如：

```
>>> turtle.color("#285078", "#a0c8f0")   # 将画笔色彩与填满色彩设置为 "#285078" "#a0c8f0"
>>> turtle.pencolor()                       # 返回目前的画笔色彩
(40.0, 80.0, 120.0)
>>> turtle.fillcolor()                      # 返回目前的填满色彩
(160.0, 200.0, 240.0)
>>>
>>> turtle.color("red", "pink")            # 将画笔色彩与填满色彩设置为红色、粉红色
>>> turtle.pencolor()                       # 返回目前的画笔色彩
'red'
>>> turtle.fillcolor()                      # 返回目前的填满色彩
'pink'
>>> turtle.circle(50, steps=3)             # 以目前的画笔色彩画一个三角形，如图 7-13(a) 所示
>>> turtle.circle(-50, steps=3)            # 以目前的画笔色彩画另一个三角形，如图 7-13(b) 所示
```

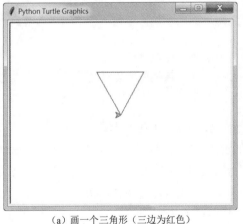

（a）画一个三角形（三边为红色）　　　　　（b）画另一个三角形（三边为红色）

图 7-13

7.3.3　填满色彩

turtle 模块提供了一些方法用来填满色彩，常用的方法如下。

> ➤ turtle.filling()：返回填满色彩状态，True 表示正在填满色彩，False 表示否。
> ➤ turtle.begin_fill()：在开始填满色彩之前调用此方法。
> ➤ turtle.end_fill()：在结束填满色彩之后调用此方法。

下面是一个例子，它会先在坐标（-100, 0）画一个圆并填满色彩，画笔色彩与填满色彩分别为红色和粉红色，然后在坐标（100, 0）画一个三角形并填满色彩，画笔色彩与填满色彩分别为深蓝色和黄色。

\Ch07\turtle1.py

```
import turtle
# 画一个圆并填满色彩
turtle.penup()                        # 提起画笔
turtle.goto(-100, 0)                  # 移到坐标 (-100, 0)
turtle.pendown()                      # 放下画笔
turtle.color("red", "pink")           # 设置画笔色彩与填满色彩，如图 7-14(a) 所示
turtle.begin_fill()                   # 调用此方法表示开始填满色彩
turtle.circle(50)                     # 画一个半径为 50 的圆，如图 7-14(b) 所示
turtle.end_fill()                     # 调用此方法表示结束填满色彩，如图 7-14(c) 所示
# 画一个三角形并填满色彩
turtle.penup()                        # 提起画笔
turtle.goto(100, 0)                   # 移到坐标 (100, 0)
turtle.pendown()                      # 放下画笔
turtle.color("navy", "yellow")        # 设置画笔色彩与填满色彩，如图 7-14(d) 所示
turtle.begin_fill()                   # 调用此方法表示开始填满色彩
turtle.circle(50, steps=3)            # 画一个三角形，如图 7-14(e) 所示
turtle.end_fill()                     # 调用此方法表示结束填满色彩，如图 7-14(f) 所示
```

 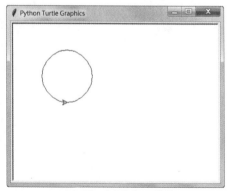

（a）设置画笔色彩与填满色彩 1　　　　　　　　（b）画一个半径为 50 的圆

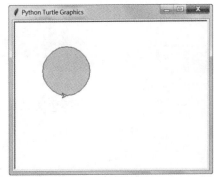
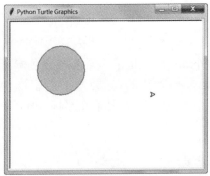

（c）结束填满色彩 1　　　　　　　　　　（d）设置画笔色彩与填满色彩 2

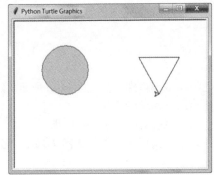
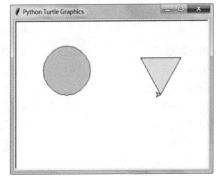

（e）画一个三角形　　　　　　　　　　　（f）结束填满色彩 2

图 7-14

随堂练习

[重复图形] 使用 turtle 模块绘制如图 7-15 所示的图形，这个图形包含 10 个圆形，每个圆形之间位移 10 像素。

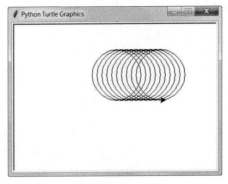

图 7-15

【解答】

\Ch07\turtle2.py

```python
import turtle

# 记录目前的 X 坐标
x = turtle.xcor()
# 使用 for 循环画 10 个圆形，每个圆形之间位移 10 像素
for i in range(10):
    turtle.circle(50)          # 画一个圆
    turtle.penup()             # 提起画笔
    x = x + 10                 # 水平位移 10
    turtle.goto(x, 0)          # 移到新的位置
    turtle.pendown()           # 放下画笔
```

随堂练习

[turtle star] 使用 turtle 模块绘制如图 7-16 所示的图形，这个图形参考 Python 说明文件，关键在于使用 while 循环重复画线，每次向左转 170°，若箭头回到出发的位置，就跳出循环。

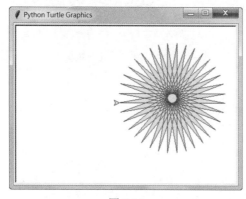

图 7-16

【解答】

\Ch07\turtleStar.py

```python
import turtle
turtle.color("red", "yellow")
start = turtle.position()           # 记录出发的位置
```

```
turtle.begin_fill()
while  True:
        turtle.forward(200)                                    # 向前画 200 像素
        turtle.left(170)                                       # 向左转 170°
        if  abs(turtle.position() - start) < 1:                # 若箭头回到出发的位置，就跳出循环
            break
turtle.end_fill()
```

随堂练习

[重复图形] 使用 turtle 模块绘制如图 7-17 所示的图形，这个图形包含 360 个圆形，每个圆形之间角度移动 15°。

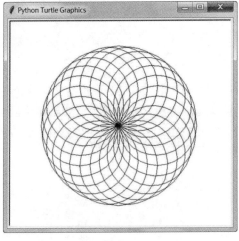

图 7-17

【解答】

\Ch07\turtle3.py

```
import  turtle
# 将箭头的移动速度设置为最快
turtle.speed("fastest")
# 使用 for 循环画 360 个圆形，每个圆形之间角度移动 15°
for  angle  in  range(0, 360, 15):
        turtle.setheading(angle)
        turtle.circle(100)
```

7.3.4 画文字

可以使用 turtle 模块提供的 turtle.write() 方法画文字，其语法如下。

```
turtle.write(arg, move = False, align = "left", font = ("Arial", 8, "normal"))
```

- ➤ *arg*：设置要画的文字。
- ➤ *move*：设置是否将箭头移到文字的右下角，默认值为 False，表示不移动箭头。
- ➤ *align*：设置对齐方式，有"left" "center"和"right" 3 种方式，默认值为"left"。
- ➤ *font*：设置文字的字形、大小与样式，默认值为（"Arial", 8, "normal"）。

例如：

```
>>> turtle.reset()                          # 重设回起始状态
>>> turtle.write("Hello, turtle!")          # 画出指定的字符串且不移动箭头，如图 7-18(a) 所示
>>> turtle.reset()                          # 重设回起始状态
>>> turtle.write("Hello, turtle!", True)    # 画出指定的字符串且移动箭头，如图 7-18(b) 所示
```

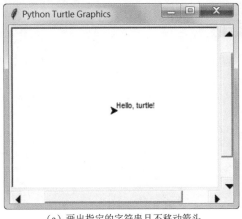

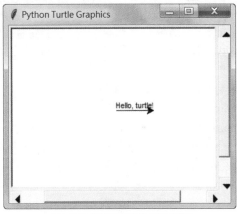

（a）画出指定的字符串且不移动箭头　　　　　　　（b）画出指定的字符串且移动箭头

图 7-18

随堂练习

[二次函数] 使用 turtle 模块绘制二次函数 $y = \dfrac{1}{200}x^2$ 的抛物线图形。图 7-19 所示的执行结果供参考。

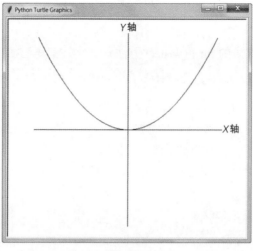

图 7-19

【解答】

\Ch07\turtle4.py

```
import  turtle

# 绘制 X 轴，从 (-210, 0) 到 (210, 0)
turtle.penup()
turtle.goto(-210, 0)
turtle.pendown()
turtle.forward(420)

# 绘制 Y 轴，从 (0, -210) 到 (0, 210)
turtle.penup()
turtle.goto(0, -210)
turtle.pendown()
turtle.left(90)
turtle.forward(420)

# 根据方程式画抛物线
x1  =  -200
y1  =  (1 / 200) * (x1 * x1)
turtle.penup()
turtle.goto(x1, y1)
turtle.pendown()
```

```
for i in range(-199, 201):
    x2 = i
    y2 = (1 / 200) * (x2 * x2)
    turtle.goto(x2, y2)
    x1 = x2
    y1 = y2

# 在坐标 (210, −10) 画文字 "X 轴"
turtle.penup()
turtle.goto(210, -10)
turtle.pendown()
turtle.write("X 轴", font = ("Arial", 16, "normal"))

# 在坐标 (−10, 210) 画文字 "Y 轴" 并将箭头隐藏起来
turtle.penup()
turtle.goto(-10, 210)
turtle.pendown()
turtle.write("Y 轴", font = ("Arial", 16, "normal"))
turtle.hideturtle()
```

随堂练习

[花朵图形] 使用 turtle 模块绘制如图 7-20 所示的花朵，共有 15 个花瓣，填满浅黄色。

图 7-20

【解答】

\Ch07\flower.py

```python
import turtle
turtle.speed("fastest")
turtle.color("green", "lightyellow")
turtle.begin_fill()
# 外层的 for 循环用来画出 15 个花瓣
for i in range(15):
    # 内层的 for 循环用来画出 1 个花瓣
    for i in range(2):
        turtle.circle(100, 60)
        turtle.left(180 - 60)
    turtle.left(360.0 / 15)
turtle.end_fill()
```

学习检测

一、选择题

1. 下列哪个方法可以清除图形并将箭头恢复到起始状态的位置与方向？（　　　）
   A. turtle.clear()　　　　B. turtle.reset()　　　　C. turtle.home()　　　　D. turtle.undo()

2. 下列哪个方法可以返回箭头的方向？（　　　）
   A. turtle.position()　　　B. turtle.heading()　　　C. turtle.distance()　　　D. turtle.towards()

3. 下列哪个方法可以设置箭头的移动速度？（　　　）
   A. turtle.setheading()　　B. turtle.dot()　　　　C. turtle.xcor()　　　　D. turtle.speed()

4. 下列哪个方法可以用来画六边形？（　　　）
   A. turtle.circle()　　　　B. turtle.poly()　　　　C. turtle.dot()　　　　D. turtle.isdown()

5. 下列哪个方法可以用来设置填满色彩？（　　　）
   A. turtle.pencolor()　　　B. turtle.bgcolor()　　　C. turtle.color()　　　D. turtle.pensize()

6. 在开始填满色彩之前要调用下列哪个方法？（　　　）
   A. turtle.filling()　　　　B. turtle.fillcolor()　　　C. turtle.begin_fill()　　　D. turtle.end_fill()

7. 下列哪个方法可以用来写文字？（　　　）

A. turtle.write()   B. turtle.pen()   C. turtle.circle()   D. turtle.dot()

二、练习题

1. [停止标志] 使用 turtle 模块绘制如图 7-21 所示的停止标志，这个图形为红底白字。

图 7-21

2. [重复图形] 使用 turtle 模块绘制如图 7-22 所示的图形，这个图形包含 36 个矩形，每个矩形之间旋转 10°。

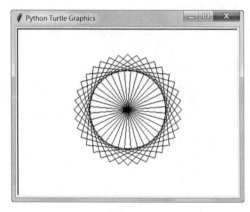

图 7-22

第 8 章

文件处理

8.1　认识文件路径

在说明如何以 Python 处理文件之前，先介绍文件路径，也就是文件的存放位置，若您对文件路径已经相当熟悉，可以直接忽略本节。

对用户来说，文字、图形或程序均以文件（file）的形式存放在诸如硬盘、U 盘等存储设备，而且为了方便管理、搜索及设置访问权限，用户还可以将数个文件存放在目录（directory）或文件夹（folder）中。

目录具有阶层式结构，称为树状目录（tree directory），最上一层为根目录（root directory）或父目录（parent directory），其他为次目录（sub directory）或子目录（child directory）。

图 8-1 所示为 Windows 资源管理器，左窗格会显示树状目录，右窗格会显示目前文件夹的内容，只要单击网址列，就会显示目前文件夹的路径，图中"图片"文件夹的路径为 E:\图片，表示可以在 E 磁盘找到"图片"文件夹，里面存放着用户保存的图像文件。

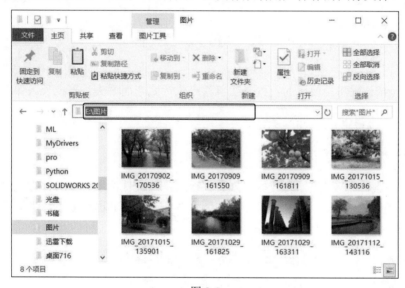

图 8-1

文件或文件夹存放在存储设备的方式取决于文件系统（file system），当用户以文件的路径及名称（如 C:\图片\绣球花.jpg）访问文件时，文件系统会找出文件存放在存储设备的哪个位置，进而读取上面的数据。

不同的操作系统可能采取不同的文件系统，例如 MS-DOS 的文件系统为 FAT（File Allocation Table）、Windows 7/8/10 的文件系统为 FAT32、NTFS（New Technology File System）或 exFAT（Extended File Allocation Table）。

文件路径的指定方式有下列两种。

> **绝对路径**（absolute path）。这种方式必须写出根目录、所有子目录及文件名，例如 C:\Program Files\Microsoft Office\Office\Excel.exe。

> **相对路径**（relative path）。这种方式必须写出从当前目录到文件经过的子目录，举例来说，假设当前目录为 C:\Program Files\Microsoft Office，若要以相对路径表示文件 Excel.exe，可以写成 \Office\Excel.exe；假设当前目录为 C:\Program Files，若要以相对路径表示文件 Excel.exe，可以写成 \Microsoft Office\Office\Excel.exe。

 注意

- 可以使用 "." 表示当前目录，".." 表示上一层目录。举例来说，假设 Visio 执行文件的绝对路径为 C:\Program Files\Microsoft Office\Visio\Visio.exe，而当前目录为 C:\Program Files\Microsoft Office\Office，若以相对路径表示文件 Visio.exe，必须写成 ..\Visio\Visio.exe。
- 假设当前目录为 C:\Program Files\Windows\Games，若要以相对路径表示文件 Visio.exe，必须写成 ..\..\Microsoft Office\Visio\Visio.exe；假设当前目录为 C:\Program Files\Microsoft Office，若以相对路径表示文件 Visio.exe，必须写成 .\Visio\Visio.exe 或 \Visio\Visio.exe。

8.2 写 入 文 件

我们在 Python 程序中使用的数据会随着程序执行完毕而消失，若要长久保存下来，可以将数据写入文件。

8.2.1 创建文件对象

在 Python 程序中，无论是将数据写入文件，还是从文件读取数据，都必须通过中介的文件对象。可以使用 Python 内置的 open() 函数创建文件对象，其语法如下，当创建成功时，会返回文件对象，相反，当创建失败时，会发生错误。

open(*file*, *mode*)

> *file*：设置欲访问的文件，包含文件的路径及名称。
> *mode*：配置文件对象的访问模式，常用的模式如表 8-1 所示。

表 8-1　常用的模式

模　　式	说　　明
"r"	以读取模式打开文件，文件指针指向文件开头，若文件不存在，就会发生错误，此为默认值
"w"	以写入模式打开文件并先清除原文件内容，文件指针指向文件开头，若文件不存在，就会创建文件
"a"	以写入模式打开文件，文件指针指向文件尾，写入的数据会附加到原文件内容的后面，若文件不存在，就会创建文件

模 式	说 明
"r+"	以读/写模式打开文件，文件指针指向文件开头，写入的数据会覆盖原文件内容，若文件不存在，就会发生错误
"w+"	以读/写模式打开文件并先清除原文件内容，文件指针指向文件开头，若文件不存在，就会创建文件
"a+"	以读/写模式打开文件，文件指针指向文件尾，写入的数据会附加到原文件内容的后面，若文件不存在，就会创建文件

例如，下面的语句是以读取模式打开 E:\temp\test.txt 文件，然后将返回的文件对象赋值给变量 fileObject，方便之后进行调用，注意要使用转义字符 \\ 表示 \。

```
>>> fileObject = open("E:\\temp\\test.txt", "r")
```

这个语句也可写成如下形式，在绝对路径前面加 r，表示此字符串为原始字符串（raw string），就不必使用转义字符 \\ 表示 \。

```
>>> fileObject = open(r"E:\temp\test.txt ", "r")
```

此外，若以读取模式打开不存在的文件，就会发生错误。例如，下面的语句是以读取模式打开不存在的 E:\memo.txt 文件，就会发生 FileNotFoundError 错误，表示没有这个文件或目录。

```
>>> fileObject = open("E:\\memo.txt", "r")
Traceback (most recent call last):
  File "<pyshell#5>", line 1, in <module>
    fileObject = open("E:\\memo.txt", "r")
FileNotFoundError: [Errno 2] No such file or directory: 'E:\\memo.txt'
```

不过，若以写入模式打开不存在的文件，就会创建文件，而不会发生错误。例如，下面的语句是以写入模式打开不存在的 E:\memo.txt 文件，就会创建文件，然后将返回的文件对象赋值给变量 fileObject。

```
>>> fileObject = open("E:\\memo.txt", "w")
```

 备注

文件指针（file pointer）是一个特殊的标记，用来指向目前读取或写入哪个位置，在将数据写入文件或从文件读取数据时，文件指针就会向前移动。

8.2.2 将数据写入文件

将数据写入文件的步骤如下。

（1）打开文件。使用 open() 函数创建文件对象。

（2）写入文件。使用文件对象提供的 write(*s*) 方法将参数 *s* 指定的字符串写入文件，这个方法会返回写入的文字个数。

（3）关闭文件。使用文件对象提供的 close() 方法关闭文件。

下面是一个例子：

```
01   >>> fileObject = open("E:\\poem.txt", "w")          # 打开文件
02   >>> fileObject.write("登金陵凤凰台")                # 写入文件
03   6
04   >>> fileObject.close()                             # 关闭文件
05   >>>
```

➤ 01：使用 "w" 模式打开 E:\poem.txt 文件，由于文件不存在，所以会创建文件，然后将文件对象赋值给变量 fileObject，此时文件指针指向文件开头。此例的磁盘路径为 E:\，请依照实际情况设置。

➤ 02、03：使用文件对象提供的 write() 方法将数据写入文件，第 03 行显示的 6 是写入的文字个数，此时文件指针指向数据结尾。

➤ 04：使用文件对象提供的 close() 方法关闭文件。

可以在 Windows 资源管理器中找到这个文件，然后打开看看，内容如图 8-2 所示。

图 8-2

随堂练习

编写一个 Python 程序，在 E:\poem.txt 文件中写入如图 8-3 所示的唐诗，同时要保留原文件内容。此练习的磁盘路径为 E:\，请用户依照实际情况设置。

图 8-3

【解答】

\Ch08\file1.py

```
# 使用 "a" 模式打开文件，以将数据附加到原文件内容的后面
fileObject = open("E:\\poem.txt", "a")

# 写入文件，\n 字符表示换行
fileObject.write("\n 凤凰台上凤凰游，凤去台空江自流。")
fileObject.write("\n 吴宫花草埋幽径，晋代衣冠成古丘。")
fileObject.write("\n 三山半落青天外，二水中分白鹭洲。")
fileObject.write("\n 总为浮云能蔽日，长安不见使人愁。")

# 关闭文件
fileObject.close()
```

请注意，由于写入文件是从文件指针处开始写入，所以要选择适合的访问模式，如果想从文件开头写入文件并覆盖原文件内容，可以使用 "r+" 模式；如果想从文件开头写入文件并先清除原文件内容，可以使用 "w" 或 "w+" 模式；如果想从文件尾写入文件并附加到原文件内容的后面，可以使用 "a" 或 "a+" 模式。

8.3 读 取 文 件

从文件中读取数据的步骤如下。

（1）打开文件：使用 open() 函数创建文件对象。

（2）读取文件：使用文件对象提供的 read()、readline() 或 readlines() 方法读取数据。

（3）关闭文件：使用文件对象提供的 close() 方法关闭文件。

8.3.1 使用 read() 方法从文件中读取数据

打开文件后，可以使用文件对象提供的 read() 方法读取数据，其语法如下，它会从文件指针处读取参数 *n* 所指定个数的文字，然后返回该字符串，若参数 *n* 省略不写，就以字符串的形式返回文件的所有数据。

read([*n*])

下面是一个例子，它先使用 "r" 模式打开文件，此时文件指针指向文件开头；接着，从文件指针处读取所有数据并赋值给变量 content，此时文件指针指向文件尾；最后，输出变量

content，再关闭文件。

```
>>> fileObject = open("E:\\poem.txt", "r")        # 打开文件
>>> content = fileObject.read()                   # 读取文件
>>> print(content)                                # 输出读取的数据
登金陵凤凰台
凤凰台上凤凰游，凤去台空江自流。
吴宫花草埋幽径，晋代衣冠成古丘。
三山半落青天外，二水中分白鹭洲。
总为浮云能蔽日，长安不见使人愁。
>>> fileObject.close()                            # 关闭文件
>>>
```

read() 方法也可用来指定要读取几个文字，下面是一个例子，文件指针一开始指向文件开头，读取 6 个文字后，会跟着往前移动，指向"登金陵凤凰台"的后面，接着在读取 8 个文字后，又跟着往前移动，指向"\n 凤凰台上凤凰游"的后面。

```
>>> fileObject = open("E:\\poem.txt", "r")        # 打开文件
>>> str1 = fileObject.read(6)                     # 从文件指针处读取 6 个文字
>>> print(str1)                                   # 输出刚才读取的文字
登金陵凤凰台
>>> str2 = fileObject.read(8)                     # 从文件指针处读取 8 个文字
>>> print(str2)                                   # 输出刚才读取的文字

凤凰台上凤凰游
>>> fileObject.close()                            # 关闭文件
```

移动文件指针

文件指针会指向目前读取或写入哪个位置，若要自行移动，可以使用 seek(*offset*) 方法，将文件指针移到第 *offset* + 1 个字节，例如 seek(0) 将文件指针移到第 1 个字节，即文件开头，下面是一个例子。

```
>>> fileObject = open("E:\\poem.txt", "r")        # 打开文件
>>> fileObject.seek(4)                            # 将文件指针移到第 5 个字节
4
>>> fileObject.read(1)                            # 读取 1 个文字，得到 '陵'
'陵'
>>> fileObject.seek(0)                            # 将文件指针移到第 1 个字节
0
>>> fileObject.read(1)                            # 读取 1 个文字，得到 '登'
'登'
>>> fileObject.close()                            # 关闭文件
```

随堂练习

[文件中单词的出现次数] 假设PPAP.txt文件内容如图8-4所示，请编写一个Python程序，计算文件中每个单词的出现次数，英文字母没有大小写之分。图 8-5 所示的执行结果供参考。

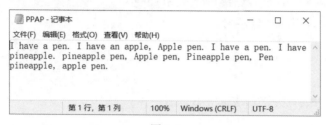

图 8-4

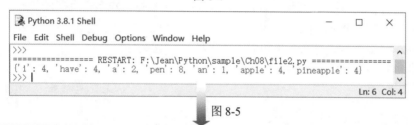

图 8-5

{'i': 4, 'have': 4, 'a': 2, 'pen': 8, 'an': 1, 'apple': 4, 'pineapple': 4}

【解答】

这个随堂练习和第 6 章的随堂练习 <Ch06\dict1.py> 几乎相同，差别在于第 17～20 行，变量 song 的内容不是直接写在程序里，而是从 PPAP.txt 文件读取所有数据，然后赋值给变量 song，至于其他细节，就不再重复解说。

\Ch08\file2.py

```
01   # 这个函数用来将字符串中的特殊字符用空格取代
02   def replaceSymbols(string):
03       for char in string:
04           if char in "~!@#$%^&()[]{},+-*|/?<>';:\"":
05               string = string.replace(char, ' ')
06       return string
07
08   # 这个函数用来计算字符串中每个单词的出现次数
09   def counts(string):
10       wordlist = string.split()              # 根据空格将字符串中每个单词分隔成列表
```

```
11      for  word  in  wordlist:              # 使用 for 循环计算列表中每个单词的出现次数
12          if  word  in  result:
13              result[word]  =  result[word]  +  1
14          else:
15              result[word]  =  1
16
17  # 从文件中读取所有数据，然后赋值给变量 song
18  fileObject  =  open("PPAP.txt",  "r")
19  song  =  fileObject.read()
20  fileObject.close()
21
22  # 这个空字典用来存放每个单词的出现次数
23  result  =  {}
24  # 将歌词转换成小写，然后调用 replaceSymbols() 函数将特殊字符用空格取代
25  tmp  =  replaceSymbols(song.lower())
26  # 调用 counts() 函数计算每个单词的出现次数
27  counts(tmp)
28  # 输出结果
29  print(result)
```

8.3.2 使用 readline() 方法从文件中读取数据

除了 read() 方法外，也可以使用文件对象提供的 readline() 方法从文件中读取一行数据，然后返回该字符串，若返回空字符串，则表示抵达文件尾。

下面是一个例子，它会从 poem.txt 文件中读取所有行，然后输出。这个程序的关键在于第 03～06 行，第 03 行先读取一行，接着进入 while 循环，当读取的行不等于空字符串时，就输出，然后读取下一行，再回到 while 循环的开头，如此周而复始，直到读取的行等于空字符串，表示抵达文件尾，就跳出循环，执行第 08 行关闭文件，执行结果如图 8-6 所示。

\Ch08\readline1.py

```
01  fileObject  =  open("poem.txt",  "r")          # 打开文件
02
03  line  =  fileObject.readline()                # 读取一行
04  while  line  !=  '':                          # 检查是否抵达文件尾
05      print(line)                              # 输出此行
06      line  =  fileObject.readline()            # 读取下一行
07
```

```
08  fileObject.close()                              # 关闭文件
```

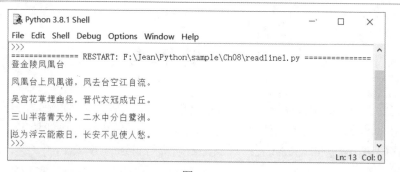

图 8-6

可以使用 for 循环将前面的例子改写成如下形式，执行结果是相同的。

```
fileObject = open("poem.txt", "r")                 # 打开文件
for line in fileObject:                            # 使用 for 循环输出每一行
    print(line)
fileObject.close()                                 # 关闭文件
```

8.3.3 使用 readlines() 方法从文件中读取数据

文件对象还提供了 readlines() 方法，可以从文件中读取所有行，然后以列表的形式返回所有行。例如：

```
>>> fileObject = open("poem.txt", "r")             # 打开文件
>>> content = fileObject.readlines()               # 读取所有行
>>> print(content)                                 # 输出变量 content，此为列表
['登金陵凤凰台\n', '凤凰台上凤凰游，凤去台空江自流。\n', '吴宫花草埋幽径，晋代衣冠成古
丘。\n', '三山半落青天外，二水中分白鹭洲。\n', '总为浮云能蔽日，长安不见使人愁。']
>>> for line in content:                           # 输出变量 content 的元素
        print(line)


登金陵凤凰台

凤凰台上凤凰游，凤去台空江自流。

吴宫花草埋幽径，晋代衣冠成古丘。

三山半落青天外，二水中分白鹭洲。

总为浮云能蔽日，长安不见使人愁。
```

```
>>> fileObject.close()                                          # 关闭文件
>>>
```

8.4 with 语句

结束读写文件后，必须调用 close() 方法关闭文件，否则文件会被锁定，若怕遗漏这个步骤，可以使用 with 语句将读写文件的动作包装在一个代码块内，其语法如下，一旦程序执行的动作离开代码块，就会自动关闭文件对象，无须调用 close() 方法。

with open(*file, mode*) **as** *文件对象名称*：
  ...   # 读写文件的动作

下面是一个例子，一旦离开 with 代码块，文件对象就会被自动关闭，因此，代码块外的 fileObject.read() 语句将会发生 ValueError: I/O operation on closed file. 错误，表示对已经关闭的文件进行读写。

```
>>> with open("poem.txt", "r") as fileObject:
        content = fileObject.read()
        print(content)


登金陵凤凰台
凤凰台上凤凰游，凤去台空江自流。
吴宫花草埋幽径，晋代衣冠成古丘。
三山半落青天外，二水中分白鹭洲。
总为浮云能蔽日，长安不见使人愁。
>>> fileObject.read()
Traceback (most recent call last):
  File "<pyshell#34>", line 1, in <module>
    fileObject.read()
ValueError: I/O operation on closed file.
>>>
```

8.5 管理文件与目录

在前几节中，我们示范了如何写入及读取文件，接下来介绍如何管理文件与目录，包括检查文件或目录是否存在、检查路径是否为文件或目录、获取文件的完整路径、获取文件的大小、删除文件、创建目录、删除目录、复制文件或目录、移动文件或目录、获取符合条件的文件名称等动作。

8.5.1 检查文件或目录是否存在

可以使用 os.path 模块提供的 exists(*path*) 函数检查参数 *path* 指定的文件或目录是否存在，若是，就返回 True；否则返回 False。例如：

```
>>> os.path.exists("C:\\")          # 检查 C:\ 是否存在，返回 True 表示存在
True
>>> os.path.exists("C:\\f1.txt")    # 检查 C:\f1.txt 是否存在，返回 False 表示不存在
False
```

8.5.2 检查路径是否为文件或目录

可以使用 os.path 模块提供的 isfile(*path*)、isdir(*path*) 函数检查参数 *path* 指定的路径是否为文件或目录，若是，就返回 True；否则返回 False。例如：

```
>>> os.path.isdir("C:\\")           # 检查 C:\ 是否为目录，返回 True 表示是
True
>>> os.path.isfile("C:\\")          # 检查 C:\ 是否为文件，返回 False 表示否
False
>>> os.path.isdir("poem.txt")       # 检查 poem.txt 是否为目录，返回 False 表示否
False
>>> os.path.isfile("poem.txt")      # 检查 poem.txt 是否为文件，返回 True 表示是
True
```

8.2 节讲过，若以读取模式打开不存在的文件，就会发生错误，为了避免这种错误，在打开文件之前，可以使用 isfile() 函数检查是否为文件。例如，下面的语句会先检查 poem.txt 是否为文件，若是，就读取并输出文件的所有内容，否则输出"此文件不存在"。

```
import os.path
if os.path.isfile("poem.txt"):
    fileObject = open("poem.txt", "r")
    for line in fileObject:
        print(line)
    fileObject.close()
else:
    print("此文件不存在")
```

8.5.3 获取文件的完整路径

可以使用 os.path 模块提供的 abspath(*file*) 函数获取参数 *file* 指定文件的完整路径。例如：

```
>>> os.path.abspath("poem.txt")
'F:\\Jean\\Python\\Samples\\Ch08\\poem.txt'
```

8.5.4 获取文件的大小

可以使用 os.path 模块提供的 getsize(*file*) 函数获取参数 *file* 指定文件的大小（单位为字节）。例如：

```
>>> os.path.getsize("poem.txt")
148
```

随堂练习

[复制文件] 编写一个 Python 程序，要求用户输入来源文件名称和目标文件名称，然后将来源文件复制到目标文件中。图 8-7 所示的执行结果供参考。

图 8-7

【解答】

\Ch08\copyfile.py

```
import os.path                              # 导入 os.path 模块
import sys                                  # 导入 sys 模块
sourcefile = input("请输入来源文件名称 (*.txt)：")
targetfile = input("请输入目标文件名称 (*.txt)：")
if os.path.isfile(targetfile):             # 若目标文件已经存在，就取消复制并结束程序
    print("目标文件已经存在，取消复制文件！")
    sys.exit()
fileObject1 = open(sourcefile, "r")
fileObject2 = open(targetfile, "w")
content = fileObject1.read()                # 读取来源文件的所有内容
fileObject2.write(content)                  # 将所有内容写入目标文件中
```

```
fileObject1.close()
fileObject2.close()
print("文件复制完毕！")
```

8.5.5　删除文件

可以使用 os 模块提供的 remove(*file*) 函数删除参数 *file* 指定的文件，例如下面的语句会先检查 E:\poem.txt 文件是否存在，若是，就删除文件，否则输出"此文件不存在"。

```
import os
file = "E:\\poem.txt"
if os.path.exists(file):
    os.remove(file)
else:
    print("此文件不存在")
```

8.5.6　创建目录

可以使用 os 模块提供的 mkdir(*dir*) 函数创建参数 *dir* 指定的目录，例如下面的语句会先检查 E:\photo 目录是否不存在，若是，就创建目录，否则输出"此目录已经存在"。

```
import os
dir = "E:\\photo"
if not os.path.exists(dir):
    os.mkdir(dir)
else:
    print("此目录已经存在")
```

8.5.7　删除目录

可以使用 os 模块提供的 rmdir(*dir*) 函数删除参数 *dir* 指定的目录，例如，下面的语句会先检查 E:\photo 目录是否存在，若是，就删除目录，否则输出"此目录不存在"。

```
import os
dir = "E:\\photo"
if os.path.exists(dir):
    os.rmdir(dir)
else:
    print("此目录不存在")
```

8.5.8　复制文件

虽然我们在前面的随堂练习中示范过如何复制文件，但其实有更简便的方式，就是使用 shutil 模块提供的 copy(*src, dst*) 函数将参数 *src* 指定的文件复制到参数 *dst* 指定的文件或目录中，返回值是目标路径。例如：

```
>>> import shutil
>>> shutil.copy("poem.txt", "E:\\")              # 将 poem.txt 复制到 E:\poem.txt 中
'E:\\poem.txt'
>>> shutil.copy("poem.txt", "E:\\poem2.txt")     # 将 poem.txt 复制到 E:\poem2.txt 中
'E:\\poem2.txt'
```

8.5.9　复制目录

可以使用 shutil 模块提供的 copytree(*src, dst*) 函数将参数 *src* 指定的目录（包含所有子目录与文件）复制到参数 *dst* 指定的目录中，返回值是目标路径。例如。

```
>>> import shutil
>>> shutil.copytree("E:\\dir", "E:\\dir2")       # 将 E:\dir 复制到 E:\dir2 中
'E:\\dir2'
>>> shutil.copytree("E:\\dir", "E:\\dir3\\dir4")  # 将 E:\dir 复制到 E:\dir3\dir4 中
'E:\\dir3\\dir4'
```

8.5.10　移动文件或目录

可以使用 shutil 模块提供的 move(*src, dst*) 函数将参数 *src* 指定的文件或目录移动到参数 *dst* 指定的文件或目录中，返回值是目标路径。例如：

```
>>> import shutil
>>> shutil.move("E:\\f1.txt", "E:\\dir\\f2.txt")  # 将 E:\f1.txt 移到 E:\dir\f2.txt 中
'E:\\dir\\f2.txt'
>>> shutil.move("E:\\f1.txt", "E:\\dir\\f1.txt")  # 将 E:\f1.txt 移到 E:\dir\f1.txt 中
'E:\\dir\\f1.txt'
>>> shutil.move("E:\\dir", "E:\\dir2")            # 将 E:\dir 移到 E:\dir2 中
'E:\\dir2'
>>> shutil.move("E:\\dir", "E:\\dir3\\dir4")      # 将 E:\dir 移到 E:\dir3\dir4 中
'E:\\dir3\\dir4'
```

8.5.11　获取符合条件的文件名

可以使用 glob 模块提供的 glob(*path*) 函数在参数 *path* 指定的路径获取符合条件的文件名。

例如：

```
>>> import glob
>>> glob.glob("E:\\dir\\*.txt")                    # 在 E:\dir\中获取扩展名为 .txt 的文件名
['E:\\dir\\a1.txt', 'E:\\dir\\a2.txt', 'E:\\dir\\b1.txt', 'E:\\dir\\f1.txt', 'E:\\dir\\f2.txt',
'E:\\dir\\f3.txt']
>>> glob.glob("E:\\dir\\a*")                        # 在 E:\dir\中获取以 a 开头的文件名
['E:\\dir\\a1.txt', 'E:\\dir\\a2.txt']
>>> glob.glob("E:\\dir\\[a-c]*")                    # 在 E:\dir\中获取以 a-c 开头的文件名
['E:\\dir\\a1.txt', 'E:\\dir\\a2.txt', 'E:\\dir\\b1.txt']
```

请注意，星号 (*) 为通配符，表示任意零个以上的字符，[]表示在字符范围中的任一字符，例如 [a-c] 表示字符 a、b、c。

学习检测

一、选择题

1. 下列哪种访问模式无法将数据写入文件？（　　）
   A. r　　　　　　　　B. r+　　　　　　　　C. w　　　　　　　　D. a+

2. 下列哪种访问模式会将写入的数据附加到原文件内容的后面？（　　）
   A. w+　　　　　　　B. w　　　　　　　　C. a　　　　　　　　D. r+

3. 下列哪个方法可以从文件中一次读取一行文件？（　　）
   A. write()　　　　　B. read()　　　　　　C. readline()　　　　D. seek()

4. 下列哪个方法可以移动文件指针？（　　）
   A. write()　　　　　B. read()　　　　　　C. readline()　　　　D. seek()

5. 下列哪个方法可以检查文件或目录是否存在？（　　）
   A. shutil.move()　　B. os.path.exists()　　C. glob.glob()　　　D. shutil.copytree()

6. 下列哪个方法可以获取符合条件的文件名？（　　）
   A. shutil.move()　　B. os.path.exists()　　C. glob.glob()　　　D. shutil.copytree()

二、练习题

1. [复制文件] 编写一个 Python 程序，将 sample1.txt 文件复制到另一个新的 sample2.txt 文件，可以在本书范例程序的 \Samples\Ch08 文件夹中找到 sample1.txt 文件，其内容如图 8-8 所示，执行效果如图 8-9 所示。

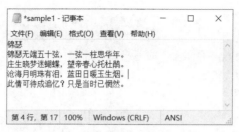

图 8-8

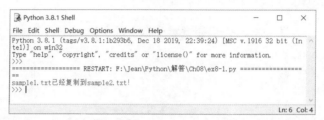

图 8-9

2. [文件的行数与字数] 编写一个 Python 程序，计算 sample1.txt 文件里的行数和字数。图 8-10 所示的执行结果供参考，这个结果是换行字符计算在内。

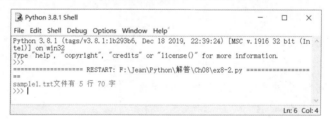

图 8-10

第 9 章

异常处理

9.1 认 识 异 常

从第 1 章的 print("Hello, World!") 语句开始到现在，相信您已经写了许多 Python 程序，期间也一定看过不少错误信息，面对突如其来的错误信息，虽然会让人吓一跳，但也正因为有这些错误信息，我们才能知道程序哪里出了问题，所以本章将介绍 Python 程序可能会出现的一些错误，以及如何处理这些错误。

1. 错误的类型

1.5 节介绍过常见的程序设计错误有下列 3 种类型。

➢ **语法错误**（syntax error）。

➢ **执行期间错误**（runtime error）。

➢ **逻辑错误**（logic error）。

当 Python 程序发生错误时，系统会抛出一个异常（exception），例如下面的 if x > y 语句遗漏了表达式后面的冒号，于是系统会抛出一个 SyntaxError 异常，并显示 SyntaxError: invalid syntax 错误信息，表示无效的语法，如图 9-1 所示。

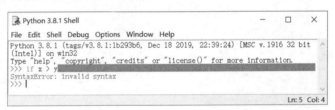

图 9-1

而下面的语句不小心将 print 拼错，写成 prin("Hello, World!")，于是系统会抛出一个 NameError 异常，并显示 NameError: name 'prin' is not defined 错误信息，表示名称 'prin' 尚未定义，如图 9-2 所示。

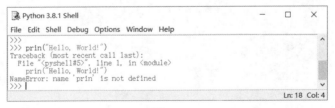

图 9-2

第 1 个例子属于语法错误，第 2 个例子属于执行期间错误，这点由第 1 行错误信息 Traceback (most recent call last): 可以看出，Traceback 是指此错误信息是追溯到函数调用发生的，而第 2 行错误信息 File "<pyshell#10>", line 1, in <module> 则是指出发生错误的是第 1 行语句。

2. 异常的类型

系统会根据不同的错误抛出不同的异常，下面是一些例子，由于类型太多，无法一一列举，当遇到有疑问的异常时，可以查阅 Python 说明文件。

➢ ImportError：导入指令执行失败，可能是模块路径或名称错误。

➢ IndexError：索引运算符的范围错误。

➢ MemoryError：内存不足。

➢ NameError：名称尚未定义。

➢ OverflowError：溢位（算术运算的结果太大，超过能够表示的范围）。

➢ RuntimeError：执行期间错误。

➢ SyntaxError：语法错误。

➢ IndentationError：缩排错误。

➢ SystemError：解释器发生内部错误。

➢ TypeError：将运算或函数套用到类型错误的对象。

➢ ValueError：内置运算或函数接收到类型正确但值错误的参数。

➢ ZeroDivisionError：除数为 0 的除法运算。

➢ ConnectionError、ConnectionAbortedError、ConnectionRefusedError、ConnectionResetError：联机错误、联机失败、联机被拒、联机重设。

➢ FileExistsError：企图建立已经存在的文件或目录。

➢ FileNotFoundError：要求的文件或目录不存在。

➢ TimeoutError：系统函数逾时。

3. 异常的处理

对 Python 程序来说，异常是经常会碰到的情况，若置之不理，程序将无法继续执行。举例来说，假设有一个 Python 程序要求用户输入文本文件的路径与文件名，然后打开该文件并读取，程序本身的语法完全正确，问题在于用户可能输入错误的路径与文件名，导致系统抛出 FileNotFoundError 异常而终止程序。

这样的结果通常不是我们乐见的，比较好的异常处理方式是一旦打开文件失败，就捕捉系统抛出的异常，然后要求用户重新输入路径与文件名，让程序能够继续执行。至于如何捕捉异常，可以使用 9.2 节介绍的 try…except 语句。

9.2 try…except

可以使用 try…except 语句处理异常。其语法如下：

```
try:
```

```
    try_statements
except [exceptionType [as identifier]]:
    except_statements
[else:
    else_statements]
[finally:
    finally_statements]
```

> try 子句：try…except 必须放在可能发生异常的语句周围，而 *try_statements* 就是可能发生异常的语句。

> except 子句：用来捕捉指定的异常，一旦捕捉到，就执行对应的 *except_statements*，这是一些用来处理异常的语句。若要针对不同的异常做不同的处理，可以使用多个 except 子句，其中 *exceptionType* 是想要捕捉的异常类型，若省略不写，则表示为预设类型 BaseException，所有异常都继承自该类型。

此外，也可将捕捉到的异常保存到变量 *identifier*，然后通过该变量获取异常的相关信息。

> else 子句：当 *try_statements* 没有发生异常时，会跳过 except 子句，然后执行 *else_statements*。else 子句为选择性语句，可以指定或省略。

> finally 子句：当要离开 try…except 时（无论有没有发生异常），就执行 *finally_statements*，这可能是一些用来清除错误或收尾的语句。finally 子句为选择性语句，可以指定或省略。

下面是一个例子，它要求用户输入被除数 X 和除数 Y，然后令 Z 等于 X 除以 Y，再输出 Z 的值。

\Ch09\except1.py

```
X = eval(input("请输入被除数 X："))
Y = eval(input("请输入除数 Y："))
Z = X / Y
print("X 除以 Y 的结果等于", Z)
```

图 9-3 所示为针对不同的输入产生的执行结果。

> 若用户输入的被除数 X 为 100、除数 Y 为 10，程序会输出 "X 除以 Y 的结果等于 10.0"。

> 若用户输入的被除数 X 为 100、除数 Y 为 0，系统会抛出 ZeroDivisionError 异常并终止程序。

> 若用户输入的被除数 X 为 100、除数 Y 为 a，系统会抛出 NameError 异常并终止程序。

> 若用户输入的被除数 X 为 100、除数 Y 为 1，系统会抛出 TypeError 异常并终止程序。

> 可以使用 try…except 将前面的例子改写成如下形式，要求捕捉 ZeroDivisionError（除数为 0 的除法运算）和其他异常，然后针对不同的异常进行不同的处理，这样就不会像前面的例子一样出现一长串红色的错误信息。

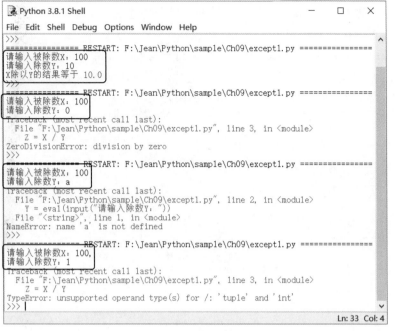

图 9-3

\Ch09\except2.py

```
01  try:
02        X = eval(input("请输入被除数 X: "))
03        Y = eval(input("请输入除数 Y: "))
04        Z = X / Y
05  except ZeroDivisionError:
06        print("除数不得为 0")
07  except Exception as e1:
08        print(e1.args)
09  else:
10        print("没有捕捉到异常! X 除以 Y 的结果等于", Z)
11  finally:
12        print("离开 try...except 代码块")
```

> 01 ~ 04: try 子句必须放在可能发生异常的语句前面，以标示结构化异常处理的开头。

> 05、06: 第 05 行的 except 子句用来捕捉 ZeroDivisionError 异常，一旦捕捉到此异常，就执行第 06 行，输出"除数不得为 0"。

> 07、08: 第 07 行的 except 子句用来捕捉其他异常，一旦捕捉到其他异常，就执行第 08 行，通过变量 e1 的 args 属性取得异常的相关信息并输出。

> 09、10：当第 02～04 行没有发生异常时，会跳过 except 子句，然后执行 else 子句，输出没有捕捉到异常和 *X* 除以 *Y* 的结果。

> 11、12：当要离开 try…except 时（无论有没有发生异常），会执行 finally 子句，输出"离开 try…except 代码块"。

图 9-4 所示为针对不同的输入产生的执行结果。

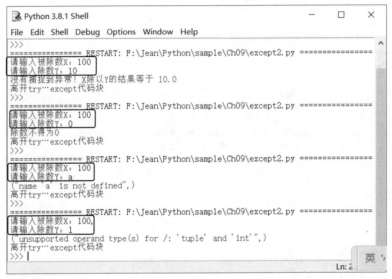

图 9-4

1. 自行抛出异常

除了系统抛出的异常外，也可以通过 raise 语句自行抛出指定的异常，例如下面的语句会抛出一个 NameError 异常，相关信息为 "HiThere"。

```
>>> raise NameError("HiThere")
Traceback (most recent call last):
  File "<pyshell#3>", line 1, in <module>
    raise NameError("HiThere")
NameError: HiThere
```

同时，可以使用 try…except 捕捉 raise 语句抛出的异常。例如：

```
>>> try:
    raise NameError("HiThere")
except NameError:
    print("捕捉到 NameError")


捕捉到 NameError
>>>
```

2. 异常处理的时机

最后讨论哪些情况需要进行异常处理，最常见的情况是程序需要与外部交换数据的时候，如存取文件、通过网络联机执行某些动作、打开数据库等，此时程序本身的语法完全正确，但可能因为外部出了问题，如文件或数据库错误、网络联机中断等，导致系统抛出异常而终止程序。为了不突然中断程序，就可以加入异常处理，排除障碍或显示相关信息提醒用户。

随堂练习

[读取文件] 编写一个 Python 程序，要求用户输入文件名，然后读取并输出文件内容，此例为 poem.txt，若文件不存在，就要求重新输入，直到输入正确的文件名为止。图 9-5 所示的执行结果供参考。

图 9-5

【解答】

\Ch09\except3.py

```python
while  True:
    try:
        fileName = input("请输入文件名: ")     # 读取文件名
        fileObject = open(fileName, "r")       # 打开文件
        break                                   # 若没有 FileNotFoundError 异常，就跳出
    except FileNotFoundError:
        print("文件不存在！")

content = fileObject.read()                     # 读取文件
print(content)                                  # 输出内容
fileObject.close()                              # 关闭文件
```

学习检测

一、选择题

1. 当算术运算的结果太大，超过范围时，系统会抛出下列哪种异常？（　　　）
   A. IndexError　　　　B. SystemError　　　　C. OverflowError　　　D. TypeError

2. 当索引运算符的范围错误时，系统会抛出下列哪种异常？（　　　）
   A. IndexError　　　　B. SystemError　　　　C. OverflowError　　　D. TypeError

3. try…except 语句的哪个子句可以用来指定清除错误或收尾的语句？（　　　）
   A. try　　　　　　　B. except　　　　　　C. else　　　　　　　D. finally

4. try…except 语句的哪个子句可以用来捕捉指定的异常对象？（　　　）
   A. try　　　　　　　B. except　　　　　　C. else　　　　　　　D. finally

5. 可以通过异常对象的哪个属性获取异常的相关信息？（　　　）
   A. text　　　　　　　B. content　　　　　　C. msg　　　　　　　D. args

二、简答题

1. 常见的程序设计错误有哪 3 种类型？

2. 编写一个语句，抛出一个 IOError 异常，相关信息为 "File not found."。

3. 简单说明异常处理的时机。

09

第 10 章

面向对象

10.1 认识面向对象

面向对象（Object Oriented，OO）是软件开发过程中极具影响性的突破，越来越多的程序语言强调其面向对象的特性，Python 也不例外。

面向对象的优点是对象可以在不同的应用程序中被重复使用，Windows 本身就是一个面向对象的例子，在 Windows 操作系统中看到的东西，包括窗口、按钮、对话框、菜单、滚动条、窗体、控件、数据库等，均属于对象，可以将这些对象放进自己编写的程序，然后根据实际情况变更对象的属性（如标题栏的文字、按钮的大小、对话框的类型等），而不必再为这些对象编写冗长的程序代码。

下面是几个常见的名词。

➤ **对象**（object）**或实体**（instance）就像在生活中看到的各种物体，如房子、计算机、手机、冰箱、汽车、电视机等，而对象可能又是由许多子对象组成，例如，计算机是一个对象，而计算机又由硬盘、CPU、主板等子对象组成；又如，Windows 操作系统中的窗口是一个对象，而窗口由标题栏、菜单栏、工具栏等子对象组成。在 Python 中，对象是数据与程序代码的组合，它可以是整个应用程序或应用程序的一部分。

➤ **属性**（attribute）**或成员变量**（member variable）用来描述对象的特质，例如，计算机是一个对象，而计算机的 CPU 等级、制造厂商等用来描述计算机的特质就是这个对象的属性；又如，Windows 操作系统中的窗口是一个对象，而它的大小、位置等用来描述窗口的特质就是这个对象的属性。

➤ **方法**（method）**或成员函数**（member function）是用来定义对象的动作，例如，计算机是一个对象，而开机、关机、执行应用程序等动作就是这个对象的方法，如图 10-1 所示。

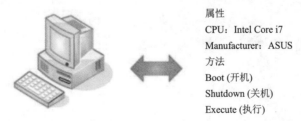

属性
CPU：Intel Core i7
Manufacturer：ASUS
方法
Boot (开机)
Shutdown (关机)
Execute (执行)

图 10-1

➤ **类**（class）是对象的分类，就像对象的蓝图或样板。隶属于相同类的对象具有相同的属性与方法，但属性的值不一定相同。假设"汽车"是一个类，它有"品牌""颜色""型号"等属性，以及"开门""关门""发动"等方法，那么一部白色 BMW 520

汽车就是隶属于"汽车"类的一个对象，其"品牌"属性的值为 BMW，"颜色"属性的值为白色，"型号"属性的值为 520，而且除了这些属性外，它还有"开门""关门""发动"等方法，其他车种（如 BENZ、TOYOTA）则为汽车类的其他对象，如图 10-2 所示。

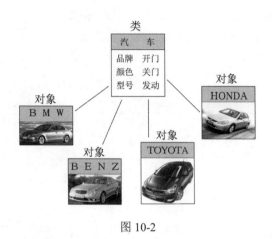

图 10-2

面向对象程序设计（Object Oriented Programming，OOP）主要有下列 3 个特点。

➢ **封装**（encapsulation）。传统的程序性程序设计（procedural programming）是将数据与用来处理数据的函数分开定义，注重于函数的设计，而面向对象程序设计则是将数据与用来处理数据的函数放在一起成为一个类，称为"封装"，注重于对象与对象之间的操作。

此外，类内部的数据或函数可以设置访问层级（access level），例如设置为私有属性或私有方法，限制只有类内部的语句能够访问，这样就能将一些需要保护的数据或函数隐藏起来，避免被类外部的语句或其他程序误改或刻意窜改。

➢ **继承**（inheritance）。继承是指从既有的类中定义出新的类，这个既有的类叫作父类（parent class），而这个新的类叫作子类（child class、subclass）。

子类继承了父类的非私有成员，同时可以加入新的成员或覆盖（override）继承自父类的方法，也就是将继承自父类的方法重新定义，而且不会影响父类的方法。

继承的优点是提高软件的重复使用性，父类的程序代码只要编写与侦错一次，就可以在其子类重复使用，不仅节省了时间与开发成本，也提高了程序的可靠性，有助于原始问题的概念化。

举例来说，假设要各自定义一个类，表示猫、狗、羊等动物，由于它们具有一些共同的特质与动作，如四只脚、会走路、会叫，为了不重复定义，可以先定义一个具有一般性的 Animal 类作为父类，里面有它们共同的特质与动作，接着从 Animal 类定义具有特殊性的 Cat、Dog、Sheep 等子类，然后在子类内加入猫、狗、羊独有的特质与动作，如猫会玩毛线球、狗会看家、羊会吃草等。

> **多态**（polymorphism）。多态是指当不同的对象收到相同的信息时，会以各自的方法进行处理。举例来说，假设飞机是一个父类，它有起飞与降落两个方法，另外有热气球、直升机和喷射机 3 个子类，这 3 个子类继承了父类的起飞与降落两个方法，不过，由于热气球、直升机和喷射机的起飞方式与降落方式不同，因此，必须在子类内覆盖（override）这两个方法，届时只要对象收到起飞或降落的信息，就会根据对象所属的子类调用对应的方法进行处理，如图 10-3 所示。

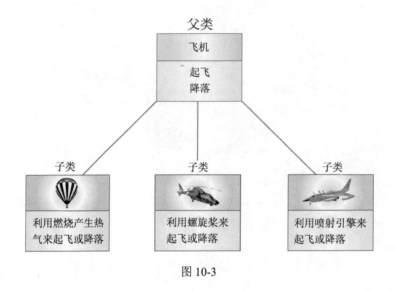

图 10-3

☕ **备注**

面向过程程序设计（procedural programming）属于比较传统的程序设计方式，整个程序由一连串语句组成，只要逐步执行这些语句，就能得到结果，典型的面向过程程序语言有 Fortran、ALGOL、Basic、COBOL、Pascal、C、Ada 等。

10.2　使用类与对象

我们在第 3 章提过，Python 中的所有数据都是对象（object），所以数值是对象，字符串也是对象，而对象的类型定义于类（class），如整数的类型是 int 类，浮点数的类型是 float 类，字符串的类型是 str 类。

类就像对象的蓝图或样板，里面定义了对象的数据，以及用来操作对象的函数，前者称为属性（attribute），后者称为方法（method）。对象是类的实例（instance），我们可以根据相同的类创建多个对象，这个创建对象的动作称为实例化（instantiation），就像工厂可以根据相同的蓝图制造多个产品一样，如图 10-4 所示。

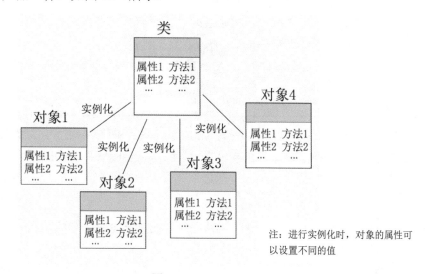

图 10-4

Python 中的对象都有编号（id）、类型（type）与值（value），我们可以通过下列函数获取这些信息。

> id(*x*)：获取参数 *x* 参照对象的 id 编号。
> type(*x*)：获取参数 *x* 参照对象的类型。
> print(*x*)：输出参数 *x* 参照对象的值。

10.2.1 定义类

可以使用 class 关键字定义类，其语法如下，类的名称后面要加上冒号。

```
class ClassName:
    statements
```

> class：这个关键字用来表示要定义类。
> *ClassName*：这是类的名称，命名规则与变量相同。
> *statements*：这是类的主体，用来定义变量或函数，类内的变量称为属性，而类内的函数称为方法。

例如，下面的语句是定义一个名称为 Circle 的类，用来表示圆形。

```
01  class Circle:
02      PI = 3.14
03      radius = 1
04
05      def getArea(self):
```

```
06        return self.PI * self.radius * self.radius
```

> 02：定义一个名称为 PI、初始值为 3.14 的属性，用来表示圆周率。
> 03：定义一个名称为 radius、初始值为 1 的属性，用来表示半径。
> 05、06：定义一个名称为 getArea 的方法，用来计算圆面积。

 注意

• Python 规定类内所有方法的第 1 个参数必须是 self，参照刚被建立的对象本身，如第 06 行的 self.PI、self.radius 就是对象的 PI 和 radius 属性，其中点运算符 (.) 用来访问对象的属性与方法。

备注

> 类内的语句必须以 class 关键字为基准向右缩进至少一个空格，同时缩进要对齐，表示这些语句是在 class 代码块内。

> 在类内定义方法和定义一般函数几乎相同，差别在于方法的第 1 个参数必须是参照对象本身的 self，也可以将这个参数指定为其他名称，但一般还是习惯使用 self。之所以要有 self 参数，原因是要让方法内的语句通过这个参数访问对象的属性，例如，若将第 06 行的 self.PI、self.radius 写成 PI、radius，将会发生 NameError 错误，名称 PI 和 radius 尚未定义。

> 虽然 Python 没有规定类、属性和方法的命名惯例，但我们建议类的名称以名词开头，前缀大写，如 Circle、LinkedList；属性的名称以名词开头，字中大写，如 radius、userName；方法的名称以动词开头，字中大写，如 showName、getArea。

10.2.2 创建对象

定义完类后，可以根据类创建对象，其语法如下，*ClassName* 是类的名称，*parameters* 是参数，第二种语法会在后面介绍。

ClassName() 或 *ClassName*([*parameters*])

例如，下面的语句是创建一个隶属于 Circle 类的对象并赋值给变量 C1，也就是令变量 C 参照一个 Circle 对象（图 10-5）。

```
C1 = Circle()
```

而下面的语句是令变量 C2 参照变量 C1 所参照的 Circle 对象，也就是两者参照相同的对象（图 10-6）。

```
C2 = C1
```

图 10-5

图 10-6

创建类的对象后，就可以使用点运算符 (.) 存取对象的属性与方法。例如，下面的语句是输出变量 C1 参照之对象的 radius 属性，也就是输出其值为 1。

```
print(C1.radius)
```

而下面的语句是将变量 C2 参照之对象的 radius 属性设置为 10，由于变量 C2 和变量 C1 参照相同的对象，所以 C1.radius 的值会变更为 10。

```
C2.radius = 10
```

下面的语句则是调用变量 C1 参照之对象的 getArea() 方法，也就是返回圆面积为 314.0 (3.14 * 10 * 10)。

```
C1.getArea()
```

请注意，虽然定义 getArea() 方法时指定第一个参数为 self，但在调用 getArea() 方法时并不需要加上这个参数，因为 Python 会自动传递这个参数，一旦调用时加上这个参数，就会发生 TypeError 错误。

可以将前面的讨论整合成下面的例子。

\Ch10\OOP1.py

```
01  class Circle:
02      PI = 3.14
03      radius = 1
04
05      def getArea(self):
06          return self.PI * self.radius * self.radius
07
08  C1 = Circle()                                           # 创建一个对象并赋值给 C1
09  print("半径为", C1.radius, "的圆面积为", C1.getArea())    # 输出 C1 的半径与圆面积
10
11  C2 = C1                                                  # 令 C2 参照 C1 所参照的对象
12  C2.radius = 10                                          # 将 C2 的半径设置为 10
13  print("半径为", C1.radius, "的圆面积为", C1.getArea())    # 输出 C1 的半径与圆面积
```

执行结果如图 10-7 所示，一开始变量 C1 所参照之对象的 radius 属性为 1，所以第 09 行

输出 C1 的半径与圆面积为 1 和 3.14；接着第 11 行令变量 C2 参照变量 C1 所参照的对象，第 12 行将变量 C2 所参照之对象的 radius 属性设置为 10，所以第 13 行输出 C1 的半径与圆面积变更为 10 和 314.0。

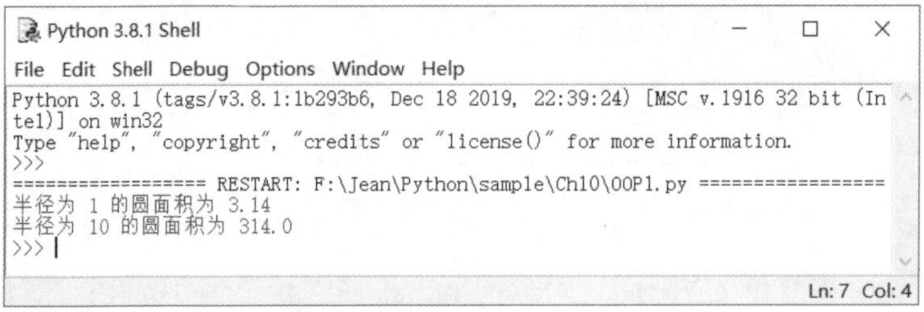

```
Python 3.8.1 Shell                                              —    □    ×

File  Edit  Shell  Debug  Options  Window  Help

Python 3.8.1 (tags/v3.8.1:1b293b6, Dec 18 2019, 22:39:24) [MSC v.1916 32 bit (In
tel)] on win32
Type "help", "copyright", "credits" or "license()" for more information.
>>>
================= RESTART: F:\Jean\Python\sample\Ch10\OOP1.py =================
半径为 1 的圆面积为 3.14
半径为 10 的圆面积为 314.0
>>> |
                                                                   Ln: 7  Col: 4
```

图 10-7

10.2.3　_ _init_ _() 方法

除了一般的属性和方法之外，Python 允许类提供一个名称为 _ _init_ _() 的特殊方法，在创建对象的时候，会自动调用这个方法将对象初始化。常见的初始化动作有设置数据的初始值、打开文件、创建数据库连接、创建网络联机等。

_ _init_ _ 的前后是两个底线，中间没有空格，init 取自 initialize（初始化）的开头。同样，_ _init_ _() 方法的第 1 个参数必须是 self，参照刚被创建的对象本身。

在 10.2.2 小节的例子 <Ch10\OOP1.py> 中，我们是先创建 Circle 对象，令半径统一为初始值 1，之后再将半径设置为想要的数值。事实上，比较理想的做法应该是在创建对象的时候，就将半径设置为想要的数值，此时可以利用 _ _init_ _() 方法达到将半径初始化的目的，下面是一个例子。

\Ch10\OOP2.py

```
01   class  Circle:
02         PI = 3.14
03
04         def _ _init_ _(self, r = 1):
05             self.radius = r
06
07         def getArea(self):
08             return self.PI * self.radius * self.radius
09
10   C1 = Circle()
11   print("半径为", C1.radius, "的圆面积为", C1.getArea())
12
13   C2 = Circle(10)
```

14　print("半径为", C2.radius, "的圆面积为", C2.getArea())

> 04、05：定义 _ _init_ _() 方法，用来将对象的 radius 属性设置为参数 r 指定的值，此
  例的参数 r 是一个选择性参数，默认值为 1。<u>注意，　 _init_ _() 方法会在创建对象的
  时候自动执行，不需要加以调用。</u>

此外，当类内有 _ _init_ _() 方法的定义时，可以使用如下语法创建对象，*ClassName* 是类
的名称，*parameters* 是要传递给 _ _init_ _() 方法的参数，不过，Python 会自动传递参数 self，
所以 *parameters* 不包括参数 self。

ClassName([*parameters*])

> 10：通过 Circle() 语句创建一个 Circle 对象并赋值给变量 C1，由于没有指定参数 r 的
  值，所以该对象的 radius 属性为默认值 1。
> 11：输出变量 C1 参照之对象的半径与圆面积，分别是 1 和 3.14。
> 13：通过 Circle(10) 语句创建一个 Circle 对象并赋值给变量 C2，由于有指定参数 r 的
  值为 10，所以该对象的 radius 属性为 10。
> 14：输出变量 C2 参照之对象的半径与圆面积，分别是 10 和 314.0。

执行结果如图 10-8 所示。

图 10-8

10.2.4　匿名对象

通常先创建对象，然后将对象赋值给变量，再通过这个变量存取对象，但其实 Python 允
许我们在没有将对象赋值给变量的情况下访问对象，称为匿名对象（anonymous object）。

下面是一个例子，可以将它和 10.2.3 小节的例子进行比较，两者的执行结果相同，差别
在于这个例子是直接访问对象，没有将对象赋值给变量。

\Ch10\OOP3.py

```python
class  Circle:
    PI = 3.14

    def _ _init_ _(self, r = 1):
        self.radius = r

    def  getArea(self):
```

```
                    return self.PI * self.radius * self.radius
```

print("半径为", **Circle().radius**, "的圆面积为", **Circle().getArea()**)
print("半径为", **Circle(10).radius**, "的圆面积为", **Circle(10).getArea()**)

执行结果如图 10-9 所示。

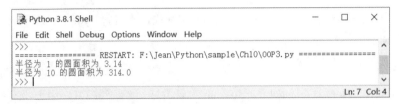

图 10-9

10.2.5　私有成员（私有属性与私有方法）

在前几节的例子中，类外部的语句都能直接访问类内部的数据，然而，在实际操作时这种设计并不妥当，因为有些数据（例如成绩或薪资）不应该允许任何语句都能直接访问，因为这可能导致数据被误改或刻意窜改。

此时，我们可以将这些数据设置为私有属性（private attribute），限制只有类内部的语句能够访问，若类外部的语句想要访问，必须通过类提供的方法，如此一来，就可以限制这些数据的访问方式，例如只能读取不能写入或限制数据的有效范围，如成绩必须是 0~100 的数值。

私有属性的名称前面要加上两个底线，但名称后面不能有底线，例如 _ _radius 是私有属性，而 _ _radius_ _、_ _radius_ _ _ 不是私有属性。

下面是一个例子，它将半径设置为私有属性 _ _radius。

\Ch10\OOP4.py

```
01  class Circle:
02      PI = 3.14
03
04      def _ _init_ _(self, r = 1):
05          self._ _radius = r
06
07      def getRadius(self):
08          return self._ _radius
09
10      def getArea(self):
11          return self.PI * self._ _radius * self._ _radius
12
13  C1 = Circle(10)
14  print("C1 的半径为", C1.getRadius())
```

```
15   print("C1 的圆面积为", C1.getArea())
```

执行结果如图 10-10 所示，由于类外部的语句无法直接访问私有属性 _ _radius，因此，第 14 行必须通过 getRadius() 方法，才能获取半径的值。

图 10-10

若将第 14 行改写成如下形式，试图直接访问私有属性 _ _radius，将会得到如图 10-11 所示的错误提示信息 AttributeError: 'Circle' object has no attribute '_ _radius'，表示 Circle 对象没有 _ _radius 属性。

```
print("C1 的半径为", C1.__radius)
```

图 10-11

除了私有属性外，也可以设置私有方法（private method）。同样，私有方法的名称前面要加上两个底线，但名称后不能有底线，只有类内部的语句能够调用私有方法。我们可以通过私有属性与私有方法将一些需要保护的属性与方法隐藏起来，达到数据隐藏（data hiding）的目的。

随堂练习

（1）假设有一个 Employee 类，如下所示，用来表示员工的姓名与薪水，为了保护姓名与薪水数据不被随意更改，于是将两者设置为私有变量，类外部的语句只能通过 getName() 方法获取员工的姓名，以及通过 setSalary() 与 getSalary() 方法设置和获取员工的薪水。

```
class Employee:
    def _ _init_ _(self, name):
        self._ _name = name
```

```
    def getName(self):
        return self._ _name

    def setSalary(self, basic, bonus = 0):
        self._ _salary = basic + bonus

    def getSalary(self):
        return self._ _salary
```

请问下列语句的执行结果是什么？

```
E1 = Employee("陈小明")
E2 = Employee("王大同")
E1.setSalary(28000)
E2.setSalary(28000, 1500)
print("员工", E1.getName(), "的薪水为", E1.getSalary())
print("员工", E2.getName(), "的薪水为", E2.getSalary())
```

（2）下列语句的错误在哪里？该如何修正？

```
01    class Rectangle:
02        def _ _init_ _(self, w, h):
03            self.width = w
04            self.height = h
05
06    R = Rectangle()
07    print(R.width, R.height)
```

【解答】

（1）执行结果如图 10-12 所示。<\Ch10\OOP5.py>

图 10-12

（2）第 06 行错误，在创建对象时必须传递两个参数作为 width 和 height 属性的值，如 R = Rectangle(10, 5)。

10.3 继　　承

如 10.1 节介绍的，继承（inheritance）是面向对象程序设计主要的特点之一。所谓继承，是指从既有的类中定义出新的类，这个既有的类就叫作父类（parent class），由于这个类是用来作为基础的类，故又称为基类（base class）或超类（super class），而这个新的类叫作子类（child class、subclass），由于是继承自基类，故又称为衍生类（derived class）或扩充类（extended class）。

子类继承了父类的非私有成员，同时可以加入新的成员或覆盖（override）继承自父类的方法，也就是将继承自父类的方法重新定义，而且不会影响父类的方法，示意图如图 10-13 所示。

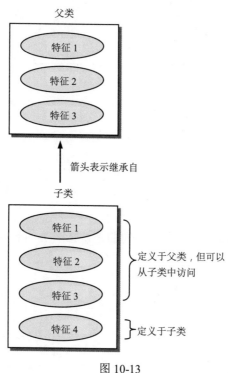

图 10-13

继承的优点是可以提高软件的重复使用性，当我们已经花费时间完成父类的编写与侦错时，若某些情况超过父类所能处理的范围，可以使用继承的方式创建子类，然后针对这些无法处理的情况进行修改，而不要直接修改父类，以免又花费同样或更多时间去侦错。

另一个理由是 Python 内置强大的标准函数库，还有丰富的第三方函数库，只要善用继承，就可以根据自己的需求从这些函数库提供的类中定义出新的类，而不必什么功能都要重新编写与侦错。

对初学者来说，继承的观念并不难理解，困难的是，在实际编写程序时，如何规划类之间的继承关系，即所谓的类阶层（class hierarchy），哪些功能应该放进父类，哪些功能应该放进子类，需要事先想清楚。

原则上，类阶层由上到下的定义应该是由广义进入狭义，以图 10-14 所示的类阶层为例，父类 Employee 泛指员工，而其子类 SalesPerson、Manager 分别表示销售人员和店长，销售人员或店长隶属于员工，所以子类 SalesPerson、Manager 均继承了父类 Employee 的非私有成员，同时可以加入新的成员或覆盖继承自父类的方法。

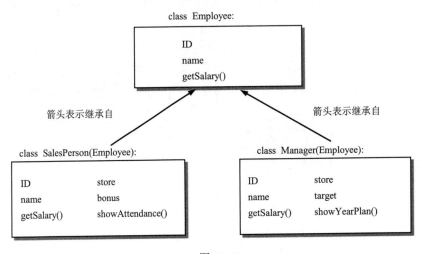

图 10-14

10.3.1 定义子类

定义子类其实和定义一般类差不多，不同的是，在子类的名称后面加小括号并指定父类的名称。其语法如下：

```
class ChildClass(ParentClass):
    statements
或
class ChildClass(ParentClass1, ParentClass2, ...):
    statements
```

第 1 种语法的子类 ChildClass 是继承自一个父类 ParentClass，而第 2 种语法的子类 ChildClass 是继承自多个父类 ParentClass1, ParentClass2, ...，称为多重继承（multiple inheritance）。

下面是一个例子，其中类 B 继承自类 A。

\Ch10\OOP6.py

```
class A:                           # 定义类 A
```

```
        _ _x = "我是属性_ _x"              # 定义私有属性，无法被子类继承
        y = "我是属性 y"                   # 定义非私有属性，能够被子类继承

        def _ _M1(self):                   # 定义私有方法，无法被子类继承
            print("我是方法 M1()")

        def M2(self):                      # 定义非私有方法，能够被子类继承
            print("我是方法 M2()")

    class B(A):                            # 定义类 B 继承自类 A
        z = "我是属性 z"

        def M3(self):
            print("我是方法 M3()")
```

在这个例子中，父类 A 有_ _x、y 两个属性和 _ _M1()、M2() 两个方法，其中 _ _x 为私有属性，_ _M1() 为私有方法，两者无法被子类 B 继承，因此，子类 B 除了继承父类 A 的非私有成员 y 属性和 M2() 方法外，还加入新的成员 z 属性和 M3() 方法，总共 4 个成员，示意图如图 10-15 所示。

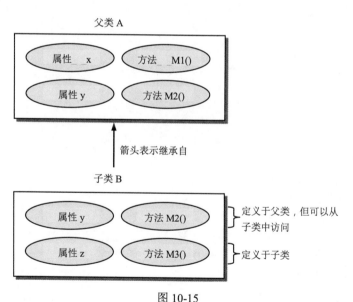

图 10-15

1. 链状继承

Python 支持链状继承（chained inheritance）。例如，在图 10-16 中，类 B 继承自类 A，而类 C 又继承自类 B，同时一个父类可以有多个子类，如图 10-17 所示。

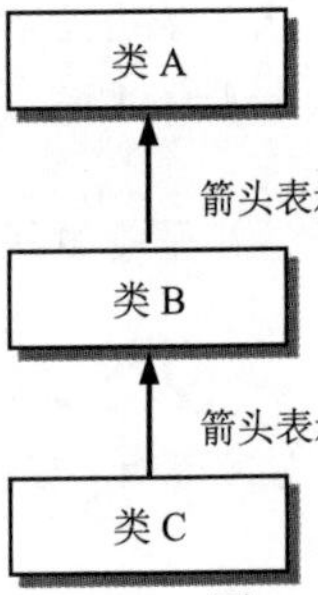

类 A

箭头表示继承自

类 B

箭头表示继承自

类 C

图 10-16

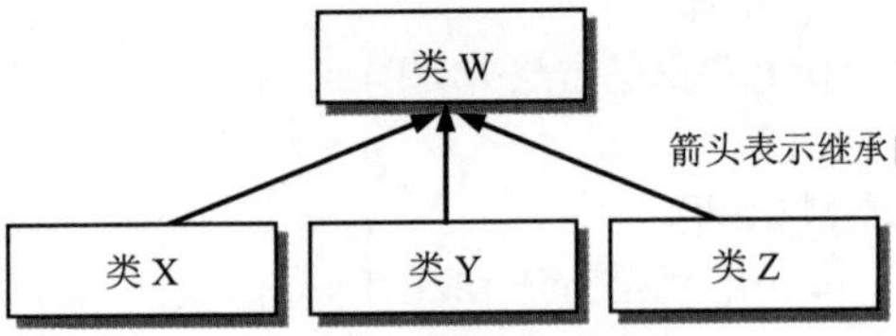

类 W

箭头表示继承自

类 X　　类 Y　　类 Z

图 10-17

可以使用下面的程序表示这样的链状继承关系：类 B 继承自类 A（第 04、05 行），而类 C 又继承自类 B（第 07、08 行），此时，类 C 的成员包含 x、y、z 3 个属性，第 10 行是创建一个隶属于类 C 的对象并赋值给变量 obj，第 11 ~ 13 行是通过变量 obj 输出 x、y、z 3 个属性的值，如图 10-18 所示。

\Ch10\OOP7.py

```
01  class A:
02      x = 1
03
04  class B(A):
05      y = 2
06
07  class C(B):
08      z = 3
09
10  obj = C()
11  print("x 属性的值为", obj.x)
12  print("y 属性的值为", obj.y)
13  print("z 属性的值为", obj.z)
```

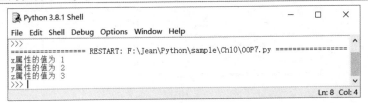

图 10-18

2. 多重继承

Python 也支持多重继承（multiple inheritance），一个子类可以继承自多个父类。例如，在图 10-19 中，类 C 继承自类 A 和类 B。我们可以使用下面的程序表示这样的多重继承关系，类 C 继承自类 A 和类 B（第 07 行），此时类 C 的成员包含 x、y、z 3 个属性，第 10 行是创建一个隶属于类 C 的对象并赋值给变量 obj，第 11 ~ 13 行是通过变量 obj 输出 x、y、z 3 个属性的值，执行结果如图 10-20 所示。

\Ch10\OOP8.py

```
01  class A:
02      x = 1
03
04  class B:
05      y = 2
06
07  class C(A, B):
08      z = 3
09
10  obj = C()
11  print("x 属性的值为", obj.x)
12  print("y 属性的值为", obj.y)
13  print("z 属性的值为", obj.z)
```

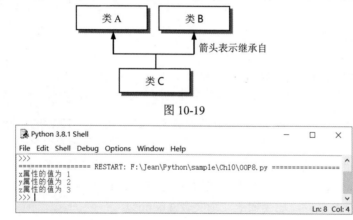

图 10-19

图 10-20

10.3.2 覆盖继承自父类的方法

覆盖（override）是指子类将继承自父类的方法重新定义，而且不会影响父类的方法。通常通过覆盖的技巧实现面向对象程序设计的多态（polymorphism），10.4 节有进一步的讨论。

下面是一个例子，它会示范如何在子类 SalesPerson 中覆盖继承自父类 Employee 的 getSalary() 方法。

\Ch10\OOP9.py

```
01   class Employee:
02       # 这个初始化方法用来设置员工的姓名
03       def _ _init_ _(self, name):
04           self._ _name = name
05
06       # 这个方法用来返回员工的姓名
07       def getName(self):
08           return self._ _name
09
10       # 这个方法用来返回员工的本月薪水
11       def getSalary(self, hours, payrate):
12           return hours * payrate
13
14   class SalesPerson(Employee):
15       # 这个方法用来返回销售人员的本月薪水 (含业绩奖金)
16       def getSalary(self, hours, payrate, bonus):
17           return hours * payrate + bonus
18
19   E1 = Employee("小丸子")
20   E2 = SalesPerson("小红豆")
21   print("员工", E1.getName(), "的本月薪水为", E1.getSalary(120, 150))
22   print("销售人员", E2.getName(), "的本月薪水为", E2.getSalary(120, 150, 3000))
```

> 01 ~ 12：定义父类 Employee 用来表示员工，其中第 11 ~ 12 行的 getSalary() 方法会根据小时数（hours）及钟点费（payrate）计算员工的本月薪水。

> 14 ~ 17：定义子类 SalesPerson 用来表示销售人员，其中第 16、17 行是覆盖继承自父类的 getSalary() 方法，令它除了根据小时数（hours）及钟点费（payrate）计算销售人员的本月薪水外，还会加上业绩奖金（bonus）。

> 19：创建一个隶属于父类 Employee 的对象，此时会自动调用 _ _init_ _() 方法，将员工的姓名设置为 "小丸子"。

> 20：创建一个隶属于子类 SalesPerson 的对象，虽然该类没有定义 _ _init_ _() 方法，但父类曾定义过，于是会自动调用父类的 _ _init_ _() 方法，将销售人员的姓名设置为 "小红豆"。

> 21：输出姓名与本月薪水，由于变量 E1 是一个 Employee 对象，所以 getSalary() 方法会返回小时数乘以钟点费。

> 22：输出姓名与本月薪水，由于变量 E2 是一个 SalesPerson 对象，所以 getSalary() 方

法会返回小时数乘以钟点费，再加上业绩奖金。

执行结果如图 10-21 所示。

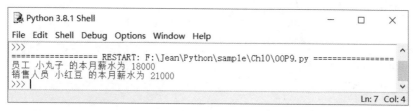

图 10-21

10.3.3　调用父类内被覆盖的方法

在本节中，要告诉您一个实用的小技巧，就是如何在子类调用父类内被覆盖的方法。以 10.3.2 小节的 <\Ch10\OOP9.py> 为例，由于子类在重新定义 getSalary() 方法时，其实有一部分语句和父类的 getSalary() 方法相同，因此，我们可以调用父类的 getSalary() 方法取代，避免重复编写相同的语句，减少错误，其中 super() 方法可用来找到父类。

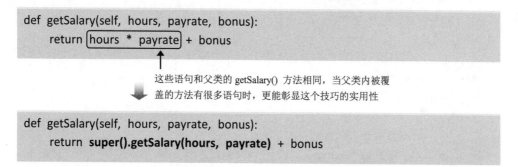

super() 方法的语法如下，可以根据参数 *type* 指定的子类名称和参数 *obj* 指定的对象找到父类。

super(*type*, *obj*)

若省略参数 *type*，表示当前的类；若省略参数 *obj*，表示对象本身，所以 return super().getSalary(hours, payrate) + bonus 中的 super() 相当于 super(SalesPerson, self)。

此外，也可以在子类中调用父类内的 _ _init_ _() 方法，下面是一个例子，改写自 <\Ch10\OOP9.py>，这次在创建 SalesPerson 对象时通过 _ _init_ _() 方法设置业绩奖金，而不是将固定的业绩奖金写进 getSalary() 方法，这样便能针对不同的销售人员设置不同的业绩奖金，更符合实际的应用。

\Ch10\OOP10.py

```
01  class Employee:
```

```
02        # 这个初始化方法用来设置员工的姓名
03        def __init__(self, name):
04            self.__name = name
05
06        # 这个方法用来返回员工的姓名
07        def getName(self):
08            return self.__name
09
10        # 这个方法用来返回员工的本月薪水
11        def getSalary(self, hours, payrate):
12            return hours * payrate
13
14   class SalesPerson(Employee):
15        # 这个初始化方法用来设置销售人员的姓名与业绩奖金
16        def __init__(self, name, bonus):
17            super().__init__(name)
18            self.__bonus = bonus
19
20        # 这个方法用来返回销售人员的本月薪水 (含业绩奖金)
21        def getSalary(self, hours, payrate):
22            return super().getSalary(hours, payrate) + self.__bonus
23
24   E1 = Employee("小丸子")
25   E2 = SalesPerson("小红豆", 3000)
26   print("员工", E1.getName(), "的本月薪水为", E1.getSalary(120, 150))
27   print("销售人员", E2.getName(), "的本月薪水为", E2.getSalary(120, 150))
```

➤ 01 ~ 12：定义父类 Employee 用来表示员工。

➤ 14 ~ 22：定义子类 SalesPerson 用来表示销售人员。

➤ 16 ~ 18：定义子类 SalesPerson 的 __init__() 方法，其中第 17 行是通过 super() 方法调用父类的 __init__() 方法根据参数 name 设置销售人员的姓名，而第 18 行是根据参数 bonus 设置销售人员的业绩奖金（保存在私有变量 __bonus）。

➤ 21、22：定义子类 SalesPerson 的 getSalary() 方法，其中第 22 行是通过 super() 方法调用父类的 getSalary() 方法根据小时数及钟点费计算销售人员的本月薪水，再加上业绩奖金。

➤ 24：创建一个隶属于父类 Employee 的对象，此时会自动调用 __init__() 方法，将员工的姓名设置为 "小丸子"。

➤ 25：创建一个隶属于子类 SalesPerson 的对象，此时会自动调用 __init__() 方法，将

10

销售人员的姓名设置为 "小红豆"，业绩奖金设置为 3000。

➢ 21：输出姓名与本月薪水，由于变量 E1 是一个 Employee 对象，所以 getSalary() 方法会返回小时数乘以钟点费。

➢ 22：输出姓名与本月薪水，由于变量 E2 是一个 SalesPerson 对象，所以 getSalary() 方法会返回小时数乘以钟点费，再加上业绩奖金。

执行结果如图 10-22 所示。

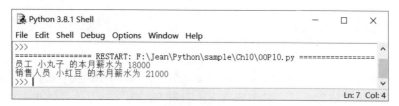

图 10-22

10.3.4　isinstance() 与 issubclass() 函数

Python 提供下列两个与继承相关的内部函数。

➢ isinstance() 的语法如下，若参数 *obj* 是参数 *classinfo* 指定之类或其子类的对象，就返回 True，否则返回 False。

isinstance(*obj*, *classinfo*)

➢ issubclass() 的语法如下，若参数 *class* 是参数 *classinfo* 指定之类的子类，就返回 True，否则返回 False。

issubclass(*class*, *classinfo*)

下面是一些例子：

```
>>> isinstance(100, int)              # 100 是 int 类的对象
True
>>> isinstance(True, int)             # True 是 int 类之子类 bool 的对象
True
>>> class A:                          # 定义类 A
        x = 1

>>> class B(A):                       # 定义类 B 为类 A 的子类
        y = 2

>>> obj1 = A()                        # 建立类 A 的对象并赋值给 obj1
>>> obj2 = B()                        # 建立类 B 的对象并赋值给 obj2
>>> isinstance(obj1, A)               # obj1 是类 A 的对象
```

```
True
>>> isinstance(obj2, A)                          # obj2 是类 A 之子类 B 的对象
True
>>> issubclass(B, A)                             # 类 B 是类 A 的子类
True
```

随堂练习

编写一个 Python 程序，定义一个 ShoppingCar 类用来表示购物车，里面有所有人、商品等信息，以及加入商品、移除商品、获取所有人、获取商品等方法，执行结果如图 10-23 所示。

【解答】

下面的解答与执行结果供参考。

\Ch10\OOP11.py

```python
class ShoppingCar():
    # 这个初始化方法用来设置购物车的所有人与商品 (初始值为空列表)
    def __init__(self, owner):
        self.__owner = owner
        self.__product = []

    # 这个方法用来返回购物车的所有人
    def getOwner(self):
        return self.__owner

    # 这个方法用来将参数 product 指定的商品放入购物车
    def addProduct(self, product):
        self.__product.append(product)

    # 这个方法用来从购物车中移除参数 product 指定的商品
    def removeProduct(self, product):
        self.__product.remove(product)

    # 这个方法用来返回购物车内的商品
    def getProduct(self):
        return self.__product
    # 创建一个购物车对象, 所有人为 "小丸子"
obj = ShoppingCar("小丸子")
```

```
# 将巧克力放入购物车
obj.addProduct("巧克力")
# 将咖啡豆放入购物车
obj.addProduct("咖啡豆")
# 将马卡龙放入购物车
obj.addProduct("马卡龙")
# 将草莓果酱放入购物车
obj.addProduct("草莓果酱")
# 将手工饼干放入购物车
obj.addProduct("手工饼干")
# 从购物车移除咖啡豆
obj.removeProduct("咖啡豆")
# 输出购物车的所有人与里面的商品
print(obj.getOwner(), "的购物车里面有", obj.getProduct())
```

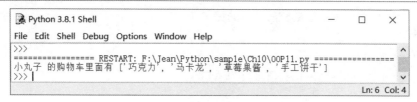

图 10-23

 备注

在 Python 中，若没有指定继承关系，则类别默认的父类为 object 类，因此，我们可以在类中使用 object 类提供的方法，而且这些方法的名称前后都有两个底线，如 10.2.3 小节中介绍的 _ _init_ _() 方法。

10.4 多 态

多态（polymorphism）是指当不同的对象收到相同的信息时，会以各自的方法进行处理。举例来说，假设交通工具是一个父类，它有车主、CC 数等私有属性，以及获取车主、获取 CC 数、发动、停止等方法，另外，有摩托车和汽车两个子类，这两个子类继承了父类的非私有成员。不过，由于不同交通工具的发动方式与停止方式不同，因此，我们必须在子类内覆盖这两个方法，届时只要对象收到发动或停止的信息，就会根据对象所属的子类调用对应的方法进行处理。

可以使用继承的方式实现这个多态的例子，具体如下。原则上，若希望在子类内扩充父类的功能，就可以这么做。

\Ch10\OOP12.py

```
01  class Transport:
02      def __init__(self, owner, CC):
03          self.__owner = owner
04          self.__CC = CC
05
06      def getOwner(self):
07          return self.__owner
08
09      def getCC(self):
10          return self.__CC
11
12      def launch(self):
13          print("在此写上发动交通工具的语句")
14
15      def park(self):
16          print("在此写上停止交通工具的语句")
17
18  class Motorcycle(Transport):
19      # 覆盖继承自父类的 launch() 方法
20      def launch(self):
21          print("在此写上发动摩托车的语句")
22
23      # 覆盖继承自父类的 park() 方法
24      def park(self):
25          print("在此写上停止摩托车的语句")
26
27  class Car(Transport):
28      # 覆盖继承自父类的 launch() 方法
29      def launch(self):
30          print("在此写上发动汽车的语句")
31
32      # 覆盖继承自父类的 park() 方法
33      def park(self):
34          print("在此写上停止汽车的语句")
35
36  obj1 = Motorcycle("小明", 125)
```

```
37   print("这个交通工具的车主、CC 数: ", obj1.getOwner(), obj1.getCC())
38   obj1.launch()
39   obj1.park()
40
41   obj2 = Car("大伟", 2000)
42   print("这个交通工具的车主、CC 数: ", obj2.getOwner(), obj2.getCC())
43   obj2.launch()
44   obj2.park()
```

- ➢ 01 ~ 16：定义 Transport 类用来表示交通工具，里面有 _ _owner（车主）、 _ _CC（CC 数）等私有属性，以及 getOwner（获取车主）、getCC（获取 CC 数）、launch（发动）、park（停止）等方法。

- ➢ 18 ~ 25：定义继承自 Transport 类的 Motorcycle 类用来表示摩托车，然后覆盖继承自 Transport 类的 launch() 和 park() 方法。

- ➢ 27 ~ 34：定义继承自 Transport 类的 Car 类用来表示汽车，然后覆盖继承自 Transport 类的 launch() 和 park() 方法。

- ➢ 36 ~ 39：第 36 行是创建一个隶属于 Motorcycle 类的对象并赋值给变量 obj1，第 37 行是输出该对象的车主与 CC 数，由于 Motorcycle 类没有定义 getOwner() 和 getCC() 方法，所以会调用 Transport 类定义的这两个方法，而第 38、39 行是调用 launch() 和 park() 方法，由于 Motorcycle 类已经加以覆盖，所以会调用 Motorcycle 类定义的这两个方法。

- ➢ 41 ~ 44：意义和第 36 ~ 39 行类似，只是这次是创建一个隶属于 Car 类的对象并赋值给变量 obj2。

执行结果如图 10-24 所示。

图 10-24

Python 从基础编程到数据分析

学习检测

一、选择题

1. 下列哪个名词用来描述对象的特质？（　　）
   A. 属性　　　　　　B. 类　　　　　　　C. 对象　　　　　　D. 方法

2. 下列哪个名词用来定义对象的动作？（　　）
   A. 字段　　　　　　B. 类　　　　　　　C. 对象　　　　　　D. 方法

3. 不同的对象收到相同的信息时，会以各自的方法进行处理的特点称为什么？（　　）
   A. 重载　　　　　　B. 覆盖　　　　　　C. 多态　　　　　　D. 封装

4. 子类将继承自父类的方法重新定义，而且不会影响父类的方法，这个动作称为什么？（　　）
   A. 重载　　　　　　B. 覆盖　　　　　　C. 多态　　　　　　D. 封装

5. 下列哪个方法会在创建对象时自动执行？（　　）
   A. __str__()　　　B. __eq__()　　　　C. __del__()　　　　D. __init__()

6. 下列哪个方法可以用来找到父类？（　　）
   A. super()　　　B. this()　　　　C. mybase()　　　　D. self()

7. 下列关于继承的语句，哪个是错误的？（　　）
   A. 子类不是父类的子集合
   B. 一个子类可以有多个父类
   C. 一个父类可以有多个子类
   D. 子类会继承父类的所有成员

8. 类 A 可以继承自类 B，类 B 可以继承自类 C，而类 C 又可以继承自类 A，对不对？（　　）
   A. 对　　　　　　　　　　　　B. 不对

9. isinstance("abc", str) 的返回值为何？（　　）
   A. True　　　　　　　　　　　B. False

10. issubclass(bool, int) 的返回值为何？（　　）
    A. True　　　　　　　　　　　B. False

11. 可以在子类中覆盖父类的私有方法，对不对？（　　）
    A. 对　　　　　　　　　　　　B. 不对

10

12. 下列哪个类为所有类的基类？（　　　）

  A. baseclass B. instance   C. object   D. myclass

13. 下列哪个运算符可以用来访问对象的成员？（　　　）

  A. *   B. ->   C. $ D. .

14. 假设类 A 继承自类 B，而类 B 继承自类 C，则 issubclass（A, C）和 issubclass（C, B）的返回值为何？（　　　）

  A. True、True B. True、False C. False、True   D. False、False

二、练习题

1. 下列程序的错误在哪里？该如何修正？

```
01   class Circle:
02       PI = 3.14
03       radius = 10
04       def getArea():
05           return PI * radius * radius
06
07   C1 = Circle()
08   print("圆面积为", C1.getArea())
```

2. 假设 Animal 是一个父类，它有 sound() 与 food() 两个方法，另外有 Dog 和 Cat 两个子类，这两个子类继承了父类的方法，如图 10-25 所示。不过，由于狗和猫的叫声与爱吃的食物不同，因此，我们必须在子类内覆盖这两个方法，届时只要对象收到爱吃的食物或叫声的信息，就会根据对象隶属的子类调用对应的方法进行处理，请根据题意使用继承的方式实现多态。

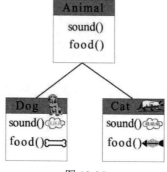

图 10-25

3. 名词解释：对象（object）、属性（attribute）、方法（method）、类（class）、封装（encapsulation）、继承（inheritance）、多态（polymorphism）。

4. 简单说明 _ _init_ _() 方法有何用途。

5. 简单说明什么是链状继承与多重继承。

6. 下列程序的执行结果是什么？

```
class A:
    def _ _init_ _(self, x):
        self.x = x
    def M1(self):
        self.x += 1

class B(A):
    def _ _init_ _(self, y):
        super()._ _init_ _(10)
        self.y = y
    def M1(self):
        self.x += 5
obj = B(3)
obj.M1()
print(obj.x, obj.y)
```

7. 下列程序的执行结果是什么？

```
class A:
    def _ _init_ _(self, x = 0):
        self._ _x = x

obj = A(100)
print(obj._ _x)
```

第 11 章

模块与包

11.1 模　　块

模块（module）是一个名为 *modulename*.py 的 Python 文件，里面定义了一些数据、函数或类，当我们要使用模块提供的功能时，必须使用 import 命令导入，其语法如下，*modulename* 为模块名称。

import *modulename*

以 Python 内置的 calendar 模块为例，其文件名为 calendar.py，里面定义了一些日历函数，只要使用 import 命令导入此模块，就可以调用日历函数。例如：

```
01  >>> import calendar                        # 导入 calendar 模块
02  >>> print(calendar.month(2018, 1))         # 调用 calendar 模块的 month() 函数
         January 2018
    Mo Tu We Th Fr Sa Su
     1  2  3  4  5  6  7
     8  9 10 11 12 13 14
    15 16 17 18 19 20 21
    22 23 24 25 26 27 28
    29 30 31

03  >>> calendar.isleap(2018)                  # 调用 calendar 模块的 isleap() 函数
    False
```

➢ 01：导入 calendar 模块。
➢ 02：在模块名称 calendar 后面加上点运算符（.）和函数名称 month，以调用 month() 函数获取 2018 年 1 月的月历。
➢ 03：在模块名称 calendar 后面加上点运算符（.）和函数名称 isleap，以调用 isleap() 函数判断 2018 年是否为闰年。

1. import…as…

如果觉得每次调用模块里面的函数都要写上模块名称太过冗长，可以在导入模块的同时加上 as 为模块取一个简短的别名，其语法如下，*modulename* 为模块名称，*alias* 为别名。

import *modulename* as *alias*

例如：

```
01  >>> import calendar as cal                 # 导入 calendar 模块并设置别名为 cal
```

```
02  >>> print(cal.month(2018, 1))        # 通过别名调用 calendar 模块的 month() 函数
        January 2018
    Mo Tu We Th Fr Sa Su
     1  2  3  4  5  6  7
     8  9 10 11 12 13 14
    15 16 17 18 19 20 21
    22 23 24 25 26 27 28
    29 30 31
```

```
03  >>> cal.isleap(2018)                 # 通过别名调用 calendar 模块的 isleap() 函数
    False
```

➢ 01：在导入 calendar 模块的同时加上 as cal，将模块的别名设置为 cal。

➢ 02：在别名 cal 后面加上点运算符（.）和函数名称 month，以调用 month() 函数获取 2018 年 1 月的月历。

➢ 03：在别名 cal 后面加上点运算符（.）和函数名称 isleap，以调用 isleap() 函数判断 2018 年是否为闰年。

2. from…import…

为了方便调用，也可以使用 from…import…从模块导入特定的类或函数，其语法如下，*modulename* 为模块名称，*classname/functionname* 为类名称或函数名称。

```
form modulename import classname/functionname
```

例如：

```
01  >>> from calendar import month       # 从 calendar 模块导入 month() 函数
02  >>> print(month(2018, 1))            # 调用 month() 函数
        January 2018
    Mo Tu We Th Fr Sa Su
     1  2  3  4  5  6  7
     8  9 10 11 12 13 14
    15 16 17 18 19 20 21
    22 23 24 25 26 27 28
    29 30 31
```

```
03  >>> isleap(2018)                     # 调用 isleap() 函数会得到错误信息
    Traceback (most recent call last):
      File "<pyshell#17>", line 1, in <module>
```

```
    isleap(2018)
NameError: name 'isleap' is not defined
```

- ➢ 01：从 calendar 模块导入 month() 函数。
- ➢ 02：直接调用 month() 函数获取 2018 年 1 月的月历。
- ➢ 03：企图直接调用 isleap() 函数判断 2018 年是否为闰年，却得到错误信息 NameError: name 'isleap' is not defined，原因为第一个语句只从 calendar 模块导入 month() 函数，所以无法调用 calendar 模块的其他函数。

若要调用 calendar 模块的其他函数，可以通过星号（*）导入所有名称。例如：

```
01  >>> dir()                              # 返回目前访问范围内的名称
['__annotations__', '__builtins__', '__doc__', '__loader__', '__name__',
'__package__', '__spec__']
02  >>> from calendar import *             # 从 calendar 模块导入所有名称
03  >>> dir()                              # 返回目前访问范围内的名称
['Calendar', 'HTMLCalendar', 'IllegalMonthError', 'IllegalWeekdayError',
'LocaleHTMLCalendar', 'LocaleTextCalendar', 'TextCalendar', '__annotations__',
'__builtins__', '__doc__', '__loader__', '__name__', '__package__', '__spec__',
'calendar', 'day_abbr', 'day_name', 'firstweekday', 'isleap', 'leapdays', 'month',
'month_abbr', 'month_name', 'monthcalendar', 'monthrange', 'prcal', 'prmonth',
'setfirstweekday', 'timegm', 'weekday', 'weekheader']
04  >>> isleap(2018)                       # 调用 isleap() 函数
False
05  >>> weekday(2020, 3, 15)
6
```

- ➢ 01：调用 Python 内置的 dir() 函数返回目前访问范围内的名称，尚未包括 calendar 模块的名称。
- ➢ 02：从 calendar 模块导入所有名称。
- ➢ 03：再次调用 dir() 函数返回目前访问范围内的名称，已经包括 calendar 模块的名称。
- ➢ 04：直接调用 isleap() 函数判断 2018 年是否为闰年，会成功返回 False。
- ➢ 05：直接调用 weekday() 函数判断 2020 年 3 月 15 日为星期几，若返回值为 6 表示星期日。

请注意，通过星号（*）导入所有名称虽然方便，但导入名称越多，Python 的负荷越重，因此，建议只导入需要使用的部分。

若要查看模块的路径与文件名，可以通过模块的 _ _file_ _ 属性。例如，下面的语句会输出 calendar 模块的路径与文件名。

```
>>> import calendar
>>> print(calendar._ _file_ _)
C:\Users\Administrator\AppData\Local\Programs\Python\Python38-32\lib\calendar.py
```

只要打开该文件，就可以看到相关的程序代码，如图 11-1 所示，用户可以通过观摩学习其他程序设计高手是如何编写这些功能的。

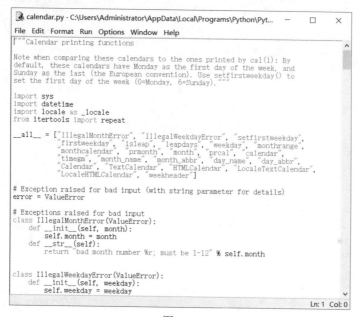

图 11-1

11.2 包

包是在模块之上的概念，相较于模块是一个文件，包（package）则是存放了数个模块，是为了方便管理而将文件进行打包，就像一个文件夹。原则上，只要是包含 _ _init_ _.py 文件的文件夹就会被视为 Python 的一个包。

以 Python 内置的 tkinter 包为例，tkinter 是 Tool Kit Interface 的简写，这是一个跨平台的 GUI（图形用户界面）开发工具包，能够在 UNIX、Linux、Windows、Mac 等平台上开发 GUI 程序。可以通过下面的语句获取 tkinter 的路径。

```
>>> import tkinter
```

```
>>> print(tkinter._ _file_ _)
C:\Users\Administrator\AppData\Local\Programs\Python\Python38-32\lib\tkinter\__init__.py
```

接下来只要使用资源管理器打开类似 C:\Users\Administrator\AppData\Local\Programs\Python\Python38-32\Lib\tkinter\ 的路径，就可以看到 tkinter 包所包含的模块，如图 11-2 所示，每个模块都有各自的功能，我们会在第 12 章介绍此包的用法。

图 11-2

☕ 备注

前几章中曾经提过"库"这个名词，但一直没有正式介绍。库的英文是 library，图书馆的意思，只是它提供的不是书，而是许多类与函数，是相关功能模块的集合，可以让程序设计人员用来开发应用程序。

不过，Python 并没有明确定义"库"，通常是将它当成模块与包的统称。虽然如此，我们还是可以基于一般的习惯，将库分为下列两种类型。

➤ 标准库（standard library）：是指在安装 Python 时一并安装的模块与包，又称为"内部库"（build-in library）。Python 有丰富的标准库，如数学模块、文件处理、数据压缩、文件格式、加密服务、操作系统服务、同步运算、网络通信、大数据处理、多媒体服务、图形用户界面、开发工具等，像前几章所介绍的 math、random、time、calendar、datetime、turtle 等模块，以及第 12 章将要介绍的 tkinter 包都属于标准库。用户无须牢记标准库的用法，只要大概知道有哪些用途就好，等具体使用时，执行"开始\Python 3.8\Python 3.8 Module Docs"命令，查看 Python 模块文件即可，如图 11-3 所示。

备注

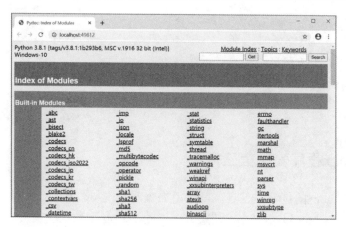

图 11-3

> 外部库（external library）：是指需要另外安装的模块或包，又称为"第三方库"（third-party library），网络上有针对不同用途推出的外部函数库，程序设计人员可以视实际需求自行安装与使用。

11.3 第 三 方 包

相较于内置的模块与包是在安装 Python 时一并安装，而第三方包（也称为"第三方库""第三方模块"）则需要另外安装。

随着 Python 用户的快速增加，网络上也出现越来越多针对特定功能推出的第三方包，但是如何从中找到适合的包呢？可以使用 PyPI – the Python Package Index 网站（https://pypi.org/），这是 Python 的第三方包的集中地，集合了数万个第三方包，任何您想得到的功能，几乎都可以在这个网站找到适合的包（这就相当于在 Python 标准库之上又形成了一个强大的、开源的"第三方库"，这也是 Python 非常重要的一大特色）。

下面是一些常见的第三方包。

> NumPy：数组与数据运算，如矩阵运算、傅里叶变换、线性代数等。

> Matplotlib：2D 可视化工具，可以用来绘制条形图、直方图、散点图、立体图、饼图、频谱图、数学函数等图形。

> SciPy：科学计算，如优化与求解、稀疏矩阵、线性代数、插值、特殊函数、统计函数、积分、傅里叶变换、信号处理、图像处理等。

> pandas：数据处理与分析。

> Django、Pyramid、Web2py、Flask：Web 框架，可用来快速开发网站。

> Kivy、Flexx、Pywin32、PyQt、WxPython：GUI 程序开发。

> ➢ BeautifulSoup：HTML/XML 解析器。
> ➢ Pillow：图形处理。
> ➢ PyGame：多媒体与游戏软件开发。
> ➢ Requests：访问网络资料。
> ➢ Scrapy：网络爬虫包，可用来进行数据挖掘与统计。
> ➢ Scikit-Learn、TensorFlow、Keras：机器学习包。

通常我们可以通过"pip程序"和"PyPI网站"两种方式安装第三方包，下面将进行详细介绍。

11.3.1 通过 pip 程序安装第三方包

pip 程序是 Python 的包管理工具，可以用来查看、安装、升级、卸载与管理包。若是在 Windows 平台安装 Python 3.8，那么安装文件夹内的 Scripts 文件夹中就会有 pip 程序，路径为 C:\Users\Administrator\AppData\Local\Programs\Python\Python38-32\Scripts，其中 Administrator 也可能是用户自定义的名称（如 Jean），这与用户安装时的个人设置有关。

1. pip list 命令

pip list 命令可用来列出目前安装的包与版本，其语法如下。

`pip list`

请打开"命令提示符"窗口，接着切换到pip程序的安装路径，在提示符号>后面输入pip list，然后按 Enter 键，就会显示目前安装的包和版本。如果有新版的 pip 程序，屏幕上会出现黄色的说明文字告诉你如何进行升级，如图 11-4 所示。

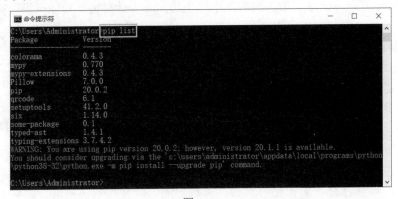

图 11-4

读者可根据提示升级 pip 程序，具体方法为：在提示符号 > 后边输入 python -m pip install --upgrade pip，按 Enter 键后即可自动升级，如图 11-5 所示。

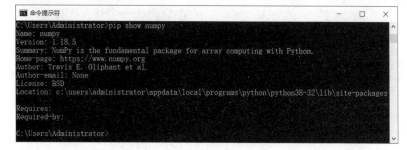

图 11-5

升级成功后就可以通过 pip 进行第三方包的安装了。

2. pip install 命令

pip install 命令可用来安装包，其语法如下。

pip install *包名*

举例来说，在安装 Python 时并不会安装 NumPy 包，必须另外安装。请打开"命令提示符"窗口，在提示符号 > 后面输入如下命令，然后按 Enter 键，就会安装 NumPy 包。

C:\Users\Administrator>**pip install numpy**

3. pip show 命令

pip show 命令可用来查询已经安装的包，其语法如下。

pip show *包名*

举例来说，若要查询 NumPy 包，请打开"命令提示符"窗口，在提示符号 > 后面输入如下命令，然后按 Enter 键，就会显示版本、摘要、官方网站、作者 E-mail、安装路径等信息（图 11-6）。

C:\Users\Administrator>**pip show numpy**

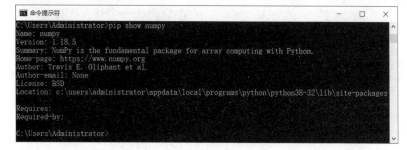

图 11-6

4. pip uninstall 命令

pip uninstall 命令可用来卸载包，其语法如下。

> pip uninstall *包名*

举例来说，若要卸载 NumPy 包，请打开"命令提示符"窗口，在提示符号 > 后面输入如下命令，然后按 Enter 键，就会卸载 NumPy 包。

C:\Users\Administrator>**pip uninstall numpy**

注意

- 如果计算机中没有安装 pip 程序，可以自行安装，请到 pip 的官方文件网站（http://pip.readthedocs.io/en/latest/install）找到一个名称为 get-pip.py 的文件，下载该文件（或打开该文件，然后复制里面的内容再另存为一个新文件）。

  获取 get-pip.py 文件后，请打开"命令提示符"窗口，在提示符号 > 后面输入如下命令，然后按 Enter 键，就会安装 pip 程序。

  C:\Users\Administrator>**python get-pip.py**
- from … import … 也可以用来从包导入特定的模块，其语法如下，*packagename* 为包名，*modulename* 为模块名。

  from ***packagename*** import ***modulename***

  例如，下面的语句是从 tkinter 包导入 messagebox 模块。

  >>> **from tkinter import messagebox**

11.3.2 通过 PyPI 网站安装第三方包

PyPI - the Python Package Index 网站（https://pypi.org/）集合了数万个第三方包，只要输入包名（如 numpy）进行搜索，就能找到相关的文件，然后将文件下载并安装到计算机即可，如图 11-7 ~ 图 11-9 所示。

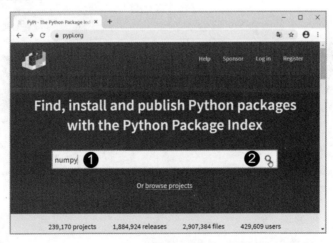

图 11-7

图 11-8

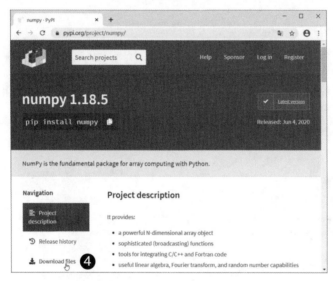

图 11-9

❶输入包名　　❷单击 Search 图标　　❸选取要安装的包　　❹单击 Download files 超链接

学习检测

一、选择题

1. 若要使用模块提供的功能，必须使用下列哪个命令进行导入？（　　　）

　　A. export　　　　　　B. lambda　　　　　　C. except　　　　　　D. import

2. 下列哪个函数可以返回当前访问范围内的名称？（　　　）

A. dir()   B. list()   C. name()   D. vars()

3. 若要导入所有名称，会使用下列哪个符号？（　　　）

A. \$ B. ?   C. !   D. *

4. 若要查看模块的路径与文件名，可以通过模块的哪个属性？（　　　）

A. __file__   B. __init__   C. __str__   D. __module__

5. 下列哪个为 Python 的包管理工具？（　　　）

A. pip   B. Pillow   C. tkinter   D. SciPy

二、练习题

1. 写出一行语句，导入 datetime 模块并设置别名为 dt。

2. 写出一行语句，从 datetime 模块导入所有名称。

3. 简单说明何谓第三方包（third-party package），举出 3 个常见的包并说明其用途。

第 12 章

使用 tkinter 开发 GUI 程序

12.1 认识 tkinter

12.2 GUI 组件

12.1　认 识 tkinter

还记得第 7 章介绍过的一个有趣又好玩的 turtle 绘图吗？turtle 模块适合用来绘制几何图形，但若要用来创建图形用户界面（Graphical User Interface，GUI），那就太辛苦了，此时可以换用 tkinter 包。

tkinter 是 Tool Kit Interface 的简写，这是一个跨平台的 GUI 包，能够在 UNIX、Linux、Windows、Mac 等平台上开发 GUI 程序，功能齐全，而且在安装 Python 时就已经一并安装，只要通过 import 命令导入即可使用。

请注意，在 Python 3 中，tkinter 以小写 t 开头，如下：

```
>>> from tkinter import *                    # 适用于 Python 3
```

而在 Python 2.x 中，tkinter 以大写 T 开头，如下：

```
>>> from Tkinter import *                    # 适用于 Python 2.x
```

我们马上试用一下 tkinter 包，在 IDLE 输入如图 12-1 所示的 3 行语句。

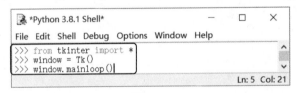

图 12-1

首先，第 1 行语句是从 tkinter 包导入所有名称。

```
>>> from tkinter import
```

其次，第 2 行语句是创建一个隶属于 Tk 类的对象并赋值给变量 window，Tk 类用来表示窗口，上面可以放置 GUI 组件（widget），如按钮、文字标签、菜单等，所以，执行此语句后，屏幕上会出现如图 12-2 所示的窗口。

```
>>> window = Tk()
```

最后，第 3 行语句是调用窗口对象的 mainloop() 方法，让窗口进入等待与处理事件的状态，直到用户关闭窗口为止，如图 12-3 所示。

```
>>> window.mainloop()
```

下面是一个例子，它会创建一个窗口，并设置窗口的标题栏文字、大小与最大大小，图 12-4（a）为原始大小（宽度 300 像素、高度 100 像素），图 12-4（b）为最大大小（宽度 400 像素、高度 200 像素）。

图 12-2

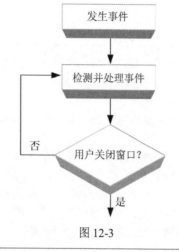

图 12-3

(a) 原始大小

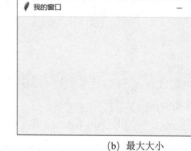

(b) 最大大小

图 12-4

\Ch12\gui1.py

```
01  from tkinter import *
02  window = Tk()
03  window.title("我的窗口")
04  window.geometry("300x100")
05  window.maxsize(400, 200)
06  window.mainloop()
```

> 03：调用窗口对象的 title(*text*) 方法，将窗口的标题栏文字设置为参数 *text* 所指定的 "我的窗口"。

> 04：调用窗口对象的 geometry（newGeometry）方法，将窗口的大小设置为参数 newGeometry 所指定的宽度 300 像素、高度 100 像素。

> 05：调用窗口对象的 maxsize（width, height）方法，将窗口的最大大小设置为参数 width、height 所指定的宽度 400 像素、高度 200 像素。若要设置窗口的最小大小，可以使用 minsize（width, height）方法；若要禁止用户改变窗口的大小，可以使用 resizable（0, 0）方法。

注意

- "事件"（event）是指在特定情况下产生的信息。举例来说，当用户单击按钮时，就会产生一个对应的事件，我们可以针对该事件编写处理程序，例如将用户输入的数据进行运算、写入数据库或文件等。
- 在 Windows 环境中，每个窗口都有一个唯一的代码，而且操作系统会持续监控每个窗口的事件，一旦有事件发生，如用户单击按钮、改变窗口的大小、移动窗口等，该窗口就会传送信息给操作系统，然后操作系统会将信息传送给对应的程序，该程序再根据信息做出适当的处理，这种运作模式叫作"事件驱动"（event driven）。
- 使用 tkinter 开发 GUI 程序的运作模式也是事件驱动，不过，它会自动处理低阶的信息处理工作，所以我们只针对可能产生的事件编写处理程序即可。当 GUI 程序执行时，它会先等待事件发生，一旦侦测到事件，就执行我们针对该事件所编写的处理程序，待处理程序执行完毕后，再继续等待下一个事件的发生，直到用户关闭窗口为止。

 备注

除了 tkinter 之外，还有一些 GUI 包可供选择。例如：

➤ Kivy（https://kivy.org/#home）。

➤ Flexx（https://github.com/flexxui/flexx）。

➤ PyGObject（https://pygobject.readthedocs.io/en/latest/）。

➤ PyQt（https://riverbankcomputing.com/software/pyqt/intro）。

➤ wxPython（https://wxpython.org/）。

➤ Pywin32（https://sourceforge.net/projects/pywin32/files/pywin32/）。

12.2　GUI 组 件

在 12.1 节的例子中，我们示范了如何创建一个窗口，接下来，可以在窗口上面放置 GUI 组件（widget）。例如：

➤ Frame（窗口区域）

➤ LabelFrame（标签式窗口区域）

➤ Label（文字标签）

➤ Entry（文本框）

➤ Text（文字区域）

➤ Button（按钮）

➤ Checkbutton（复选框）

➤ Listbox（列表框）

➤ Menu（菜单）

➤ Menubutton（菜单按钮）

➤ Scrollbar（滚动条）

➤ Scale（滑竿）

➤ Spinbox（调整按钮）

➤ messagebox（对话框）

> Radiobutton（单选按钮）　　　　　　　　　　> PhotoImage（图形）

由于组件的种类相当多，我们会挑选一些常用的组件进行介绍，其他没有介绍到的组件可以参考 Python 说明文件。

请注意，tkinter 提供的组件都有各自的类别，例如文字标签是 Label 类、按钮是 Button 类；如果想在窗口上面放置组件，只要根据组件类别创建对象即可，其语法如下。

组件类别(*父对象, 选择性参数 1 = 值 1, 选择性参数 2 = 值 2, …*)

"父对象"是指组件要放在什么对象上面，假设要在窗口上面放置按钮，那么组件类别为 Button，父对象为窗口，"*选择性参数 1*""*选择性参数 2*"……则是用来设置组件。不同的组件会有不同的选择性参数。

例如，下面的语句是在创建按钮的同时，通过 text 和 bg 两个选择性参数设置按钮的文字与背景色彩。

btn1 = Button(window, text = "确定", bg = "yellow")

除了在创建按钮的同时设置选择性参数外，也可以在之后设置选择性参数。例如，下面的语句是将按钮的前景色设置为红色。

btn1["fg"] = "red"

而下面的语句是将按钮的背景色变更为蓝色。

btn1["bg"] = "blue"

前面两个设置也可使用 config()方法写成如下形式。

btn1.config(fg = "red", bg = "blue")

下面是一个例子，其中第 03、04 行是创建一个按钮，文字为"确定"，背景色为黄色，前景色为红色，而第 05 行是调用 pack() 方法将按钮由上到下排列，执行结果如图 12-5 所示。

图 12-5

\Ch12\gui2.py

```
01   from tkinter import *
02   window = Tk()
03   btn1 = Button(window, text = "确定", bg = "yellow")
```

```
04  btn1["fg"] = "red"
05  btn1.pack()
06  window.mainloop()
```

12.2.1 Label（文字标签）

Label 可以用来显示无法由用户编辑的文字，如显示文字要求用户进行指定的动作。可以使用如下语法创建文字标签。

Label(*父对象, 选择性参数1 = 值1, 选择性参数2 = 值2, …*)

父对象是指 Label 要放在什么对象上面，而常用的选择性参数如下，更多的选择性参数可以参考 Python 说明文件。

- ➤ text：文字。
- ➤ width：宽度。
- ➤ height：高度。
- ➤ bg 或 background：背景色。
- ➤ fg 或 foreground：前景色。
- ➤ bd 或 borderwidth：框线宽度。
- ➤ padx：水平间距，默认值为1。
- ➤ pady：垂直间距，默认值为1。
- ➤ justify：对齐方式，LEFT、RIGHT、CENTER 表示靠左、靠右、居中。

下面是一个例子，其中第 03 ～ 05 行是创建 3 个文字标签，宽度均为 30 像素，背景色分别为浅黄、浅蓝、浅灰，而第 06 ～ 08 行是调用 pack() 方法，将 3 个文字标签由上到下排列。执行结果如图 12-6 所示。

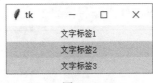

图 12-6

\Ch12\gui2a.py

```
01  from tkinter import *
02  window = Tk()
03  label1 = Label(window, text = "文字标签 1", width = 30, bg = "lightyellow")
04  label2 = Label(window, text = "文字标签 2", width = 30, bg = "lightblue")
05  label3 = Label(window, text = "文字标签 3", width = 30, bg = "lightgray")
06  label1.pack()
07  label2.pack()
```

```
08   label3.pack()
09   window.mainloop()
```

1. 设置位置的第 1 种方法——pack()

除了由上到下排列外，也可以在调用 pack()方法的同时通过 side 选择性参数变更文字标签的排列方向，这个参数的值有下列 4 种，默认值为 TOP。

➢ TOP：由上到下排列。
➢ BOTTOM：由下到上排列。
➢ LEFT：由左到右排列。
➢ RIGHT：由右到左排列。

假设将第 06～08 行改写成如下形式，3 个文字标签会由下到上排列，如图 12-7 所示。

```
06   label1.pack(side = BOTTOM)
07   label2.pack(side = BOTTOM)
08   label3.pack(side = BOTTOM)
```

图 12-7

假设将第 06～08 行改写成如下形式，3 个文字标签会由左到右排列，如图 12-8 所示。

```
06   label1.pack(side = LEFT)
07   label2.pack(side = LEFT)
08   label3.pack(side = LEFT)
```

图 12-8

假设将第 06～08 行改写成如下形式，第 1 个文字标签会采取默认值，由上到下排列，第 2 个文字标签会由右到左排列，而第 3 个文字标签会由左到右排列，如图 12-9 所示。

```
06   label1.pack()
07   label2.pack(side = RIGHT)
08   label3.pack(side = LEFT)
```

图 12-9

2. 设置位置的第 2 种方法——grid()

除 pack() 方法外，也可以使用 grid() 方法设置组件的位置，请试着将窗口想象成由行与列构成的表格，就像 Excel 电子表格那样，然后通过第几行第几列的方式设置组件的位置。

下面是一个例子，其中第 03 ~ 05 行是创建 3 个文字标签，而第 06 ~ 08 行是调用 grid() 方法将 3 个文字标签分别放置在第 1 行第 1 列、第 2 行第 1 列、第 2 行第 2 列。执行结果如图 12-10 所示。

\Ch12\gui2b.py

```
01  from tkinter import *
02  window = Tk()
03  label1 = Label(window, text = "文字标签 1", width = 30, bg = "lightyellow")
04  label2 = Label(window, text = "文字标签 2", width = 30, bg = "lightblue")
05  label3 = Label(window, text = "文字标签 3", width = 30, bg = "lightgray")
06  label1.grid(row = 0, column = 0)
07  label2.grid(row = 1, column = 0)
08  label3.grid(row = 1, column = 1)
09  window.mainloop()
```

图 12-10

假设将第 06 ~ 08 行改写成如下形式，3 个文字标签会分别放置在第 1 行第 1 列、第 2 行第 2 列、第 3 行第 3 列，如图 12-11 所示。

```
06  label1.grid(row = 0, column = 0)
07  label2.grid(row = 1, column = 1)
08  label3.grid(row = 2, column = 2)
```

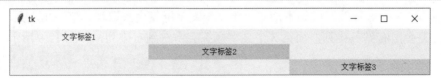

图 12-11

3. 设置位置的第 3 种方法——place()

也可以使用 place() 方法根据 x、y 坐标设置组件的位置，以左上角为原点，x 表示由左向右偏移多少像素，y 表示由上往下偏移多少像素。

下面是一个例子，其中第 03 ~ 05 行是创建 3 个文字标签，而第 06 ~ 08 行是调用 place()

方法将 3 个文字标签分别放置在坐标为（0, 0）、（50, 50）、（100, 100）的位置。执行结果如图 12-12 所示。

\Ch12\gui2c.py

```
01  from tkinter import *
02  window = Tk()
03  label1 = Label(window, text = "文字标签 1", width = 30, bg = "lightyellow")
04  label2 = Label(window, text = "文字标签 2", width = 30, bg = "lightblue")
05  label3 = Label(window, text = "文字标签 3", width = 30, bg = "lightgray")
06  label1.place(x = 0, y = 0)
07  label2.place(x = 50, y = 50)
08  label3.place(x = 100, y = 100)
09  window.mainloop()
```

图 12-12

原则上，建议优先使用 pack() 或 grid() 方法设置组件的位置，因为当窗口上有越来越多的组件时，想精确算出每个组件的坐标并不容易，一旦调整已经组成的组件，又要重新计算坐标，相当麻烦。

12.2.2 Button（按钮）

Button 可以用来执行、终止或中断动作，当用户单击按钮时，会发生对应的事件，因此，如想在用户单击按钮后，就执行某个动作，可以将这个动作写进按钮的事件处理程序。可以使用如下语法创建按钮。

Button(父对象, 选择性参数 1 = 值 1, 选择性参数 2 = 值 2, …)

常用的选择性参数如下，更多的选择性参数可以参考 Python 说明文件。

➢ text：文字。

➢ width：宽度。

➢ height：高度。

➢ bg 或 background：背景色。

➢ fg 或 foreground：前景色。

> ➤ bd 或 borderwidth：框线宽度。
> ➤ padx：水平间距，默认值为 1。
> ➤ pady：垂直间距，默认值为 1。
> ➤ justify：对齐方式，LEFT、RIGHT、CENTER 表示靠左、靠右、居中。
> ➤ image：按钮上面的图形。
> ➤ textvariable：文字变量，用来获取或设置按钮的文字，12.2.3 小节的例子会示范此选择性参数的用法。
> ➤ underline：加下划线的字符，默认值为 -1，表示全部不加下划线，0 表示第一个字符，1 表示第二个字符，以此类推。
> ➤ command：当用户单击按钮时，会调用此选择性参数所指定的函数。

下面是一个例子，当用户单击"显示信息"按钮时，会在按钮下面显示 Hello, World!，如图 12-13 所示。

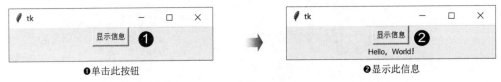

❶单击此按钮　　　　　　　　　　❷显示此信息

图 12-13

\Ch12\gui3.py

```python
01  from tkinter import *
02
03  def showMsg():
04      label1["text"] = "Hello, World!"
05
06  window = Tk()
07  btn1 = Button(window, text = "显示信息", command = showMsg)
08  label1 = Label(window)
09  btn1.pack()
10  label1.pack()
11  window.mainloop()
```

> ➤ 03、04：定义当用户单击按钮时所要调用的 showMsg() 函数，它会将文字标签的文字设置为 "Hello, World!"。
> ➤ 07：创建一个按钮，上面的文字为 "显示信息"，同时通过 command 选择性参数指定事件处理程序为 showMsg() 函数。
> ➤ 08：创建一个文字标签，当用户单击按钮时，会在此显示 "Hello, World!"。
> ➤ 09、10：调用 pack() 方法将按钮与文字标签由上到下排列。

12.2.3　Entry（文本框）

Entry 可以用来获取用户输入的数据，通常是字符串或数字等简短的数据。可以使用如下语法创建文本框。

常用的选择性参数如下，更多的选择性参数可以参考 Python 说明文件。

➢ width：宽度。

➢ bg 或 background：背景色。

➢ fg 或 foreground：前景色。

➢ state：输入状态，默认值为 NORMAL，而 DISABLED 表示无法输入。

➢ show：显示的字符，例如 show = '*' 会显示星号，而不会显示输入的数据，适合用来输入密码。

➢ textvariable：文字变量，用来获取或设置文本框的数据。

下面是一个例子，当用户在前两个文本框中输入数字并单击 = 按钮时，会将两个数字相加的结果显示在第 3 个文本框，如图 12-14 所示。

❶输入第 1 个数字　　❷输入第 2 个数字　　　❸单击此按钮　　　❹显示相加的结果

图 12-14

\Ch12\gui4.py

```
01  from tkinter import *
02
03  def add():
04      result.set(num1.get() + num2.get())
05
06  window = Tk()
07
08  num1 = DoubleVar()
09  num2 = DoubleVar()
10  result = DoubleVar()
11
12  Entry(window, width = 10, textvariable = num1).pack(side = LEFT)
13  Label(window, width = 5, text = "+").pack(side = LEFT)
14  Entry(window, width = 10, textvariable = num2).pack(side = LEFT)
```

```
15   Button(window, width = 5, text = "=", command = add).pack(side = LEFT)
16   Entry(window, width = 10, textvariable = result).pack(side = LEFT)
17   window.mainloop()
```

- ➢ 03、04：定义当用户单击 = 按钮时所要调用的 add() 函数，它会通过变量 num1 与变量 num2 的 get() 方法获取前两个文本框的数据，然后进行相加，再通过变量 result 的 set() 方法将相加的结果设置为第 3 个文本框的数据。
- ➢ 08：创建一个隶属于 DoubleVar 类的对象并赋值给变量 num1，用来存放第 1 个文本框的数据（浮点型）。
- ➢ 09：创建一个隶属于 DoubleVar 类的对象并赋值给变量 num2，用来存放第 2 个文本框的数据（浮点型）。
- ➢ 10：创建一个隶属于 DoubleVar 类的对象并赋值给变量 result，用来存放第 3 个文本框的数据（浮点型）。
- ➢ 12：创建第 1 个文本框，然后调用 pack() 方法将文本框由左到右排列。为了获取或设置文本框的数据，必须通过 textvariable = num1 选择性参数将数据设置为变量 num1 所参照的 DoubleVar 对象，之后就可以使用该对象的 get() 或 set() 方法获取或设置数据。这行语句也可以改写成如下两行语句。

```
entry1 = Entry(window, width = 10, textvariable = num1)
entry1.pack(side = LEFT)
```

- ➢ 13：创建一个文字标签，上面的文字为 "+"，然后调用 pack() 方法将文字标签由左到右排列。
- ➢ 14：创建第 2 个文本框，然后调用 pack() 方法将文本框由左到右排列。
- ➢ 15：创建一个按钮，上面的文字为 "="，同时通过 command 选择性参数指定事件处理程序为 add() 函数，然后调用 pack() 方法将按钮由左到右排列。
- ➢ 16：创建第 3 个文本框，然后调用 pack() 方法将文本框由左到右排列。

 注意

- 由于 DoubleVar 对象的默认值为 0.0，所以在这个例子中，3 个文本框一开始均会显示 0.0。
- DoubleVar 对象用来存放浮点数，若要存放整数，可以使用 IntVar 对象，默认值为 0；若要存放字符串，可以使用 StringVar 对象，默认值为空字符串；若要存放布尔值，可以使用 BooleanVar 对象，0 表示 False，1 表示 True。

12.2.4 Text（文字区域）

Text 可以用来显示与编辑具有格式的文字。可以使用如下语法创建文字区域。

Text(*父对象, 选择性参数1 = 值1, 选择性参数2 = 值2, …*)

常用的选择性参数如下，更多的选择性参数可以参考 Python 说明文件。

➢ width：宽度。

➢ height：高度。

➢ bg 或 background：背景色。

➢ fg 或 foreground：前景色。

➢ bd 或 borderwidth：框线宽度。

➢ padx：水平间距，默认值为 1。

➢ pady：垂直间距，默认值为 1。

➢ highlightbackground：反白背景色彩。

➢ highlightcolor：反白色彩。

➢ state：输入状态，默认值为 NORMAL，而 DISABLED 表示无法输入。

➢ wrap：换行，默认值为 CHAR，表示当一行的长度超过文字区域的宽度时，会切断单字换行；而 WORD 表示不会切断单字，将整个单字换行；NONE 则是不换行，此时必须搭配水平滚动条。

➢ xscrollcommand：水平滚动条，12.2.5 小节会介绍滚动条。

➢ yscrollcommand：垂直滚动条，12.2.5 小节会介绍滚动条。

下面是一个例子，它会在文字区域内显示指定的字符串。执行结果如图 12-15 所示。

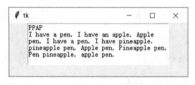

图 12-15

\Ch12\gui5.py

```
01   from tkinter import *
02
03   song = "I have a pen. I have an apple, Apple pen. I have a pen. I have pineapple. \
04   pineapple pen, Apple pen, Pineapple pen, Pen pineapple, apple pen."
05
06   window = Tk()
07   text1 = Text(window, width = 40, height = 6, wrap = WORD)
08   text1.insert(END, "PPAP\n")
09   text1.insert(END, song)
10   text1.pack()
11   window.mainloop()
```

➢ 03、04：设置要显示在文字区域的字符串。

➢ 07：创建一个文字区域，宽度为 40 字符，高度为 6 行，换行方式为整个单字换行。

➢ 08：调用 insert() 方法将第 2 个参数指定的字符串显示在文字区域，而第 1 个参数 END 表示将字符串插入文字区域的尾端。

➢ 09：调用 insert() 方法将第 2 个参数指定的字符串显示在文字区域，而第 1 个参数 END 表示将字符串插入文字区域的尾端。

12.2.5　Scrollbar（滚动条）

Scrollbar 可以用来在 Text（文字区域）、Listbox（列表框）或 Canvas（画布）显示滚动条。可以使用如下语法创建滚动条。

Scrollbar(*父对象, 选择性参数 1 = 值 1, 选择性参数 2 = 值 2, …*)

常用的选择性参数如下，更多的选择性参数可以参考 Python 说明文件。

➢ width：宽度。

➢ bg 或 background：背景色。

➢ bd 或 borderwidth：框线宽度。

➢ highlightbackground：反白背景色。

➢ highlightcolor：反白色。

➢ activebackground：当鼠标移到滚动条时，滚动条与箭头的色彩。

➢ orient：默认值为 VERTICAL，表示垂直滚动条，而 HORIZONTAL 表示水平滚动条。

➢ command：当移动滚动条时，会调用此选择性参数指定的函数。

下面是一个例子，它会在文字区域的右侧显示垂直滚动条，只要移动垂直滚动条，就可以卷动文字区域的内容。执行结果如图 12-16 所示。

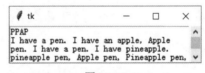

图 12-16

\Ch12\gui6.py

```
01  from tkinter import *
02
03  song = "I have a pen. I have an apple, Apple pen. I have a pen. I have pineapple. \
04  pineapple pen, Apple pen, Pineapple pen, Pen pineapple, apple pen."
05
06  window = Tk()
07  sbar1 = Scrollbar(window)
08  text1 = Text(window, width = 40, height = 4, wrap = WORD)
```

```
09  text1.insert(END, "PPAP\n")
10  text1.insert(END, song)
11  sbar1.pack(side = RIGHT, fill = Y)
12  text1.pack(side = LEFT, fill = Y)
13  sbar1["command"] = text1.yview
14  text1["yscrollcommand"] = sbar1.set
15  window.mainloop()
```

> 07：创建一个滚动条，默认值为垂直滚动条。若要创建水平滚动条，可以将 orient 选择性参数设置为 HORIZONTAL。

> 11：调用 pack() 方法将滚动条由右向左排列，fill = Y 表示组件的高度和父对象（即窗口）相同。

> 12：调用 pack() 方法将文字区域由左向右排列，fill = Y 表示组件的高度和父对象相同。若要使组件的宽度和父对象相同，可以改用 fill = X。

> 13：将滚动条的 command 选择性参数设置为 text1.yview，表示当移动滚动条时，会调用 yview() 方法滚动文字区域的内容。

> 14：将文字区域的 yscrollcommand 选择性参数设置为 sbar1.set，表示将滚动条链接到文字区域。

12.2.6 messagebox（对话框）

tkinter 包的 messagebox 模块提供下列数个方法，用来显示对话框。

> askokcancel（title, message, options）。

> askquestion（title, message, options）。

> askretrycancel（title, message, options）。

> askyesno（title, message, options）。

> showerror（title, message, options）。

> showinfo（title, message, options）。

> showwarning（title, message, options）。

其中，参数 title 为对话框的标题栏文字，参数 message 为对话框内的文字，参数 options 为对话框的选择性参数，有下列 3 种。

> default：默认的按钮，若没有设置此选择性参数，则默认的按钮为第 1 个按钮（"确定""是"或"重试"），也可设置为 CANCEL、IGNORE、OK、NO、RETRY、YES，表示"取消""忽略""确定""否""重试""是"按钮。

> icon：对话框内的图标，有 ERROR、INFO、QUESTION、WARNING 等设置值。

> parent：对话框的父对象。

askokcancel()、askretrycancel()和 askyesno()等方法会返回布尔值，True 表示用户单击"确

273

定"或"是"按钮，False 表示用户单击"取消"或"否"按钮，而 askquestion()方法会返回 "yes" 或 "no"，分别表示用户单击"是"或"否"按钮。

下面的语句会显示如图 12-17 所示的对话框，要求单击"确定"或"取消"按钮。

```
messagebox.askokcancel("我的对话框", "Hello, World!")
```

下面的语句会显示如图 12-18 所示的对话框，要求单击"重试"或"取消"按钮。

```
messagebox.askretrycancel("我的对话框", "Hello, World!")
```

图 12-17

图 12-18

下面的两个语句均会显示如图 12-19 所示的对话框，要求单击"是"或"否"按钮。

```
messagebox.askquestion("我的对话框", "Hello, World!")
messagebox.askyesno("我的对话框", "Hello, World!")
```

下面的语句会显示如图 12-20 所示的错误对话框。

```
messagebox.showerror("我的对话框", "Hello, World!")
```

图 12-19

图 12-20

下面的语句会显示如图 12-21 所示的信息对话框。

```
messagebox.showinfo("我的对话框", "Hello, World!")
```

下面的语句会显示如图 12-22 所示的警告对话框。

```
messagebox.showwarning ("我的对话框", "Hello, World!")
```

图 12-21

图 12-22

随堂练习

编写一个 Python 程序，执行结果如图 12-23 所示，当用户单击"显示信息"按钮时，会显示信息。

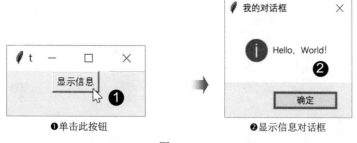

❶单击此按钮   ❷显示信息对话框

图 12-23

【解答】

\Ch12\gui7.py

```python
from tkinter import *
from tkinter import messagebox
def showMsg():
    messagebox.showinfo("我的对话框", "Hello, World!")

window = Tk()
btn1 = Button(window, text = "显示信息", command = showMsg)
btn1.pack()
window.mainloop()
```

12.2.7　Checkbutton（复选框）

Checkbutton 就像能够复选的选择题，允许用户选择多个选项，我们通常会通过复选框询问用户喜欢阅读哪些书籍、喜欢从事哪些休闲活动等能够复选的问题。可以使用如下语法创建复选框。

Checkbutton(*父对象, 选择性参数1 = 值1, 选择性参数2 = 值2, …*)

常用的选择性参数如下，更多的选择性参数可以参考 Python 说明文件。

➢ text：文字。
➢ width：宽度。
➢ height：高度。
➢ bg 或 background：背景色。
➢ textvariable：获取或设置复选框的文字。
➢ variable：获取或设置复选框的目前状态。
➢ command：当复选框的状态改变时，会调用此选择性参数指定的函数。

下面是一个例子，当用户选择喜欢的甜点并单击"确定"按钮时，会以对话框显示所选择的甜点，如图 12-24 所示。

❶选择甜点并单击"确定"按钮

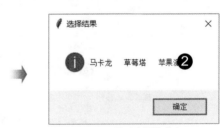

❷显示选择的甜点

图 12-24

\Ch12\gui8.py

```
01  from tkinter import *
02  from tkinter import messagebox
03  def showMsg():
04      result = ''
05      for i in checkvalue:
06          if checkvalue[i].get() == True:
07              result = result + dessert[i] + '\t'
08      messagebox.showinfo("选择结果", result)
09
10  window = Tk()
```

```
11
12  label1 = Label(window, text = "请选择您喜欢的甜点：").pack()
13  dessert = {0 : "马卡龙", 1 : "舒芙蕾", 2 : "草莓塔", 3 : "苹果派"}
14  checkvalue = {}
15  for i in range(len(dessert)):
16      checkvalue[i] = BooleanVar()
17      Checkbutton(window, variable = checkvalue[i], text = dessert[i]).pack()
18
19  Button(window, text = "确定", command = showMsg).pack()
20  window.mainloop()
```

➢ 03 ~ 08：定义当用户单击"确定"按钮时所要调用的 showMsg() 函数，它会通过 for 循环检查每个复选框，将被选择的甜点显示在对话框。

➢ 13：创建一个字典，用来存放复选框的文字，即甜点。

➢ 14：创建一个字典，用来存放复选框的状态，即是否被选取。

➢ 15 ~ 17：通过 for 循环创建 4 个复选框，其文字存放在 dessert 字典，而其状态存放在 checkvalue 字典。由于第 16 行将选取状态设置为 Boolean 对象，所以第 06 行可以使用该对象的 get() 方法获取其值。

12.2.8 Radiobutton（单选按钮）

Radiobutton 就像只能单选的选择题，我们通常会通过单选按钮列出数个选项，以询问用户的最高学历、已婚、未婚等只有一个答案的问题。可以使用如下语法创建单选按钮。

Radiobutton(*父对象, 选择性参数 1 = 值 1, 选择性参数 2 = 值 2, ...*)

常用的选择性参数如下，更多的选择性参数可以参考 Python 说明文件。

➢ text：文字。

➢ width：宽度。

➢ height：高度。

➢ textvariable：获取或设置单选按钮的文字。

➢ value：单选按钮的值，用来区分不同的单选按钮。

➢ variable：获取或设置目前选取的单选按钮。

➢ command：当单选按钮的状态改变时，会调用此选择性参数指定的函数。

下面是一个例子，当用户选择最喜欢的甜点并单击"确定"按钮时，会以对话框显示所选择的甜点，如图 12-25 所示。

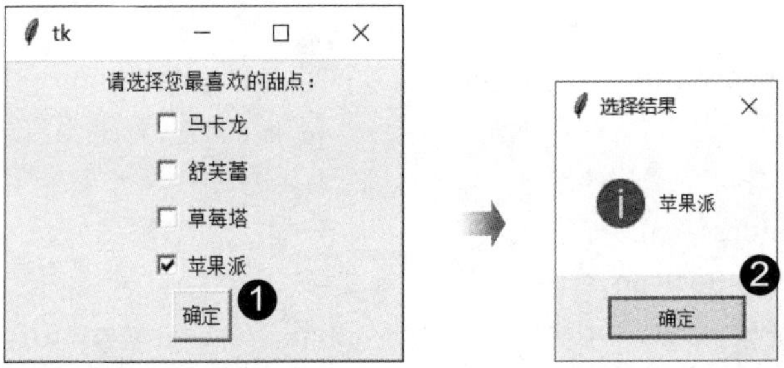

❶选择甜点并单击"确定"按钮　　　　❷显示选择的甜点

图 12-25

\Ch12\gui9.py

```
01   from tkinter import *
02   from tkinter import messagebox
03   def showMsg():
04       i = radiovalue.get()
05       messagebox.showinfo("选择结果", dessert[i])
06
07   window = Tk()
08
09   label1 = Label(window, text = "请选择您最喜欢的甜点：").pack()
10   dessert = {0 : "马卡龙", 1 : "舒芙蕾", 2 : "草莓塔", 3 : "苹果派"}
11   radiovalue = IntVar()
12   radiovalue.set(0)
13   for i in range(len(dessert)):
14       Radiobutton(window, text = dessert[i], variable = radiovalue, value = i).pack()
15
16   Button(window, text = "确定", command = showMsg).pack()
17   window.mainloop()
```

➢ 03 ~ 05：定义当用户单击"确定"按钮时所要调用的 showMsg() 函数，它会通过 radiovalue 变量所参照之 IntVar 对象的 get() 方法获取目前选取的单选按钮，然后将此值对应的甜点显示在对话框。

➢ 10：定义一个字典，用来存放单选按钮的文字，即甜点。

➢ 11：创建一个 IntVar 对象，用来存放目前选取的单选按钮。

➢ 12：通过 radiovalue 变量所参照之 IntVar 对象的 set() 方法将目前选取的单选按钮设置为 0，而此值 0 对应的甜点为 "马卡龙"。

➢ 13、14：通过 for 循环创建 4 个单选按钮，其文字存放在 dessert 字典，其状态存放在 radiovalue 变量，其值依序为 0、1、2、3，当选取某个单选按钮时，其值会存放在 radiovalue 变量。

12

12.2.9　Menu（菜单）

可以使用如下语法创建 Menu。

Menu(*父对象, 选择性参数* 1 = *值* 1, *选择性参数* 2 = *值* 2, …)

常用的选择性参数如下，更多的选择性参数可以参考 Python 说明文件。

➢ bg 或 background：背景色。

➢ fg 或 foreground：前景色。

➢ bd 或 borderwidth：框线宽度。

➢ activebackground：当指针移到项目上时的反白色。

➢ tearoff：第一个项目上面的分隔线，若不显示该分隔线，可以加上 tearoff = 0。

此外，我们还会用到下列几个方法，更多的选择性参数与方法可以参考 Python 说明文件。

➢ add_cascade(options)：加入子菜单，参数 options 为选择性参数，例如 label 用来指定子菜单的文字，menu 用来指定子菜单与哪个 Menu 组件产生关联。

➢ add_command(options)：加入项目，参数 options 为选择性参数，例如 label 用来指定项目的文字，command 用来指定当单击项目时要调用的函数。

➢ add_separator()：加入分隔线。

下面是一个例子，菜单有两个子菜单，其中"文件"子菜单有 3 个项目，而且"打开文件..."项目后有一个分隔线，若单击"退出"项目，就会结束应用程序，"说明"子菜单则有"关于我们..."项目，如图 12-26 所示。

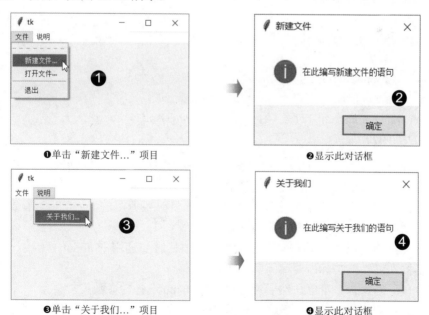

❶单击"新建文件..."项目　　　　❷显示此对话框

❸单击"关于我们..."项目　　　　❹显示此对话框

图 12-26

\Ch12\gui10.py

```
01  from tkinter import *
02  from tkinter import messagebox
03  def newFile():
04      messagebox.showinfo("新建文件", "在此编写新建文件的语句")
05
06  def openFile():
07      messagebox.showinfo("打开文件", "在此编写打开文件的语句")
08
09  def about():
10      messagebox.showinfo("关于我们", "在此编写关于我们的语句")
11
12  window = Tk()
13  menu = Menu(window)
14  window["menu"] = menu
15
16  filemenu = Menu(menu)
17  menu.add_cascade(label = "文件", menu = filemenu)
18  filemenu.add_command(label = "新建文件...", command = newFile)
19  filemenu.add_command(label = "打开文件...", command = openFile)
20  filemenu.add_separator()
21  filemenu.add_command(label = "退出", command = window.destroy)
22
23  helpmenu = Menu(menu)
24  menu.add_cascade(label = "说明", menu = helpmenu)
25  helpmenu.add_command(label = "关于我们...", command = about)
26  window.mainloop()
```

- ➢ 03、04：定义当用户单击"新建文件..."项目时要调用的 newFile() 函数，此例是显示对话框，可以视实际需要编写其他语句。
- ➢ 06、07：定义当用户单击"打开文件..."项目时要调用的 openFile() 函数，此例是显示对话框，可以视实际需要编写其他语句。
- ➢ 09、10：定义当用户单击"关于我们..."项目时要调用的 about() 函数，此例是显示对话框，可以视实际需要编写其他语句。
- ➢ 13、14：创建一个菜单，然后通过窗口的 menu 选择性参数设置菜单。
- ➢ 16~21：创建"文件"子菜单，里面有"新建文件...""打开文件...""退出"3 个项目和一个分隔线，若单击"退出"项目，就会调用 destroy() 方法结束应用程序。

➢ 23～25：创建"说明"子菜单，里面有"关于我们..."项目。

12.2.10 PhotoImage（图形）

可以使用 PhotoImage 类在窗口中加入图形，其语法如下。

PhotoImage(file = "*GIF 或 PGM/PPM 图文件路径与文件名*")

下面是一个例子，当用户选择最喜欢的花并单击"确定"按钮时，会以对话框显示选择的花，如图 12-27 所示。

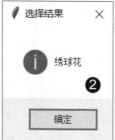

●选择花的照片并单击"确定"按钮
❷显示选择的花

❸选择花的照片并单击"确定"按钮
❹显示选择的花

图 12-27

\Ch12\gui11.py

```
01  from tkinter import *
02  from tkinter import messagebox
03  def showMsg():
04      i = radiovalue.get()
```

```
05        if i == 0:
06            messagebox.showinfo("选择结果", "绣球花")
07        else:
08            messagebox.showinfo("选择结果", "郁金香")
09
10    window = Tk()
11    image1 = PhotoImage(file = "flower1.gif")
12    image2 = PhotoImage(file = "flower2.gif")
13    label1 = Label(window, text = "请选择您最喜欢的花：").pack()
14    radiovalue = IntVar()
15    radiovalue.set(0)
16    Radiobutton(window, image = image1, variable = radiovalue, value = 0).pack()
17    Radiobutton(window, image = image2, variable = radiovalue, value = 1).pack()
18    Button(window, text = "确定", command = showMsg).pack()
19    window.mainloop()
```

➢ 03～08：定义当用户单击"确定"按钮时所要调用的 showMsg() 函数，它会通过 radiovalue 变量所参照之 IntVar 对象的 get() 方法获取目前选取的单选按钮，然后将此值对应的花显示在对话框中。

➢ 11、12：创建两个图形对象，用来存放两张花的照片 flower1.gif 和 flower2.gif。

➢ 16：创建第 1 个单选按钮，但这次不指定文字，改通过 image 选择性参数指定图形。

➢ 17：创建第 2 个单选按钮，但这次不指定文字，改通过 image 选择性参数指定图形。

学习检测

一、选择题

1. 下列哪个语句可以让窗口进入等待与处理事件的状态，直到用户关闭窗口为止？（　　　）

　A. window = Tk()　　　　　　　　　　　　B. window.title("我的窗口")

　C. window.maxsize(300, 200)　　　　　　　D. window.mainloop()

2. 可以使用窗口对象的哪个方法禁止用户改变窗口的大小？（　　　）

　A. title()　　　　　　B. resize()　　　　　　C. geometry()　　　　　D. maxsize()

3. 可以使用下列哪个组件让用户输入诸如字符串或数字等简短的数据？（　　　）

　A. Entry　　　　　　B. Text　　　　　　C. Scrollbar　　　　　D. Scale

4. 可以使用下列哪个组件制作类似只能单选的选择题？（　　）

   A. Checkbutton   B. Radiobutton   C. Listbox   D. Menu

5. 可以使用 Button 组件的哪个选择性参数设置当用户单击按钮时要调用的函数？（　　）

   A. textvariable   B. variable   C. command   D. click

6. tkinter.messagebox 模块的哪个方法可以用来显示错误对话框？（　　）

   A. askretrycancel()   B. askyesno()   C. showerror()   D. showinfo()

二、练习题

1. [计算 BMI] 编写一个 Python 程序，要求用户输入身高与体重，然后计算 BMI 并显示结果，如图 12-28 所示。BMI 的计算公式如下，理想体重范围的 BMI 为 18.5 ～ 24。

$$BMI = 体重\ (千克)\ /\ 身高^2\ (米^2)$$

图 12-28

2. [早餐问卷调查] 编写一个 Python 程序，要求用户选择喜欢的早餐（可多选），然后以对话框显示选择的早餐，如图 12-29 所示，这 5 张图片的文件名为 0.gif、1.gif、2.gif、3.gif、4.gif。

图 12-29

第 13 章

使用 pillow
处理图片

13.1　认　识　pillow

早期 Python 有一个图片处理库叫作 PIL（Python Imaging Library），该库包含数个模块，广泛支持 JPEG、PNG、BMP、GIF、TIFF 等常见的图片格式，以及黑白、灰阶、自定义调色板、RGB、CMYK 等色彩模式，同时还提供基本的图片操作、图片强化、色彩处理、滤镜、绘图等功能。不过，PIL 库于 2009 年停止开发与维护，改由第三方库 pillow 承袭 PIL，于 2010 年开始提供后续的开发与支持。

安装 pillow 库的步骤如下。

（1）可以使用 11.3.1 小节介绍的 pip 程序安装 pillow 库，请打开"命令提示符"窗口，在提示符号 > 后面输入如下命令，然后按 Enter 键，安装此扩展库。

```
C:\Users\Administrator>pip install pillow
```

（2）输入如下命令查看 pillow 库的版本、安装路径、授权等信息（图 13-1）。

```
C:\Users\Administrator>pip show pillow
```

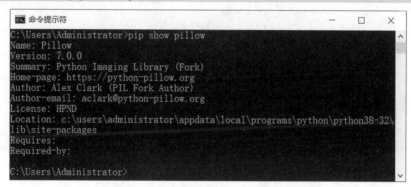

图 13-1

13.2　图片处理功能

安装 pillow 库后，要进行导入，才能使用它的功能。例如，下面的语句是从 pillow 库导入 Image 模块。

```
>>> from PIL import Image
```

请注意，这个语句的库名称是 PIL，而不是 pillow，原因在于 pillow 是承袭 PIL 的库，为了顾及与 PIL 的兼容性，让使用 PIL 的程序不经修改也能正常运作，所以这个语句就维持和原本导入 PIL 相同的语句。

pillow 库包含数个模块，功能相当强大，我们会挑选一些常用的功能进行介绍，至于其他功能与说明文件，有需要的读者可以到 pillow 官方网站（https://python-pillow.org/）查看。

13.2.1　显示图片

首先，准备一张图片，如 bird.jpg，然后在 IDLE 输入如下语句，启动默认的程序显示图片。

```
01 >>> from PIL import Image
02 >>> im = Image.open("E:\\bird.jpg")
03 >>> im.show()
```

➤ 01：从 pillow 库导入 Image 模块。
➤ 02：使用 Image 模块的 open() 函数打开参数指定的图文件，然后将图片对象赋值给变量 im。为了方便示范，此例将图片 bird.jpg 存放在 E: 磁盘中，建议另外建立文件夹存放图片。
➤ 03：使用图片对象的 show() 方法显示变量 im 所参照的图片。

执行结果如图 13-2 所示。

图 13-2

图片对象常用的属性如下。

➤ Image.format：图片的文件格式。
➤ Image.mode：图片的色彩模式（像素格式），如 "1" "L" "RGB" "CMYK" 分别表示黑白、灰阶、RGB、CMYK。
➤ Image.width：图片的宽度，以像素为单位。
➤ Image.height：图片的高度，以像素为单位。
➤ Image.size：图片的大小，返回值是一个表示宽度与高度的元组。例如：

```
>>> im = Image.open("E:\\bird.jpg")
>>> print(im.format)
JPEG
>>> print(im.size)
(1108, 1185)
```

13.2.2 将图片转换成黑白或灰阶

可以使用图片对象的 convert() 方法将图片转换成只有黑或白两色。例如：

```
01  >>> from PIL import Image
02  >>> im = Image.open("E:\\bird.jpg")
03  >>> out = im.convert("1")
04  >>> out.show()
```

> ➢ 02：使用 Image 模块的 open() 函数打开参数所指定的图文件，然后将图片对象赋值给变量 im。
> ➢ 03：使用图片对象的 convert() 方法并加上参数 "1"，表示要转换成黑白图片，然后将转换后的图片对象赋值给变量 out。
> ➢ 04：使用图片对象的 show() 方法显示变量 out 所参照的图片。

执行结果如图 13-3 所示，图片的每个像素只有黑或白两色。

图 13-3

若要转换成灰阶图片，将第 03 行中 convert() 方法的参数改成 "L"，就会得到如图 13-4 所示的结果，图片的每个像素除了有黑或白两色外，还有不同浓淡程度的灰色。

```
01  >>> from PIL import Image
02  >>> im = Image.open("E:\\bird.jpg")
```

```
03  >>> out = im.convert("L")
04  >>> out.show()
```

图 13-4

若要将转换后的图片存盘，可以使用图片对象的 save() 方法。例如，下面的语句是将变量 out 所参照的图片存储在参数所指定的路径与文件名。

```
>>> out.save("E:\\Jean\bird2.jpg")
```

此外，对于不再使用的图片，建议使用图片对象的 close() 方法关闭文件指针，释放图片占用的内存。例如，下面的语句是关闭变量 out 的文件指针。

```
>>> out.close()
```

13.2.3　旋转图片

可以使用图片对象的 rotate() 方法旋转图片，例如第 03 行是将图片向逆时针方向旋转 45º。

```
01  >>> from PIL import Image
02  >>> im = Image.open("E:\\bird.jpg")
03  >>> out = im.rotate(45)
04  >>> out.show()
```

执行结果如图 13-5 所示。

除了 rotate() 方法外，还有另一个 transpose() 方法，只要加上 Image.FLIP_LEFT_RIGHT、Image.FLIP_TOP_BOTTOM、Image.ROTATE_90、Image.ROTATE_180、Image.ROTATE_270 等参数，就可以将图片左右翻转、上下翻转或旋转 90º、180º、270º。例如，下面的语句是将变量 im 所参照的图片左右翻转，然后将翻转后的图片对象赋值给变量 out。

```
>>> out = im.transpose(Image.FLIP_LEFT_RIGHT)
```

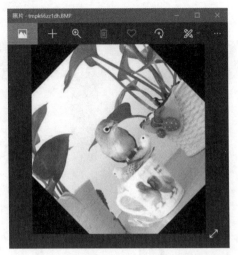

图 13-5

13.2.4　滤镜效果

可以使用图片对象的 filter() 方法将图片加上滤镜效果。例如：

```
01  >>> from PIL import Image
02  >>> from PIL import ImageFilter
03  >>> im = Image.open("E:\\bird.jpg")
04  >>> out = im.filter(ImageFilter.BLUR)
05  >>> out.show()
```

> 02：从 pillow 库导入 ImageFilter 模块，此模块提供了一组预先定义的滤镜，如下所示。
>   ↘　BLUR（模糊）。
>   ↘　CONTOUR（轮廓）。
>   ↘　DETAIL（细节）。
>   ↘　EDGE_ENHANCE（边缘增强）。
>   ↘　EDGE_ENHANCE_MORE（边缘更增强）。
>   ↘　EMBOSS（压花）。
>   ↘　FIND_EDGES（找边）。
>   ↘　SMOOTH（平滑）。
>   ↘　SMOOTH_MORE（更平滑）。
>   ↘　SHARPEN（锐利化）。
> 04：使用 filter() 方法并加上参数 ImageFilter.BLUR，表示将图片加上 BLUR 滤镜，然后将加上滤镜后的图片对象赋值给变量 out。

执行结果如图 13-6 所示。

13

可以试着变换其他滤镜，看效果如何。图 13-7 为加上 CONTOUR 滤镜的结果。

图 13-6

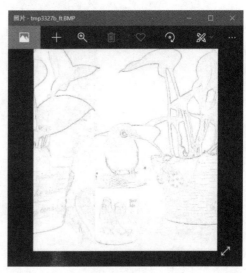
图 13-7

13.2.5 在图片上绘制文字

在图片上绘制文字需要使用 Image、ImageDraw、ImageFont 3 个模块。下面是一个例子，它会在图片上以红色绘制 Hello! 文字。

```
01  >>> from PIL import Image, ImageDraw, ImageFont
02  >>> im = Image.open("E:\\bird.jpg")
03  >>> ttfont = ImageFont.truetype("C:\\Windows\\Fonts\\Arial\\arial.ttf", 100)
04  >>> draw = ImageDraw.Draw(im)
05  >>> draw.text((150,10), "Hello!", font = ttfont, fill = (255, 0, 0, 255))
06  >>> im.show()
```

➤ 01：从 pillow 库导入 Image、ImageDraw、ImageFont 3 个模块。

➤ 02：使用 Image 模块的 open() 函数打开参数所指定的图文件，然后将图片对象赋值给变量 im。

➤ 03：使用 ImageFont 模块的 truetype() 函数加载参数所指定的字型文件及字号，然后将字型对象赋值给变量 ttfont，此例的字型文件是 Windows 内置的 Arial，字号为 100 点，若没有指定字号，则默认值为 10 点。

➤ 04：根据参数参照的图片建立一个 ImageDraw.Draw 对象，然后将绘图对象赋值给变量 draw。

➤ 05：使用绘图对象的 text() 方法绘制文字，其语法如下。

```
ImageDraw.Draw.text(xy, text, font = None, fill = None, spacing = 0, align = "left")
```

- ↳ xy：设置文字的左上角坐标。
- ↳ text：设置要绘制的文字。
- ↳ font：设置文字的字型，若省略不写，表示采取默认的字型。
- ↳ fill：设置文字的色彩，若省略不写，表示采取预设的色彩。

请注意，选择性参数 fill 有 4 个 0～255 的数值，分别表示色彩的红、绿、蓝级数及透明度，其中透明度 0～255 表示从完全透明到完全不透明。

- ↳ spacing：设置文字的间距，若省略不写，表示采取默认值 0。
- ↳ align：设置文字的对齐方式，若省略不写，表示采取默认值 "left"（靠左），其他设置值还有 "right"（靠右）和 "center"（居中）。

➢ 06：使用图片对象的 show() 方法显示变量 im 参照的图片。

执行结果如图 13-8 所示。

图 13-8

 注意

除了 text() 方法外，ImageDraw.Draw 对象也提供 arc()（弧线）、chord()（弦）、line()（线段）、ellipse()（椭圆）、point()（点）、rectangle()（矩形）与 polygon()（多边形）等方法用来绘制几何图形，有兴趣的读者可以到 pillow 官方网站（https://python-pillow.org/）查看相关的语法。

13.2.6　建立空白图片

可以使用图片对象的 new() 方法建立空白图片。下面是一个例子，它会先建立空白图片，然后在图片上以绿色绘制一个椭圆。

```
01  >>> from PIL import Image, ImageDraw
02  >>> im = Image.new("RGB", (400, 300))
03  >>> draw = ImageDraw.Draw(im)
04  >>> draw.ellipse([(0, 0), (100, 100)], fill = (0, 255, 0, 255))
05  >>> im.show()
```

➤ 02：使用 Image 模块的 new() 函数建立一个宽度 400 像素、高度 300 像素、采取 RGB 色彩模式的空白图片，然后将图片对象赋值给变量 im。

➤ 05：使用绘图对象的 ellipse() 方法绘制椭圆，第 1 个参数为框住椭圆之方框的左上角和右下角坐标，第 2 个参数为椭圆的填满色彩。

执行结果如图 13-9 所示。

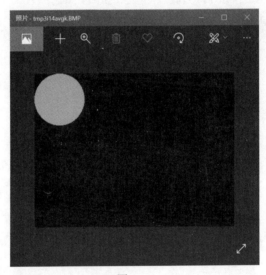

图 13-9

 备注

> ellipse() 方法的语法如下，其中参数 xy 为框住椭圆之方框的左上角和右下角坐标，采取 [(x0, y0), (x1, y1)] 或 [x0, y0, x1, y1] 形式，选择性参数 fill 为椭圆的填满色彩，选择性参数 outline 为椭圆的外框色彩。

ImageDraw.Draw.ellipse(xy, fill = None, outline = None)

13.2.7 变更图片的大小

可以使用图片对象的 resize() 方法变更图片的大小，参数是一个表示宽度与高度的 tuple（元组）。例如，第 03 行是将图片的大小设置为宽度 400 像素、高度 250 像素。

```
01  >>> from PIL import Image
02  >>> im = Image.open("E:\\bird.jpg")
03  >>> out = im.resize((400, 250))
04  >>> out.show()
```

执行结果如图 13-10 所示。

图 13-10

13.3 使用 qrcode 模块产生 QR code 图片

本章最后要介绍一个可以用来产生 QR code 图片的模块——qrcode，只要搭配 pillow 库，就能将 QR code 图片存盘（注：QR code 是一种二维条形码，比起传统的一维条形码，QR code 可以存储更多的数据）。

1. 安装 qrcode 模块

可以使用 11.3.1 小节介绍的 pip 程序安装 qrcode 模块，打开"命令提示符"窗口，在提示符号 > 后面输入如下命令，然后按 Enter 键，就会安装此模块，如果已经安装过 qrcode 模块，将会显示如图 13-11 中的信息。然后输入 pip show qrcode 命令，可显示详细信息。

```
C:\Users\Administrator>pip install qrcode
```

```
命令提示符
C:\Users\Administrator>pip install qrcode
Looking in indexes: https://pypi.tuna.tsinghua.edu.cn/simple
Requirement already satisfied: qrcode in c:\users\administrator\appdata\loc
al\programs\python\python38-32\lib\site-packages (6.1)
Requirement already satisfied: six in c:\users\administrator\appdata\local\
programs\python\python38-32\lib\site-packages (from qrcode) (1.14.0)
Requirement already satisfied: colorama; platform_system == "Windows" in c:
\users\administrator\appdata\local\programs\python\python38-32\lib\site-pac
kages (from qrcode) (0.4.3)

C:\Users\Administrator>pip show qrcode
Name: qrcode
Version: 6.1
Summary: QR Code image generator
Home-page: https://github.com/lincolnloop/python-qrcode
Author: Lincoln Loop
Author-email: info@lincolnloop.com
License: BSD
Location: c:\users\administrator\appdata\local\programs\python\python38-32\
lib\site-packages
Requires: six, colorama
Required-by:

C:\Users\Administrator>
```

图 13-11

2. 产生 QR code 图片

安装 qrcode 模块后，可以试着产生 QR code 图片，假设数据为 Python 官方网站的网址 https://www.python.org/，相关的命令如下，由于产生的 QR code 图片为 PilImage 类型，所以会搭配 pillow 库显示与存盘。

```
01 >>> import qrcode
02 >>> from PIL import Image
03 >>> im = qrcode.make("https://www.python.org/")
04 >>> type(im)
05 <class 'qrcode.image.pil.PilImage'>
06 >>> im.show()
07 >>> im.save("J:\\Jean\myqrcode.jpg")
```

- 01：导入 qrcode 模块。
- 03：使用 qrcode 模块的 make() 函数将参数指定的数据转换成 QR code 图片，然后将图片对象赋值给变量 im。
- 04、05：显示变量 im 参照之图片的类型，得到 PilImage 类型。
- 06：显示变量 im 参照的图片。
- 07：将变量 im 参照的图片存盘。

执行结果如图 13-12 所示。

图 13-12

学习检测

一、选择题

1. 在 pillow 库中，图片对象的哪个属性可以返回图片的色彩模式？（   ）
   A. format
   B. mode
   C. size
   D. width

2. 在 pillow 库中，图片对象的哪个方法可以将图片转换成灰阶？（   ）
   A. convert()
   B. open()
   C. resize()
   D. transpose()

3. 在 pillow 库中，图片对象的哪个方法可以将图片做上下翻转？（   ）
   A. filter()
   B. transpose()
   C. converse()
   D. resize()

4. 在 pillow 库中，下列哪个函数可以用来加载字型文件？（   ）
   A. text()
   B. font()
   C. show()
   D. truetype()

5. 在 pillow 库中，下列哪个函数可以用来绘制椭圆？（   ）
   A. arc()
   B. line()
   C. ellipse()
   D. point()

6. 在 pillow 库中，下列哪个函数可以用来建立空白图片？（   ）
   A. open()
   B. new()
   C. save()
   D. show()

7. 在 qrcode 库中，下列哪个函数可以用来将数据转换成 QR code 图片？（   ）
   A. make()
   B. convert()
   C. transpose()
   D. generate()

二、练习题

1. 编写一些 Python 语句，将图片 bird.jpg 套用 BLUR 滤镜 10 次。执行结果如图 13-13 所示。

2. 编写一些 Python 语句，将图片 bird.jpg 做左右翻转。执行结果如图 13-14 所示。

图 13-13

图 13-14

3. 编写一些 Python 语句，将百度的网址 http://www.baidu.com/ 转换成 QR code 图片，如图 13-15 所示。然后用智能手机扫描该图片，看是否会得到相同的页面。

图 13-15

第 14 章

使用 NumPy 进行数据运算

14.1　认　识　NumPy

本书最后 4 章将介绍 4 个能够帮助 Python 有效进行数据运算与分析的第三方库——NumPy、matplotlib、SciPy、pandas，它们分别具有高速数据运算、分析结果可视化、科学计算与进阶的数据分析功能。

NumPy 官方网站（http://www.numpy.org/）指出，NumPy（Numeric Python）是一个在 Python 进行科学运算的基本库，提供多维数组和屏蔽数组、矩阵等衍生对象，并针对数组提供大量的运算函数。例如：

> 数组创建与操作函数
> 二元运算、字符串运算
> C-Types 外部函数接口（numpy.ctypeslib）
> 日期时间函数
> 数据类型函数
> SciPy 加速函数（numpy.dual）
> 数学函数、浮点数错误处理
> 离散傅里叶变换（numpy.fft）
> 财务函数
> 索引函数
> 输入/输出
> 线性代数（numpy.linalg）
> 逻辑函数
> 屏蔽数组运算
> 矩阵函数（numpy.matlib）
> 多项式
> 随机取样（numpy.random）
> 集合函数
> 排序、搜寻与计数
> 统计
> 测试支持（numpy.testing）
> 窗口函数
> 其他函数

本章介绍数组运算、常用的数学函数、矩阵函数、随机取样函数、统计函数、文件数据输入/输出等，其他函数可以参考 NumPy 官方网站的说明文件。

安装 NumPy 库的步骤如下。

（1）可以使用 11.3.1 小节介绍的 pip 程序安装 NumPy 库，请打开"命令提示符"窗口，在提示符号 > 后输入如下命令，然后按 Enter 键，安装此扩展库。

```
C:\Users\Administrator>pip install numpy
```

（2）输入如下命令查看 NumPy 扩展库的版本、安装路径、授权等信息。

```
C:\Users\Administrator>pip show numpy
```

14.2　NumPy 的数据类型

NumPy 内置了比 Python 更多的数据类型，如表 14-1 所示，建议先浏览这些类型，再进一步学习数组运算。

表 14-1　NumPy 内置的数据类型

数 据 类 型	说　　　明	字　符　码
布尔		
bool_、bool8	和 Python 的 bool 相容（True 或 False）	'?'
整数		
byte	和 C 的 char 相容	'b'
short	和 C 的 short 相容	'h'
intc	和 C 的 int 相容	'i'
int_	和 Python 的 int 相容	'l'
longlong	和 C 的 longlong 相容	'q'
intp	足以存放指针的大小	'p'
int8	8bits 整数（−128 ~ 127）	
int16	16bits 整数（−32768 ~ 32767）	
int32	32bits 整数（−2147483648 ~ 2147483647）	
int64	64bits 整数（−9223372036854775808 ~ 9223372036854775807）	
无符号整数		
ubyte	和 C 的 unsigned char 相容	'B'
ushort	和 C 的 unsigned short 相容	'H'
uintc	和 C 的 unsigned int 相容	'I'
uint	和 Python 的 int 相容	'L'
ulonglong	和 C 的 longlong 相容	'Q'

数据类型	说　　明	字　符　码
uintp	足以存放指针的大小	'P'
uint8	8bits 无符号整数（0 ～ 255）	
uint16	16bits 无符号整数（0 ～ 65535）	
uint 32	32bits 无符号整数（0 ～ 4294967295）	
uint64	64bits 无符号整数（0 ～ 18446744073709551615）	
浮点数		
half	半精度浮点数（16bits）	'e'
single	单精度浮点数（32bits），和 C 的 float 相容	'f'
double	双精度浮点数（64bits），和 C 的 double 相容	
float_	和 Python 的 float 相容	'd'
longfloat	和 C 的 longfloat 相容	'g'
float16、float32、float64、float96、float128	16、32、64、96、128bits 浮点数	
复数浮点数		
csingle		'F'
complex_	和 Python 的 complex 相容	'D'
clongfloat		'G'
complex64、complex128、complex192、complex256	以两个 32、64、96、128bits 浮点数表示实部与虚部	
其他		
object_	任何 Python 对象	'O'
bytes_	和 Python 的 bytes 相容	'S#'
unicode_	和 Python 的 unicode/str 相容	'U#'
void		'V#'

注：后面 3 种数据类型的大小取决于存放的数据，字符码中的 # 是一个数字，表示数据由几个元素组成，例如 'U6' 表示数据包含 6 个字符。

14.3　一维数组运算

　　数组（array）是一种数据结构，可以用来存放多个数据。数组存放的数据叫作元素（element），每个元素有各自的值（value）。数组是如何区分它存放的元素呢？答案是通过索引（index）。多数程序语言以索引 0 代表数组的第 1 个元素，以索引 1 代表数组的第 2 个元素，……，以索引 *n*－1 代表数组的第 *n* 个元素。

　　当数组最多能存放 *n* 个元素时，表示它的长度（length）为 *n*，而且除了一维数组（onedimension array）之外，多数程序语言也支持多维数组（multi-dimension array）并规定合法的维度上限。此外，若数组的元素被限制，必须是相同的类型，则称为同质数组（homogeneous array）。

NumPy 提供的数组类型叫作 ndarray（n-dimension array，*n* 维数组），这是一个 *n* 维、同质且固定大小的数组对象，*n* 表示一维、二维或更多维，而同质表示每个元素必须是相同的类型。例如，下面的第 2 个语句会调用 NumPy 的 array() 函数创建一个类型为 ndarray，包含10、20、30 3 个元素的一维数组并指派给变量 A。

```
>>> import numpy as np
>>> A = np.array([10, 20, 30])
```

可以将一维数组想象成一排空纸箱，如图 14-1 所示，箱子的编号结合了数组的名称与索引，例如 *A*[0]、*A*[1]、*A*[2]，而箱子的内容是各个元素，因此，*A*[0]、*A*[1]、*A*[2] 分别可以用来取得 10、20、30 元素。

元　　素	值
A[0]	10
A[1]	20
A[2]	30

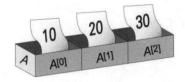

图 14-1

☕ 备注

或许您会问，为何不直接使用 Python 内置的 list 或 tuple 类型进行数组运算呢？最大的理由是，它们处理大量数据的速度不够快，list 或 tuple 会将元素存放在内存中分散的位置，因而影响到访问速度，而 NumPy 的 ndarray 类型会将元素存放在内存中连续的位置，访问速度自然较快，另外还有一些差异，具体如下。

➢ NumPy 数组在建立的当下具有固定大小，而 Python list 的大小是动态的。

➢ NumPy 数组的元素必须是相同的类型，而 Python list 的元素则无此限制。

➢ NumPy 数组针对大量数据提供进阶且高速的数学运算。

➢ 越来越多的科学运算库都支持 NumPy 数组，且效率高于 Python list。

14.3.1 ndarray 类型的属性

ndarray 类型比较重要的属性如下。

➢ ndarray.ndim：数组的维度，NumPy 将维度（dimension）称为 axis（轴）。

➢ ndarray.shape：数组的形状，这是一个整数元组，每个整数表示各个维度的元素个数。

> ➤ ndarray.size：数组的元素个数。
> ➤ ndarray.dtype：数组的元素类型，可以是 Python 或 NumPy 内置的数据类型。
> ➤ ndarray.itemsize：数组的元素大小，以字节为单位，如 numpy.int32 类型的元素大小为 32 / 8 = 4B，而 numpy.float64 类型的元素大小为 64 ÷ 8 = 8B。
> ➤ ndarray.data：真正包含元素的缓冲区，通常不使用这个属性，因为可以通过数组的名称与索引访问数组的元素。

例如：

```
>>> import numpy as np          # 导入 NumPy 并设置别名为 np
>>> A = np.array([1, 3, 5, 7, 9, 0])    # 创建包含 6 个元素的一维数组 A
>>> A                           # 数组 A 的值
array([1, 3, 5, 7, 9, 0])
>>> print(A)                    # 输出数组 A
[1 3 5 7 9 0]
>>> type(A)                     # 数组 A 的类型
<class 'numpy.ndarray'>
>>> A.ndim                      # 数组 A 的维度
1
>>> A.shape                     # 数组 A 的形状 (此例的 6 表示第一维的元素个数)
(6,)
>>> A.size                      # 数组 A 的元素个数
6
>>> A.dtype                     # 数组 A 的元素类型
dtype('int32')
>>> A.itemsize                  # 数组 A 的元素大小
4
```

可以使用 3.2.8 小节介绍的索引与片段运算符访问数组的元素。例如：

```
>>> A[0]                        # 数组 A 的第 1 个元素
1
>>> A[2:]                       # 数组 A 中索引 2 和之后的元素
array([5, 7, 9, 0])
>>> A[:2]                       # 数组 A 中索引 2 之前的元素 (不含索引 2)
array([1, 3])
>>> A[2:5]                      # 数组 A 中索引 2 ~ 4 的元素 (不含索引 5)
array([5, 7, 9])
>>> A[-2]                       # 数组 A 的倒数第 2 个元素
9
```

14

14.3.2 创建一维数组

创建一维数组的方式有好多种，常用的方式如下。

➢ 使用 array() 函数从 Python 的列表或元组创建一维数组。例如，下面的第 2 个语句会创建整数数组。

```
>>> import numpy as np
>>> A = np.array([1, 6, 8])          # 创建包含 3 个整数的数组 A
>>> A.dtype                          # 数组 A 的元素类型
dtype('int32')
>>> print(A)                         # 输出数组 A
[1 6 8]
```

由于数组 A 的元素为 1、6、8，所以 NumPy 会将元素类型默认为 int32。若要自行指定为其他类型，如 int16，可以将上面的第 2 个语句改写成下面的形式，通过 dtype 参数指定元素类型。

```
>>> A = np.array([1, 6, 8], dtype = np.int16)  # 创建元素类型为 int16 的数组 A
>>> A.dtype                          # 数组 A 的元素类型
dtype('int16')
```

也可以创建浮点数数组。例如：

```
>>> B = np.array([1.2, -3.5, 7.6, 3.2, 8.8])  # 创建包含 5 个浮点数的数组 B
>>> B.dtype                          # 数组 B 的元素类型
dtype('float64')
```

还可以创建字符串数组。例如：

```
>>> C = np.array(["coffee", "tea", "cola"])  # 创建包含 3 个字符串的数组 C
>>> C.dtype                          # 数组 C 的元素类型
dtype('<U6')
```

➢ 使用 zeros() 函数创建包含 0 的数组，类型默认为 float64。例如：

```
>>> np.zeros(10)                     # 创建包含 10 个 0 的一维数组
array([0., 0., 0., 0., 0., 0., 0., 0., 0., 0.])
```

➢ 使用 ones() 函数创建包含 1 的数组，类型默认为 float64。例如：

```
>>> np.ones(10)                      # 创建包含 10 个 1 的一维数组
array([1., 1., 1., 1., 1., 1., 1., 1., 1., 1.])
```

➢ 使用 empty() 函数创建初始值取决于内存状态的数组。例如：

```
>>> np.empty(3)                      # 创建包含 3 个随机值的一维数组
array([2.88067937e+214, 3.99284226e+252, 4.19906494e+228])
```

➤ 使用 arange() 函数创建数列。例如：

```
# 创建起始值为 1、终止值为 10 (不含 10)、间隔值为 3、类型为 int32 的数列
>>> np.arange(start = 1, stop = 10, step = 3, dtype = int)
array([1, 4, 7])
# 创建起始值为 0、终止值为 5 (不含 5)、间隔值为 1、类型为 int32 的数列
>>> np.arange(5, dtype = int)
array([0, 1, 2, 3, 4])
# 创建起始值为 0、终止值为 2 (不含 2)、间隔值为 0.3 的数列
>>> np.arange(0, 2, 0.3)
array([ 0. ,   0.3,  0.6,  0.9,  1.2,  1.5,  1.8])
```

➤ 使用 linspace() 函数创建平均分布的数值。例如：

```
>>> np.linspace( 0, 2, 9)                    # 创建 0 ~ 2，9 个平均分布的数值
array([ 0. ,   0.25,  0.5 ,  0.75,  1.  ,  1.25,  1.5 ,  1.75,  2.  ])
```

14.3.3 一维数组的基本操作

可以针对一维数组进行一些基本操作，常见的操作如下。

➤ 使用算术运算符（+、-、*、/、//、%、**）或比较运算符（>、<、>=、<=、==、!=）
  逐一作用在数组的每个元素上。例如：

```
>>> A = np.array([10, 20, 30, 40, 50])
>>> B = np.array([1, 2, 3, 4, 5])
>>> A * 2                              # 数组 A 乘以 2
array([ 20,  40,  60,  80, 100])
>>> A ** 2                             # 数组 A 的 2 次方
array([ 100,  400,  900, 1600, 2500], dtype=int32)
>>> A < 35                             # 数组 A 是否小于 35
array([ True, True, True, False, False])
>>> A + B                              # 数组 A 加上数组 B
array([11, 22, 33, 44, 55])
>>> A - B                              # 数组 A 减去数组 B
array([ 9, 18, 27, 36, 45])
>>> A * B                              # 数组 A 乘以数组 B
array([ 10,  40,  90, 160, 250])
>>> A / B                              # 数组 A 除以数组 B
array([10., 10., 10., 10., 10.])
>>> A > B                              # 数组 A 是否大于数组 B
array([ True, True, True, True, True])
```

➢ 变更数组的元素。例如：

```
>>> A[0] = 100                          # 将数组 A 中索引 0 的元素变更为 100
>>> print(A)                            # 输出数组 A (索引 0 的元素被变更为 100)
[100  20  30  40  50]
>>> A[[0, 1]] = 70                      # 将数组 A 中索引 0 和 1 的元素变更为 70
>>> print(A)                            # 输出数组 A (索引 0 和 1 的元素被变更为 70)
[70 70 30 40 50]
```

➢ 使用 insert() 函数在数组中插入元素。例如：

```
>>> A = np.array([10, 20, 30, 40, 50])
>>> C = np.insert(A, 1, 100)           # 在数组 A 中索引 1 处插入 100 并赋值给 C
>>> C
array([ 10, 100,  20,  30,  40,  50])
>>> D = np.insert(A, [1, 3], 7)        # 在数组 A 中索引 1、3 处插入 7 并赋值给 D
>>> D
array([10,  7, 20, 30,  7, 40, 50])
```

➢ 使用 delete() 函数在数组中删除元素。例如：

```
>>> A = np.array([10, 20, 30, 40, 50])
>>> C = np.delete(A, 2)                # 在数组 A 中删除索引 2 的元素并赋值给 C
>>> C
array([10, 20, 40, 50])
>>> D = np.delete(A, [1, 3])           # 在数组 A 中删除索引 1、3 的元素并赋值给 D
>>> D
array([10, 30, 50])
```

➢ 使用 concatenate() 函数结合两个数组或加入元素。例如：

```
>>> A = np.array([1, 2, 3])
>>> B = np.array([4, 5])
>>> C = np.concatenate((A, B))         # 结合数组 A 和数组 B 并赋值给 C
>>> C
array([1, 2, 3, 4, 5])
>>> D = np.concatenate((A, [10, 20]))  # 在数组 A 的后面加入 10、20 并赋值给 D
>>> D
array([ 1,  2,  3, 10, 20])
```

14.3.4 向量运算（内积、叉积、外积）

可以使用 NumPy 的一维数组和相关的函数进行向量运算。假设三维空间中有两个向量 U

（*u*1，*u*2，*u*3）与 *V*（*v*1，*v*2，*v*3），常见的运算如下。

> 使用 inner() 或 dot() 函数计算向量内积（inner product），又称为纯量积（scalar product）或点积（dot product）。向量 *U* 与向量 *V* 的内积如下，结果是一个纯量。

$$U \cdot V = u1v1 + u2v2 + u3v3$$

> 使用 cross() 函数计算向量叉积（outer product），又称为矢量积（vector product）。向量 *U* 与向量 *V* 的叉积如下，结果是一个向量。

$$U \times V = (u2v3 - u3v2, u3v1 - u1v3, u1v2 - u2v1)$$

> 使用 outer() 函数计算向量外积（outer product）。向量 *U* 与向量 *V* 的外积如下，结果是一个矩阵。

$$U \otimes V = \begin{bmatrix} u1 \\ u2 \\ u3 \end{bmatrix} \begin{bmatrix} v1 & v2 & v3 \end{bmatrix} = \begin{bmatrix} u1v1 & u1v2 & u1v3 \\ u2v1 & u2v2 & u2v3 \\ u3v1 & u3v2 & u3v3 \end{bmatrix}$$

```
>>> U = np.array([1, 2, 3])               # 建立向量 U
>>> V = np.array([1, 0, 1])               # 建立向量 V
>>> np.inner(U, V)                        # 计算向量内积，也可写成 np.dot(U, V)
4
>>> np.cross(U, V)                        # 计算向量叉积
array([ 2,  2, -2])
>>> np.outer(U, V)                        # 计算向量外积
array([[1, 0, 1],
       [2, 0, 2],
       [3, 0, 3]])
```

14.4　二维数组运算

二维数组（two-dimension array）是一维数组的延伸，若说一维数组是呈线性的一度空间，那么二维数组就是呈平面的二度空间，而且任何平面的二维表格或矩阵都可以使用二维数组存放。

举例来说，表 14-2 是一个 5 行 3 列的成绩单。可以通过下面的语句定义一个名称为 grades、5×3 的二维数组存放成绩单，array() 函数的参数是一个嵌套列表（nested list），它的每个元素都是一个列表，存放一位学生的 3 科分数。

```
>>> grades = np.array([[95, 100, 100], [86, 90, 75], [98, 98, 96], [78, 90, 80], [70, 68, 72]])
```

表 14-2　5 行 3 列的成绩单

学　生	语　文	英　语	数　学
学生 1	95	100	100
学生 2	86	90	75
学生 3	98	98	96
学生 4	78	90	80
学生 5	70	68	72

若要访问这个二维数组，必须使用两个索引，以表 14-2 所示的成绩单为例，可以使用两个索引将它表示成表 14-3，第 1 个索引是行索引（row index），0 表示第 1 行，1 表示第 2 行，……，以此类推；第 2 个索引是列索引（column index），0 表示第 1 列，1 表示第 2 列，……，以此类推。

表 14-3　使用两个索引表示成绩单

学　生	语　文	英　语	数　学
学生 1	[0, 0]	[0, 1]	[0, 2]
学生 2	[1, 0]	[1, 1]	[1, 2]
学生 3	[2, 0]	[2, 1]	[2, 2]
学生 4	[3, 0]	[3, 1]	[3, 2]
学生 5	[4, 0]	[4, 1]	[4, 2]

由此可知，学生 1 的语文、英语、数学分数存放在索引为 [0, 0]、[0, 1]、[0, 2] 的位置，学生 2 的语文、英语、数学分数存放在索引为 [1, 0]、[1, 1]、[1, 2] 的位置，……，以此类推，下面进行验证。

```
>>> import numpy as np
>>> grades = np.array([[95, 100, 100], [86, 90, 75], [98, 98, 96], [78, 90, 80], [70, 68, 72]])
>>> print(grades)                          # 输出二维数组
[[ 95 100 100]
 [ 86  90  75]
 [ 98  98  96]
 [ 78  90  80]
 [ 70  68  72]]
>>> grades[0, ]                            # 学生 1 的 3 科分数，也可写成 grades[0]
array([ 95, 100, 100])
>>> grades[0, 0]                           # 学生 1 的第 1 科分数（语文），也可写成 grades[0][0]
95
>>> grades[1, 2]                           # 学生 2 的第 3 科分数（数学），也可写成 grades[1][2]
75
```

14.4.1 创建二维数组

创建二维数组最常见的方式是使用 array() 函数从 Python 列表或元组创建二维数组。例如，下面的语句会创建类型为 int32、4×3（4 行 3 列）的二维数组，若要指定类型，可以加上 dtype 参数。

```
>>> A = np.array([[1, 2, 3], [4, 5, 6], [7, 8, 9], [10, 11, 12]])
>>> print(A)
[[ 1  2  3]
 [ 4  5  6]
 [ 7  8  9]
 [10 11 12]]
```

也可以使用 array() 函数搭配 reshape() 函数创建前述的二维数组，此时 array() 函数的参数是一个包含所有元素的列表，而 reshape() 函数的参数则是用来指定数组的形状为 4×3（4 行 3 列）。

```
>>> A = np.array([1, 2, 3, 4, 5, 6, 7, 8, 9, 10, 11, 12]).reshape(4, 3)
```

同样，可以使用 zeros()、ones()、empty() 等函数创建二维数组。例如：

```
>>> np.zeros((3, 5))                    # 建立 3×5、包含 0 的二维数组
array([[0., 0., 0., 0., 0.],
       [0., 0., 0., 0., 0.],
       [0., 0., 0., 0., 0.]])
>>> np.ones((3, 5))                     # 建立 3×5、包含 1 的二维数组
array([[1., 1., 1., 1., 1.],
       [1., 1., 1., 1., 1.],
       [1., 1., 1., 1., 1.]])
>>> np.empty((2, 3))                    # 建立 2×3、包含随机值的二维数组
array([[4.24399158e-314, 8.48798317e-314, 1.27319747e-313],
       [1.69759663e-313, 2.12199579e-313, 2.54639495e-313]])
```

或者，也可以使用 arange() 和 linspace() 函数搭配 reshape() 函数创建二维数组。例如：

```
>>> np.arange(15).reshape(3, 5)         # 建立 3×5 的二维数组
array([[ 0,  1,  2,  3,  4],
       [ 5,  6,  7,  8,  9],
       [10, 11, 12, 13, 14]])
>>> np.linspace( 0, 2, 9).reshape(3, 3) # 建立 3×3 的二维数组
array([[0.  , 0.25, 0.5 ],
       [0.75, 1.  , 1.25],
       [1.5 , 1.75, 2.  ]])
```

14.4.2 二维数组的基本操作

可以针对二维数组进行一些基本操作，常见的操作如下。

➤ 通过 ndarray 类型的属性访问二维数组的属性。例如：

```
>>> import numpy as np
>>> A = np.array([1, 2, 3, 4, 5, 6, 7, 8, 9, 10, 11, 12]).reshape(4, 3)
>>> print(A)                          # 输出二维数组 A
[[ 1  2  3]
 [ 4  5  6]
 [ 7  8  9]
 [10 11 12]]
>>> A.ndim                            # 数组 A 的维度
2
>>> A.shape                           # 数组 A 的形状 (此例为 4 行 3 列)
(4, 3)
>>> A.shape[0]                        # 数组 A 的行维度 (此例为 4 行)
4
>>> A.shape[1]                        # 数组 A 的列维度 (此例为 3 列)
3
>>> A.size                            # 数组 A 的元素个数
12
>>> A.dtype                           # 数组 A 的类型
dtype('int32')
>>> A.itemsize                        # 数组 A 的元素大小
4
```

➤ 二维数组的两个轴各有一个索引，中间以逗号隔开。例如：

```
>>> A[0, 0]                           # 第 1 行第 1 列的元素, 也可写成 A[0][0]
1
>>> A[0, :]                           # 第 1 行的元素, 也可写成 A[0, ] 或 A[0]
array([1, 2, 3])
>>> A[:, 0]                           # 第 1 列的元素
array([ 1,  4,  7, 10])
>>> A[1:3, 0]                         # 元素 A[1, 0] 和 A[2, 0] (不含索引 3)
array([4, 7])
>>> A[2:]                             # 第 3 行和之后的元素
array([[ 7,  8,  9],
    [10, 11, 12]])
>>> A[:2]                             # 第 3 行之前的元素 (不含第 3 行)
array([[1, 2, 3],
```

```
          [4, 5, 6]])
>>> A[-1]                                  # 最后一行的元素
array([10, 11, 12])
>>> for i in A:                            # 针对数组 A 进行迭代运算
        print(i + 10)


[11 12 13]
[14 15 16]
[17 18 19]
[20 21 22]
```

> ➤ 使用算术运算符或比较运算符逐一作用在二维数组的每个元素上。例如：

```
>>> A = np.array([[1, 2], [3, 4]])
>>> B = np.array([[2, 2], [1, 1]])
>>> A * 2                                  # 数组 A 乘以 2
array([[2, 4],
       [6, 8]])
>>> A > 2                                  # 数组 A 是否大于 2
array([[False, False],
       [ True,  True]])
>>> A + B                                  # 数组 A 加上数组 B
array([[3, 4],
       [4, 5]])
>>> A - B                                  # 数组 A 减去数组 B
array([[-1,  0],
       [ 2,  3]])
>>> A * B                                  # 数组 A 乘以数组 B
array([[2, 4],
       [3, 4]])
>>> A / B                                  # 数组 A 除以数组 B
array([[0.5, 1. ],
       [3. , 4. ]])
```

请注意，乘法运算符（*）只会将两个数组中对应的元素相乘，这和"矩阵相乘"的定义不同，若要进行矩阵相乘，必须改用 @ 运算符或 dot() 函数，14.4.4 小节会介绍矩阵运算。

此外，进行数组运算时，有时会遇到形状（维度）不符的情况。例如，4×2 数组无法和 2×3 数组相加，将会产生 ValueError: operands could not be broadcast together with shapes （4,2）（2,3）错误，NumPy 提供了一个广播（broadcast）机制，用来处理不同形状的数组如何进行算术运算，14.6 节有进一步的说明。

> ➢ 变更二维数组的元素。例如:

```
>>> A = np.array([[1, 2], [3, 4]])
>>> A[0, 0] = 7                          # 将第 1 行第 1 列的元素变更为 7
>>> print(A)                             # 输出数组 A (第 1 行第 1 列的元素被变更为 7)
[[7  2]
 [3  4]]
```

14.4.3 处理数组的形状

1. 改变数组的形状

可以使用 ravel() 函数将多维数组转换成一维数组,或使用 reshape() 函数改变数组的维度。例如:

```
>>> A = np.array([[0, 1, 2], [3, 4, 5]])
>>> A.ravel()                            # 返回将数组 A 转换成一维数组的新数组
array([0, 1, 2, 3, 4, 5])
>>> A.reshape(3, 2)                      # 返回将数组 A 转换成 3×2 数组的新数组
array([[0, 1],
       [2, 3],
       [4, 5]])
```

请注意,这两个函数都会返回一个新数组,不会改变数组 A 本身,若真要改变数组 A 的形状,必须使用 resize() 函数。例如:

```
>>> A.resize(3, 2)                       # 将数组 A 本身转换成 3×2 的数组
>>> A
array([[0, 1],
       [2, 3],
       [4, 5]])
```

2. 将数组分割成子数组

可以使用 hsplit() 和 vsplit() 函数将数组水平或垂直分割成子数组。例如:

```
>>> A = np.arange(16).reshape(2, 8)
>>> A
array([[ 0,  1,  2,  3,  4,  5,  6,  7],
       [ 8,  9, 10, 11, 12, 13, 14, 15]])
>>> np.hsplit(A, 4)                      # 将数组 A 水平分割成 4 个子数组
[array([[0, 1],
       [8, 9]]), array([[ 2,  3],
```

```
        [10, 11]]), array([[ 4,  5],
        [12, 13]]), array([[ 6,  7],
        [14, 15]])]
>>> np.vsplit(A, 2)                          # 将数组 A 垂直分割成 2 个子数组
[array([[0, 1, 2, 3, 4, 5, 6, 7]]), array([[ 8, 9, 10, 11, 12, 13, 14, 15]])]
```

3. 将数组堆栈在一起

可以使用 hstack() 和 vstack() 函数将数组水平堆栈或垂直堆栈，或使用 column_stack() 和 row_stack() 函数将一维数组当作一列或一行堆栈到二维数组。例如：

```
>>> A = np.array([[0, 1], [2, 3]])
>>> B = np.array([[4, 5], [6, 7]])
>>> C = np.array([8, 9])
>>> np.hstack((A, B))                        # 将数组 A 和数组 B 水平堆栈
array([[0, 1, 4, 5],
       [2, 3, 6, 7]])
>>> np.vstack((A, B))                        # 将数组 A 和数组 B 垂直堆栈
array([[0, 1],
       [2, 3],
       [4, 5],
       [6, 7]])
>>> np.column_stack((A, C))                  # 将数组 C 当作一列堆栈到数组 A
array([[0, 1, 8],
       [2, 3, 9]])
>>> np.row_stack((A, C))                     # 将数组 C 当作一行堆栈到数组 A
array([[0, 1],
       [2, 3],
       [8, 9]])
```

14.4.4　矩阵运算（转置、相加、相乘）

本小节说明如何以二维数组进行矩阵转置、相加、相乘等常见的矩阵运算。

1. 矩阵转置（matrix transposition）

假设 A 为 $m×n$ 矩阵，则 A 的转置矩阵 B 为 $n×m$ 矩阵，且 B 的第 i 行第 j 列元素等于 A 的第 j 行第 i 列元素，即 $b_{ij} = a_{ji}$，如图 14-2 所示。

$$A = \begin{bmatrix} a_{00} & a_{01} & \cdots & a_{0(n-1)} \\ a_{10} & a_{11} & \cdots & a_{1(n-1)} \\ \cdots & \cdots & \cdots & \cdots \\ a_{(m-1)0} & a_{(m-1)1} & \cdots & a_{(m-1)(n-1)} \end{bmatrix}_{m \times n}$$

$$B = A^{\mathrm{T}} = \begin{bmatrix} a_{00} & a_{10} & \cdots & a_{(m-1)0} \\ a_{01} & a_{11} & \cdots & a_{(m-1)1} \\ \cdots & \cdots & \cdots & \cdots \\ a_{0(n-1)} & a_{1(n-1)} & \cdots & a_{(m-1)(n-1)} \end{bmatrix}_{n \times m}$$

图 14-2

可以使用二维数组和 transpose() 函数进行矩阵转置。例如：

```
>>> A = np.array([1, 2, 3, 4, 5, 6]).reshape(2, 3)
>>> print(A)
[[1 2 3]
 [4 5 6]]
>>> B = np.transpose(A)
>>> print(B)
[[1 4]
 [2 5]
 [3 6]]
```

$$A = \begin{bmatrix} 1 & 2 & 3 \\ 4 & 5 & 6 \end{bmatrix}_{2 \times 3} \qquad B = A^{\mathrm{T}} = \begin{bmatrix} 1 & 4 \\ 2 & 5 \\ 3 & 6 \end{bmatrix}_{3 \times 2}$$

2. 矩阵相加（matrix addition）

假设 A、B 均为 $m \times n$ 矩阵，则 A 与 B 相加得出的 C 也为 $m \times n$ 矩阵，且 C 的第 i 行第 j 列元素等于 A 的第 i 行第 j 列元素加上 B 的第 i 行第 j 列元素，即 $c_{ij} = a_{ij} + b_{ij}$。

可以使用二维数组和加号（+）进行矩阵相加。例如：

```
>>> A = np.array([1, 2, 3, 4, 5, 6]).reshape(2, 3)
>>> print(A)
[[1 2 3]
 [4 5 6]]
>>> B = A + A
>>> print(B)
[[ 2  4  6]
 [ 8 10 12]]
```

3. 矩阵相乘（matrix multiplication）

假设 A 为 $m \times n$ 矩阵、B 为 $n \times p$ 矩阵，则 A 与 B 相乘得出的 C 为 $m \times p$ 矩阵，且 C 的第 i 行第 j 列元素等于 A 的第 i 行乘上 B 的第 j 列（两个向量内积），即 $c_{ij} = \sum_{k=0}^{n-1} a_{ik} \times b_{kj}$，如图 14-3 所示。

$$\begin{bmatrix} a_{00} & a_{01} & \cdots & a_{0(n-1)} \\ a_{10} & a_{11} & \cdots & a_{1(n-1)} \\ \cdots & \cdots & \cdots & \cdots \\ a_{(m-1)0} & a_{(m-1)1} & \cdots & a_{(m-1)(n-1)} \end{bmatrix}_{m \times n} \times \begin{bmatrix} b_{00} & b_{01} & \cdots & b_{0(p-1)} \\ b_{10} & b_{11} & \cdots & b_{1(p-1)} \\ \cdots & \cdots & \cdots & \cdots \\ b_{(n-1)0} & b_{(n-1)1} & \cdots & b_{(n-1)(p-1)} \end{bmatrix}_{n \times p}$$

$$= \begin{bmatrix} c_{00} & c_{01} & \cdots & c_{0(p-1)} \\ c_{10} & c_{11} & \cdots & c_{1(p-1)} \\ \cdots & \cdots & \cdots & \cdots \\ c_{(m-1)0} & c_{(m-1)1} & \cdots & c_{(m-1)(p-1)} \end{bmatrix}_{m \times p}$$

图 14-3

c_{ij} 等于 A 的第 i 行乘上 B 的第 j 列（两个向量内积）。

$$c_{ij} = \begin{bmatrix} a_{i0} & a_{i1} & \cdots & a_{i(n-1)} \end{bmatrix} \times \begin{bmatrix} b_{0j} \\ b_{1j} \\ \vdots \\ b_{(n-1)j} \end{bmatrix}$$

$$= a_{i0} \times b_{0j} + a_{i1} \times b_{1j} + \cdots + a_{i(n-1)} \times b_{(n-1)j}$$

$$= \sum_{k=0}^{n-1} a_{ik} \times b_{kj}$$

例如：

$$c_{00} = \begin{bmatrix} a_{00} & a_{01} & \cdots & a_{0(n-1)} \end{bmatrix} \times \begin{bmatrix} b_{00} \\ b_{10} \\ \vdots \\ b_{(n-1)0} \end{bmatrix}$$

$$= a_{00} \times b_{00} + a_{01} \times b_{10} + \cdots + a_{0(n-1)} \times b_{(n-1)0}$$

可以使用二维数组和 @ 运算符或 dot() 函数进行矩阵相乘。例如：

```
>>> A = np.array([1, 2, 3, 4, 5, 6]).reshape(3, 2)
>>> print(A)
[[1 2]
 [3 4]
 [5 6]]
```

```
>>> B = np.array([1, 2, 3, 4, 5, 6]).reshape(2, 3)
>>> print(B)
[[1 2 3]
 [4 5 6]]
>>> C = A @ B                              # 也可写成 C = np.dot(A, B)
>>> print(C)
[[ 9 12 15]
 [19 26 33]
 [29 40 51]]
```

14.5 通 用 函 数

NumPy 提供了诸如 sin()、cos()、exp()、square()、add() 等常见的数学函数，并称为通用函数（ufunc，universal functions），因为这些函数会逐一作用在数组的每个元素，然后返回一个数组。

以下面的语句为例，B = np.square(A) 中的 square() 函数就是一个通用函数，它会逐一作用在数组 A 的每个元素，然后返回一个存放着平方值的数组。

```
>>> import numpy as np
>>> A = np.array([1, 2, 3])
>>> B = np.square(A)
>>> B
array([1, 4, 9], dtype=int32)
```

除了数学函数之外，还有浮点数运算函数、位运算函数或比较函数也是通用函数。至于如何判断一个函数是否为通用函数，可以在 IDLE 输入类似 help（np.square）的命令查看说明文件，若有标示 ufunc，就是通用函数，如图 14-4 所示。

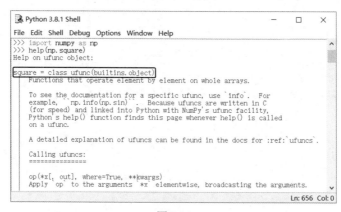

图 14-4

315

随堂练习

[矩阵转置、相加与相乘] 使用 NumPy 完成下列题目。

（1）产生 3 个数组，代表图 14-5 所示的矩阵 *A*、*B*、*C*。

$$A = \begin{bmatrix} 1 & 2 \\ 3 & 4 \\ 5 & 6 \\ 7 & 8 \end{bmatrix} \qquad B = \begin{bmatrix} 1 & 1 \\ 1 & 1 \\ 1 & 1 \\ 1 & 1 \end{bmatrix} \qquad C = \begin{bmatrix} 1 & 2 & 3 \\ 4 & 5 & 6 \end{bmatrix}$$

图 14-5

（2）输出第 1 个数组 *A* 的维度、形状、行维度、列维度与元素个数。

（3）输出第 1 个数组 *A* 与第 2 个数组 *B* 垂直堆栈在一起的结果。

（4）令数组 *D* 等于数组 *A* 的形状由 4×2 变更为 2×4，然后输出 *D* 的值。

（5）输出矩阵 *A* 的转置矩阵。

（6）输出矩阵 *A* 与矩阵 *B* 相加、矩阵 *A* 与矩阵 *B* 相减的结果。

（7）输出矩阵 *A* 与矩阵 *C* 相乘的结果。

【解答】

```
>>> A = np.array([1, 2, 3, 4, 5, 6, 7, 8]).reshape(4, 2)      # (1)
>>> B = np.ones((4, 2))
>>> C = np.array([1, 2, 3, 4, 5, 6]).reshape(2, 3)
>>> A.ndim                                                     # (2)
2
>>> A.shape
(4, 2)
>>> A.shape[0]
4
>>> A.shape[1]
2
>>> A.size
8
>>> np.vstack((A, B))                                          # (3)
array([[1., 2.],
       [3., 4.],
       [5., 6.],
       [7., 8.],
```

```
       [1., 1.],
       [1., 1.],
       [1., 1.],
       [1., 1.]])
>>> D = A.reshape(2, 4)                              # (4)
>>> D
array([[1, 2, 3, 4],
       [5, 6, 7, 8]])
>>> np.transpose(A)                                  # (5)
array([[1, 3, 5, 7],
       [2, 4, 6, 8]])
>>> A + B                                            # (6)
array([[2., 3.],
       [4., 5.],
       [6., 7.],
       [8., 9.]])
>>> A - B
array([[0., 1.],
       [2., 3.],
       [4., 5.],
       [6., 7.]])
>>> A @ C                                            # (7)
array([[ 9, 12, 15],
       [19, 26, 33],
       [29, 40, 51],
       [39, 54, 69]])
```

14.6 广　　播

　　原则上，两个数组的形状必须兼容，才能进行算术运算，当形状不同时，较小的数组会根据 NumPy 提供的广播（broadcast）机制扩张成和较大的数组兼容的形状，以下面的语句为例，A 是形状为（3,）的一维数组，B 是纯量（scalar），那么在进行 A + B 之前，B 必须先扩张成和 A 兼容的形状，也就是 [10, 10, 10]，才能按元素进行加法运算，得到结果 [11, 12, 13]。

```
>>> A = np.array([1, 2, 3])
>>> B = 10
>>> A + B
array([11, 12, 13])
```

同理，A 是形状为（3,）的一维数组，C 是形状为（2,3）的二维数组，那么，在进行 A +
C 之前，A 必须先扩张成和 C 兼容的形状，也就是 [[1, 2, 3], [1, 2, 3]]，才能按元素进行加法
运算，得到结果 [[11, 22, 33], [41, 52, 63]]。

```
>>> C = np.array([[10, 20, 30], [40, 50, 60]])
>>> A + C
array([[11, 22, 33],
       [41, 52, 63]])
```

不过，形状不能随意扩张，以下面的语句为例，D 是形状为（2,）的一维数组，无法扩
张成和 A 兼容的形状，A + D 将会得到如下的错误信息。

```
>>> D = np.array([10, 20])
>>> A + D
Traceback (most recent call last):
  File "<pyshell#9>", line 1, in <module>
    A + D
ValueError: operands could not be broadcast together with shapes (3,) (2,)
```

NumPy 如何判断两个数组的形状是否兼容？它会从后面的维度开始比较，当该维度相等
或其中一个为 1 时，表示该维度兼容，以下面的数组 M、N 为例，最后一维分别为 5 和 1，表
示该维度兼容且会扩张成 5，接着向前比较倒数第二维均为 3，表示该维度兼容，再向前比较
第一维，数组 M 为 15，数组 N 没有，故 N 会扩张成 15，因此，数组 M、N 进行算术运算的
结果将是一个 15×3×5 的数组。

M	(三维数组):	15×3×5
N	(二维数组):	3×1
算术运算结果	(三维数组):	15×3×5

最后介绍 newaxis 索引运算符，它可以在数组插入新的轴（axis），以下面的语句为例，
W 和 X 是形状分别为（4,）、（3,）的一维数组，W+X 将会得到如下的错误信息。

```
>>> W = np.array([0, 1, 2, 3])
>>> X = np.array([1, 2, 3])
>>> W + X
Traceback (most recent call last):
  File "<pyshell#25>", line 1, in <module>
    W + X
ValueError: operands could not be broadcast together with shapes (4,) (3,)
```

不过，若在数组 W 中插入新的轴，也就是通过 W[:, np.newaxis] 将 W 变成形状为（4,1）
的二维数组，W+X 就会得到形状为（4,3）的二维数组，具体如下。

```
>>> W[:, np.newaxis] + X
array([[1, 2, 3],
       [2, 3, 4],
       [3, 4, 5],
       [4, 5, 6]])
```

14.7 视点（view）与副本（copy）

处理数组时，有时数据会被复制到新的数组，有时又不会，对初学者来说，实在有点困扰，所以我们将这个问题分成下列 3 种情况讨论。

1. 完全不复制

简单地赋值动作并不会复制数组的数据，以下面的语句为例，B = A 只会令 B 参照 A 所参照的对象，不会创建新的对象。换句话说，A 和 B 是参照相同的数组对象，一旦改变 B 的数据，就等于改变 A 的数据。

```
>>> A = np.array([1, 2, 3])
>>> B = A                        # 令 B 参照 A 所参照的对象，不会创建新的对象
>>> B is A                       # A 和 B 是参照相同的数组对象
True
>>> B[0] = 7                     # 将 B 的第 1 个元素变更为 7
>>> A                            # A 的第 1 个元素也变成 7
array([7, 2, 3])
```

2. 浅复制（shallow copy）

不同的数组对象可以共享相同的数据，以下面的语句为例，C = A.view() 表示调用 view() 函数创建新的数组对象 C，且该对象会共享 A 的数据，我们将 C 称为 A 的视点。

```
>>> A = np.array([1, 2, 3])
>>> C = A.view()                 # 调用 view() 创建新的数组对象 C 并共享 A 的数据
>>> C is A                       # C 和 A 是不同的数组对象
False
>>> C.base is A                  # C 是 A 的视点，共享 A 的资料
True
```

一旦改变 C 的数据，A 的数据也会改变，因为两者共享相同的数据，具体如下。

```
>>> C[0] = 7                     # 将 C 的第 1 个元素变更为 7
>>> C                            # C 的第 1 个元素变成 7
array([7, 2, 3])
```

```
>>> A                                    # A 的第 1 个元素也变成 7
array([7, 2, 3])
```

3. 深复制（deep copy）

相较于使用 view() 函数进行浅复制，还可以使用 copy() 函数进行深复制，也就是复制整个数组对象和数据，不仅会创建新的数组对象，且该对象拥有独立的数据。以下面的语句为例，D = A.copy() 表示调用 copy() 函数创建新的数组对象 D，且该对象会复制 A 的数据，我们将 D 称为 A 的副本。

```
>>> A = np.array([1, 2, 3])
>>> D = A.copy()                         # 调用 copy() 建立新的数组对象 D 并复制 A 的数据
>>> D is A                               # D 和 A 是不同的数组对象
False
>>> D.base is A                          # D 是 A 的副本，拥有独立的数据
False
```

即使改变 D 的数据，A 的数据仍保持不变，因为两者不仅是不同的数组对象，也拥有独立的数据，具体如下。

```
>>> D[0] = 7                             # 将 D 的第 1 个元素变更为 7
>>> D                                    # D 的第 1 个元素变成 7
array([7, 2, 3])
>>> A                                    # A 的第 1 个元素仍保持不变
array([1, 2, 3])
```

14.8　数 学 函 数

NumPy 提供了大量的数学函数，包括三角函数、双曲线、四舍五入、和/积/差、指数与对数、浮点数、算术运算、复数与其他。表 14-4 列出了一些常用的数学函数，标示星号者（＊）为通用函数，NumPy 官方网站（https://docs.scipy.org/doc/numpy/reference/routines.math.html）有完整的说明与范例。

表 14-4　常用的数学函数

函　　数	说　　明
三角函数（＊）	
$\cos(x)$、$\sin(x)$、$\tan(x)$、$\mathrm{acos}(x)$、$\mathrm{asin}(x)$、$\mathrm{atan}(x)$	返回参数 x 的余弦值（cosine）、正弦值（sine）、正切值（tangent）、反余弦值（arccosine）、反正弦值（arcsine）、反正切值（arctangent），参数 x 为弧度，例如 np.sin（30 * np.pi / 180）会返回 0.49999999999999994

函　　数	说　　明
四舍五入（*）	
round_(*x*, decimals=0)	返回参数 *x* 四舍五入至选择性参数 decimals 指定之小数字数的数值，例如 np.round_([1.23, 0.78]) 会返回 array([1., 1.])，np.round_([1.23, 0.78], 1) 会返回 array([1.2, 0.8])
rint(*x*)	返回最接近参数 *x* 的整数，例如 np.rint([1.1, 1.6, 1.8]) 会返回 array([1., 2., 2.])
floor(*x*)	返回小于或等于参数 *x* 的最大整数，例如 np.floor([-1.1, 1.6, 5.78]) 会返回 array([-2., 1., 5.])
ceil(*x*)	返回大于或等于参数 *x* 的最小整数，例如 np.ceil([-1.1, 1.6, 5.78]) 会返回 array([-1., 2., 6.])
trunc(*x*)	返回参数 *x* 无条件舍去小数的整数，例如 np.trunc([-1.1, 1.6, 5.78]) 会返回 array([-1., 1., 5.])
和 / 积 / 差	
prod(*a*, axis=None)	返回数组 *a* 中指定轴 axis 的元素乘积，例如 np.prod(np.array([[1, 2], [3, 4]])) 会返回 24，np.prod(np.array([[1, 2], [3, 4]]), 1) 会返回 array([2, 12])
cumprod(*a*, axis=None)	返回数组 *a* 中指定轴 axis 的元素累积乘积，例如 np.cumprod(np.array([[1, 2],[3, 4]])) 会返回 array([1, 2, 6, 24], dtype=int32)
sum(*a*, axis=None)	返回数组 *a* 中指定轴 axis 的元素总和，例如 np.sum(np.array([[1, 2],[3, 4]])) 会返回 10，np.sum(np.array([[1, 2],[3, 4]]), 1) 会返回 array([3, 7])
cumsum(*a*, axis=None)	返回数组 *a* 中指定轴 axis 的元素累积总和，例如 np.cumsum(np.array([[1, 2],[3, 4]])) 会返回 array([1, 3, 6, 10], dtype=int32)
diff(*a*, *n*=1, axis=-1)	返回数组 *a* 中指定轴 axis 的每隔 *n* 个元素差，例如 np.diff(np.array([1, 2, 4, 7])) 会返回 array([1, 2, 3])
cross(*a*, *b*)	返回两个向量 ***a***、***b*** 的外积
指数与对数（*）	
exp(*x*)	返回自然对数的底数 e 的参数 *x* 次方，例如 np.exp([1, 2]) 会返回 array([2.71828183, 7.3890561])
exp2(*x*)	返回 2 的参数 *x* 次方，例如 np.exp2([1, 2]) 会返回 array([2., 4.])
log(*x*)	返回参数 *x* 的自然对数值，例如 np.log([1, 2]) 会返回 array([0., 0.69314718])
log2(*x*)	返回参数 *x* 的基底 2 对数值，例如 np.log2([1, 2]) 会返回 array([0., 1.])
log10(*x*)	返回参数 *x* 的基底 10 对数值，例如 np.log10([1, 2]) 会返回 array([0., 0.30103])
算术运算（*）	
add(*x*1, *x*2)	返回参数 *x*1 加上参数 *x*2，例如 np.add([4, 6], [2, 4]) 会返回 array([6, 10])
subtract(*x*1, *x*2)	返回参数 *x*1 减去参数 *x*2，例如 np.subtract([4, 6], [2, 4]) 会返回 array([[2, 2]])
multiply(*x*1, *x*2)	返回参数 *x*1 乘以参数 *x*2，例如 np.multiply([4, 6], [2, 4]) 会返回 array([[8, 24]])
divide(*x*1, *x*2)	返回参数 *x*1 除以参数 *x*2，例如 np.divide([4, 6], [2, 4]) 会返回 array([[2., 1.5]])
power(*x*1, *x*2)	返回参数 *x*1 的参数 *x*2 次方，例如 np.power([4, 6], [2, 4]) 会返回 array([[16, 1296]], dtype=int32)

14

函　　数	说　　明
mod(x1, x2) remainder(x1, x2)	返回参数 x1 除以参数 x2 的余数，且余数的正负符号和参数 x2 相同，例如 np.mod([-3, -2, -1, 1, 2], 2) 会返回 array([1, 0, 1, 1, 0], dtype=int32)，np.mod([-3, -2, -1, 1, 2], -2) 会返回 array([-1, 0, -1, -1, 0], dtype=int32)
fmod(x1, x2)	返回参数 x1 除以参数 x2 的余数，且余数的正负符号和参数 x1 相同，例如 np.fmod([-3, -2, -1, 1, 2], 2) 会返回 array([-1, 0, -1, 1, 0], dtype=int32)，np.fmod([-3, -2, -1, 1, 2], -2) 会返回 array([-1, 0, -1, 1, 0], dtype=int32)
divmod(x1, x2)	返回参数 x1 除以参数 x2 的商数与余数，例如 np.divmod(np.arange(5), 3) 会返回 (array([0, 0, 0, 1, 1], dtype=int32), array([0, 1, 2, 0, 1], dtype=int32))
negative(x)	返回参数 x 的负数，例如 np.negative([-3, -2, -1, 1, 2]) 会返回 array([3, 2, 1, -1, -2])
其他（＊）	
sign(x)	返回参数 x 的符号，-1 表示参数 x 小于 0，0 表示参数 x 等于 0，1 表示参数 x 大于 0，例如 np.sign([-5., 4.5, 0]) 会返回 array([-1., 1., 0.])
absolute(x)	返回参数 x 的绝对值，例如 np.absolute([-5., 4.5, 0]) 会返回 array([5. , 4.5, 0.])
sqrt(x)	返回参数 x 的平方根，例如 np.sqrt([1, 2]) 会返回 array([1., 1.41421356])
cbrt(x)	返回参数 x 的立方根，例如 np.cbrt([1, 8]) 会返回 array([1., 2.])
square(x)	返回参数 x 的平方，例如 np.square([1, 8]) 会返回 array([1, 64], dtype=int32)
maximum(x1, x2)	按元素比较参数 x1 和 x2，返回包含最大元素的数组，例如 np.maximum([2, 3, 4], [1, 5, 2]) 会返回 array([2, 5, 4])
minimum(x1, x2)	按元素比较参数 x1 和 x2，返回包含最小元素的数组，例如 np.minimum([2, 3, 4], [1, 5, 2]) 会返回 array([1, 3, 2])
gcd(x1, x2)	返回参数 x1 和 x2 的最大公约数，例如 np.gcd([1, 2, 3, 4], 20) 会返回 array([1, 2, 1, 4])

除了前面的数学函数之外，表 14-5 所示的几个函数也经常用到。

表 14-5　经常用到的几个函数

函　　数	说　　明
isinf(x)	返回参数 x 是否为无限，例如 np.isinf([np.nan, 1, np.inf]) 会返回 array([False, False, True])
isfinite(x)	返回参数 x 是否为有限，例如 np.isfinite([np.nan, 1, np.inf]) 会返回 array([False, True, False])
isnan(x)	返回参数 x 是否为 NaN (not a number)，例如 np.isnan([np.nan, 1, np.inf]) 会返回 array([True, False, False])
max(x)	返回参数 x 的最大值，例如 np.max([0.5, 0.7, 0.2, 1.5]) 会返回 1.5
min(x)	返回参数 x 的最小值，例如 np.min([0.5, 0.7, 0.2, 1.5]) 会返回 0.2
sort(x)	返回参数 x 排序完毕的结果 (由小到大)，例如 np.sort([2, 1, 5, 4, 3, 7, 6]) 会返回 array([1, 2, 3, 4, 5, 6, 7])，np.sort(np.array([[1, 4, 2],[3, 7, 5]])) 会返回 array([[1, 2, 4], [3, 5, 7]])

随堂练习

[三角函数] 使用 NumPy 计算 sin0°、sin30°、sin45°、cos30°、cos45°、cos60°、tan30°、tan45°、tan60° 的值。

【解答】

```
>>> np.sin(np.array([0, 30, 45])) * np.pi / 180.)
array([0.          , 0.5         , 0.70710678])
>>> np.cos(np.array([30, 45, 60])) * np.pi / 180.)
array([0.8660254 , 0.70710678, 0.5          ])
>>> np.tan(np.array([30, 45, 60])) * np.pi / 180.)
array([0.57735027, 1.           , 1.73205081])
```

随堂练习

使用 NumPy 计算下列题目。

（1）[开根号] $\sqrt{3} + \sqrt[3]{5}$

（2）[总和] $1 + \dfrac{1}{2} + \dfrac{1}{3} + \dfrac{1}{4} + \dfrac{1}{5} + \dfrac{1}{6} + \dfrac{1}{7} + \dfrac{1}{8}$

（3）[乘积] $1 \times \dfrac{1}{2} \times \dfrac{1}{3} \times \dfrac{1}{4} \times \dfrac{1}{5} \times \dfrac{1}{6} \times \dfrac{1}{7} \times \dfrac{1}{8}$

（4）[指数与对数] 假设 $x = \log_2 3$，则 $2^x + 4^{-x}$ 的值为何？

（5）[最大公约数] 找出 1、8、10、15、20、50、210、980 等整数与 100 的最大公约数。

（6）[排序] 将矩阵 M 的元素由小到大排序。

$$M = \begin{bmatrix} 5 & 3 & 2 & 6 \\ 1 & 7 & 8 & 4 \end{bmatrix}$$

（7）[四舍五入]

（7.1）将 −5.4789 四舍五入至小数点后面两位。

（7.2）最接近 −5.4789 的整数。

（7.3）小于或等于 −5.4789 的最大整数。

（7.4）大于或等于 −5.4789 的最小整数。

（7.5）将 −5.4789 无条件舍去小数的整数。

（8）[向量内积/叉积/外积] 假设三维空间中有两个向量 U（0, 2, 4）和 V（1, 3, 5），则

U 和 V 的内积、叉积与外积分别是什么？

【解答】

```
>>> np.sqrt(3) + np.cbrt(5)                          # (1)
3.4420267542455742
>>> A = np.array([1, 1/2, 1/3, 1/4, 1/5, 1/6, 1/7, 1/8])
>>> np.sum(A)                                        # (2)
2.7178571428571425
>>> np.prod(A)                                       # (3)
2.4801587301587298e-05
>>> x = np.log2(3)
>>> np.power(2, x) + np.power(4, -x)                 # (4)
3.111111111111111
>>> np.gcd([1, 8, 10, 15, 20, 50, 210, 980], 100)   # (5)
array([  1,   4,  10,   5,  20,  50,  10,  20])
>>> np.sort(np.array([[5, 3, 2, 6], [1, 7, 8, 4]])) # (6)
array([[2, 3, 5, 6],
       [1, 4, 7, 8]])
>>> np.round_(-5.4789, 2)                            # (7.1)
-5.48
>>> np.rint(-5.4789)                                 # (7.2)
-5.0
>>> np.floor(-5.4789)                                # (7.3)
-6.0
>>> np.ceil(-5.4789)                                 # (7.4)
-5.0
>>> np.trunc(-5.4789)                                # (7.5)
-5.0
>>> U = np.array([0, 2, 4])
>>> V = np.array([1, 3, 5])
>>> np.inner(U, V)                                   # (8) (内积)
26
>>> np.cross(U, V)                                   # (8) (叉积)
array([-2,  4, -2])
>>> np.outer(U, V)                                   # (8) (外积)
array([[  0,   0,   0],
       [  2,   6,  10],
       [  4,  12,  20]])
```

14.9 随机取样函数

NumPy 提供了大量的随机取样函数，表 14-6 列出了一些常用的随机取样函数，并简单示范正态分布取样和三角形分布取样。由于这需要统计学的基础，有兴趣的读者可以自行研读相关资料，NumPy 官方网站（https://docs.scipy.org/doc/numpy/reference/routines.random.html）有完整的说明与范例。

表 14-6　常用的随机取样函数

函　　数	说　　明
简单随机数数据	
rand($d0$, $d1$, …, dn)	返回指定形状的数组，里面有范围为 [0, 1) 的随机数 (包含 0, 不包含 1)，每次执行的结果都不一样。例如： >>> np.random.rand(3) array([0.67239492, 0.06222088, 0.92580343])
randn($d0$, $d1$, …, dn)	返回指定形状的数组，里面有从标准正态分布返回的随机数，每次执行的结果都不一样。例如： >>> np.random.randn(3) array([-0.87614837, 1.74017372, -0.67396596])
randint(low[, $high$, $size$, $dtype$])	返回范围为[low, $high$) 的随机整数（包含 low, 不包含 $high$），每次执行的结果都不一样。例如： >>> np.random.randint(5, 10, size = 3) array([5, 9, 6])
random_integers(low[, $high$, $size$])	返回范围为 [low, $high$] 的随机整数
random_sample([$size$]) random([$size$]) ranf([$size$]) sample([$size$])	返回范围为 [0.0, 1.0) 的随机浮点数。例如： >>> np.random.random(2) array([0.53278259, 0.22180976])
choice(a[, $size$, $replace$, p])	从指定的一维数组返回随机数。例如： >>> np.random.choice(5, 3) array([0, 3, 4]) 相当于从 np.arange(5) 数组返回 3 个随机数
变更顺序	

shuffle(x)	将数组的内容随机重排。例如：
	>>> A = np.array([0, 1, 2, 3, 4])
	>>> np.random.shuffle(A)
	>>> A
	array([3, 0, 1, 2, 4])

permutation(x)	返回一个随机重排的数组。例如： >>> np.random.permutation(np.array([0, 1, 2, 3, 4])) array([4, 2, 1, 0, 3])

函　数	说　明
随机数生成器	

seed(*seed*=None)	设置随机数生成器的种子。例如：
	>>> np.random.seed(100)
	>>> np.random.randn(3)
	array([-1.74976547, 0.3426804 , 1.1530358])
	同样的命令再执行一次，会得到相同的结果

分布（distribution）	
beta(*a*, *b*[, *size*])	从 Beta 分布取样
binomial(*n*, *p*[, *size*])	从二项（binomial）分布取样
chisquare(*df*[, *size*])	从卡方（Chi-Square）分布取样
dirichlet(*alpha*[, *size*])	从狄利克雷（Dirichlet）分布取样
exponential([*scale*, *size*])	从指数（exponential）分布取样
f(*dfnum*, *dfden*[, *size*])	从 F 分布取样
gamma(*shape*[, *scale*, *size*])	从 Gamma 分布取样
geometric(*p*[, *size*])	从几何（geometric）分布取样
gumbel([*loc*, *scale*, *size*])	从甘贝尔（Gumbel）分布取样
hypergeometric(*ngood*, *nbad*, *nsample*[, *size*])	从超几何（hypergeometric）分布取样
laplace([*loc*, *scale*, *size*])	从拉普拉斯（Laplace）分布取样
logistic([*loc*, *scale*, *size*])	从罗吉斯（logistic）分布取样
lognormal([*mean*, *sigma*, *size*])	从对数正态（log-normal）分布取样
logseries(*p*[, *size*])	从对数（logseries）分布取样
multinomial(*n*, *pvals*[, *size*])	从多项（multinomial）分布取样
multivariate_normal(*mean*, *cov*[, *size*, ...])	从多变量正态（multivariate normal）分布取样
negative_binomial(*n*, *p*[, *size*])	从负二项（negative binomial）分布取样
noncentral_chisquare(*df*, *nonc*[, *size*])	从非中心卡方（noncentral chi-square）分布取样
noncentral_f(*dfnum*, *dfden*, *nonc*[, *size*])	从非中心 F 分布取样
normal([*loc*, *scale*, *size*])	从正态（normal）分布取样
pareto(a[, *size*])	从 Pareto II 或 Lomax 分布取样
poisson([lam, size])	从卜瓦松（Poisson）分布取样
power(a[, size])	从次方（power）分布取样

14

函　　数	说　　明
rayleigh([*scale*, *size*])	从瑞利（Rayleigh）分布取样
standard_cauchy([*size*])	从 mode = 0 的标准柯西（Cauchy）分布取样
standard_exponential([*size*])	从标准指数（standard exponential）分布取样
standard_gamma(*shape*[, *size*])	从标准 Gamma 分布取样
standard_normal([*size*])	从标准正态（mean = 0, stdev = 1）分布取样
standard_t(*df*[, *size*])	从标准的 Student's t 分布取样
triangular(*left*, *mode*, *right*[, *size*])	从三角形（triangular）分布取样
uniform([*low*, *high*, *size*])	从均匀（uniform）分布取样
vonmises(*mu*, *kappa*[, *size*])	从 von Mises 分布取样
wald(*mean*, *scale*[, *size*])	从 Wald 或逆高斯分布取样
weibull(*a*[, *size*])	从韦伯（Weibull）分布取样
zipf(*a*[, *size*])	从齐夫（Zipf）分布取样

随堂练习

[从正态分布取样]　从正态分布随机取出 10000 个样本，然后以直方图绘制出来，结果将呈现出类似正态分布的钟形曲线。

【解答】第 15 章会介绍 matplotlib 包，以及如何绘制直方图。

```
>>> import numpy as np
>>> import matplotlib.pyplot as plt
>>> samples = np.random.normal(size = 10000)          # 从正态分布取样
>>> plt.hist(samples, bins = 30)                      # 绘制直方图 (分成 30 组)
(array([4.000e+00, 5.000e+00, 1.700e+01, 3.100e+01, 7.800e+01, 1.180e+02,
       1.930e+02, 3.180e+02, 5.100e+02, 6.330e+02, 8.680e+02, 9.720e+02,
       ...
       3.23438649, 3.50797937, 3.78157225, 4.05516513, 4.328758 ,
       4.60235088]), <a list of 30 Patch objects>)
>>> plt.show()                                        # 显示直方图（图 14-6）
```

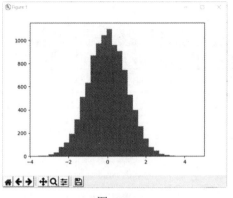

图 14-6

 随堂练习

[从三角形分布取样] 从三角形分布随机取出 10000 个样本，然后以直方图绘制出来。

【**解答**】三角形分布是下限为 a、众数为 c、上限为 b 的连续概率分布，此处将 a、c、b 设置为 -3、0、8。

```
>>> import numpy as np
>>> import matplotlib.pyplot as plt
>>> samples = np.random.triangular(-3, 0, 8, 10000)    # 从三角形分布取样
>>> plt.hist(samples, bins = 100)                       # 绘制直方图 (分成 100 组)
(array([  7.,  13.,  17.,  30.,  41.,  47.,  43.,  81.,  56.,  60.,  87.,
       ...
       7.41251035,  7.52164312,  7.63077589,  7.73990866,  7.84904143,
       7.95817421]), <a list of 100 Patch objects>)
>>> plt.show()                                          # 显示直方图 (图 14-7)
```

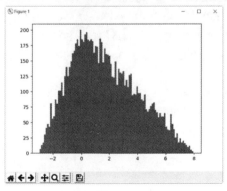

图 14-7

14.10 统 计 函 数

NumPy 也提供了统计函数，用来计算加权平均、中位数、算术平均、标准偏差、方差等。表 14-7 列出了一些常用的统计函数，NumPy 官方网站（https://docs.scipy.org/doc/numpy/reference/routines.statistics.html）有完整的说明与范例。

表 14-7　常用的统计函数

函　　数	说　　明
amin(*a*, *axis*=None)	返回参数 *a* 的最小值，选择性参数 *axis* 用来指定轴，例如 np.amin([[5, 8], [3, 6]]) 会返回 3，np.amin([[5, 8], [3, 6]], axis = 0) 会返回 array([3, 6])，np.amin([[5, 8], [3, 6]], axis = 1) 会返回 array([5, 3])
amax(*a*, *axis*=None)	返回参数 *a* 的最大值，选择性参数 *axis* 用来指定轴
nanmin(*a*, *axis*=None)	返回参数 *a* 的最小值，忽略任何 NaN，选择性参数 *axis* 用来指定轴
nanmax(*a*, *axis*=None)	返回参数 *a* 的最大值，忽略任何 NaN，选择性参数 *axis* 用来指定轴
average(*a*, *axis*=None, *weights*=None)	返回参数 *a* 的加权平均，选择性参数 *axis* 用来指定轴，选择性参数 *weights* 用来指定权重
median(*a*, *axis*=None)	返回参数 *a* 的中位数，选择性参数 *axis* 用来指定轴
mean(*a*, *axis*=None)	返回参数 *a* 的算术平均，选择性参数 *axis* 用来指定轴
std(*a*, *axis*=None)	返回参数 *a* 的标准偏差，选择性参数 *axis* 用来指定轴
var(*a*, *axis*=None)	返回参数 *a* 的方差，选择性参数 *axis* 用来指定轴
nanmedian(*a*, *axis*=None)	返回参数 *a* 的中位数，忽略任何 NaN，选择性参数 *axis* 用来指定轴
nanmean(*a*, *axis*=None)	返回参数 *a* 的算术平均，忽略任何 NaN，选择性参数 *axis* 用来指定轴
nanstd(*a*, *axis*=None)	返回参数 *a* 的标准偏差，忽略任何 NaN，选择性参数 *axis* 用来指定轴
nanvar(*a*, *axis*=None)	返回参数 *a* 的方差，忽略任何 NaN，选择性参数 *axis* 用来指定轴

随堂练习

（1）[算术平均] 假设音乐班的招生成绩如表 14-8 所示，请输出每位学生的平均分数。

表 14-8　音乐班的招生成绩

学　　生	主　　修	选　　修	视　　唱	乐　　理	听　　写
学生 1	80	75	88	80	78
学生 2	88	86	90	95	86
学生 3	92	85	92	98	90
学生 4	81	88	80	82	85
学生 5	75	80	78	80	70

（2）[加权平均] 承题（1），但 5 个科目的权重分别为 50%、20%、10%、10%、10%，请输出每位学生的加权平均分数。

（3）[中位数、标准偏差、方差] 请输出每位学生成绩的中位数、标准偏差与方差。

【解答】

```
>>> score = np.array([[80, 75, 88, 80, 78], [88, 86, 90, 95, 86], [92, 85, 92, 98, 90], [81, 88, 80, 82, 85], [75, 80, 78, 80, 70]])
>>> np.mean(score, axis = 1)                                    # 算术平均
array([80.2, 89. , 91.4, 83.2, 76.6])
>>> np.average(score, axis = 1, weights = [0.5, 0.2, 0.1, 0.1, 0.1])    # 加权平均
array([79.6, 88.3, 91. , 82.8, 76.3])
>>> np.median(score, axis = 1)                                 # 中位数
array([80., 88., 92., 82., 78.])
>>> np.std(score, axis = 1)                                    # 标准偏差
array([4.30813185, 3.34664011, 4.1761226 , 2.92574777, 3.77359245])
>>> np.var(score, axis = 1)                                    # 方差
array([18.56, 11.2 , 17.44,  8.56, 14.24])
```

14.11　文件数据输入/输出

进行数据运算时，免不了要从文件中读取数据，或将运算完毕的数据写入文件，因此，NumPy 也针对文本文件和二进制文件提供了输入/输出函数，其中比较常用的是 loadtxt() 和 savetxt() 函数，其他函数可以参考 NumPy 官方网站（https://docs.scipy.org/doc/numpy/reference/routines.io.html）。

1. 使用 loadtxt() 函数读取文件数据

可以使用 loadtxt() 函数从 *.txt、*.csv 等文本文件读取数据，其语法如下，返回值是一个数组，参数 fname、dtype、delimiter、comments、encoding 用来设置文件名、数据类型、分隔字符、批注符号和文件编码方式，参数 skiprows 用来设置要忽略前几列，参数 usecols 用来设置要读取哪几行（栏）。

```
loadtxt( fname, dtype = 'float', delimiter = None, comments = '#', encoding = 'bytes',
skiprows = 0, usecols = None, 其他选择性参数 )
```

举例来说，假设文本文件 E:\data.txt 的内容如图 14-8 所示，我们可以编写下面的语句读取这个文本文件。

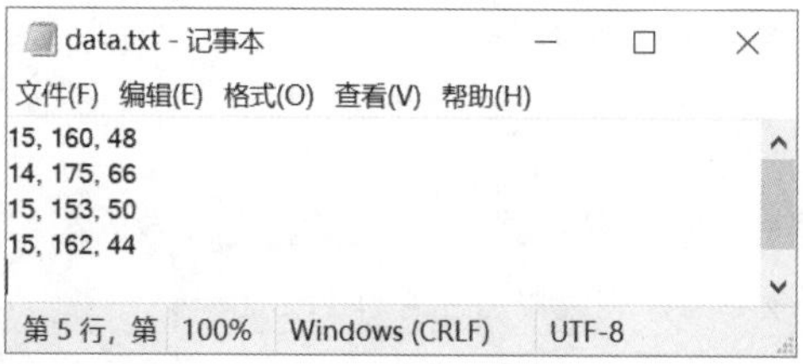

图 14-8

```
>>> np.loadtxt("E:\\data.txt", delimiter = ',')              # 指定分隔字符为逗号
array([[ 15., 160.,  48.],
       [ 14., 175.,  66.],
       [ 15., 153.,  50.],
       [ 15., 162.,  44.]])
```

或者，也可以忽略前几列或只读取某几行（栏）。例如：

```
>>> np.loadtxt("E:\\data.txt", delimiter = ',', skiprows = 2)        # 忽略前两行
array([[ 15., 153.,  50.],
       [ 15., 162.,  44.]])
>>> np.loadtxt("E:\\data.txt", delimiter = ',', usecols = (0, 2))    # 只读取第 1、3 列 (栏)
array([[15., 48.],
       [14., 66.],
       [15., 50.],
       [15., 44.]])
```

2. 使用 savetxt() 函数写入文件数据

可以使用 savetxt() 函数将数组写入文本文件，其语法如下，参数 fname、X、delimiter、comments、encoding 用来设置文件名、数组、分隔字符、批注符号和文件编码方式，参数 header、footer 用来设置要在文件开头和结尾写入的字符串，参数 fmt 用来设置数据格式。

```
savetxt(fname, X, delimiter = ' ', comments = '# ', encoding = None, header = '', footer = '',
fmt = '%.18e', 其他选择性参数 )
```

例如，下面的语句会创建 x、y、z 3 个数组，然后将它们写入文本文件 E:\test.txt 中，格式化字符串 "%1.2f" 表示最少输出 1 个字符和小数点后面两位的浮点数。

```
>>> x = y = z = np.arange(0, 5, 1)
>>> np.savetxt("E:\\test.txt", (x, y, z), delimiter = ',', fmt = "%1.2f")
```

可以打开这个文本文件验证，内容如图 14-9 所示。

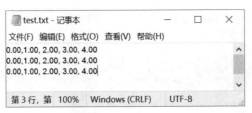

图 14-9

学习检测

练习题

1. [一维数组操作] 使用 NumPy 完成下列题目。

（1）将 0~5 这 6 个整数创建为数组 A，然后输出数组 A。

（2）输出数组 A 的维度、形状、元素个数与元素大小。

（3）将数组 A 的第 1 个元素变更为 9，然后输出数组 A。

（4）在数组 A 中删除索引 0、2 的元素并赋值给 B，然后输出数组 B。

（5）结合数组 A 和数组 B 并赋值给数组 C，然后输出数组 C。

（6）输出数组 C 除以 3 的余数。

（7）输出数组 A 与数组 B 相加的结果。

2. [二维数组操作] 使用 NumPy 完成下列题目。

（1）将 1~11 这 6 个平均分布的数值创建为数组 A，然后输出数组 A。

（2）输出数组 A 的维度、形状、元素个数与元素大小。

（3）输出数组 A 的最大元素与最小元素。

（4）令数组 B 等于数组 A 的转置矩阵，然后输出数组 B。

（5）令数组 C 等于数组 A 与数组 A 进行矩阵相加的结果，然后输出数组 C。

（6）令数组 D 等于数组 A 与数组 B 进行矩阵相乘的结果，然后输出数组 D。

（7）令数组 E 等于数组 A 乘以 3 的结果，然后输出数组 E。

（8）输出数组 A 和数组 E 垂直堆栈的结果。

3. 使用 NumPy 计算下列题目。

（1）[三角函数] $\sin 30° + \cos 60°$

（2）[对数与开根号] $\log_2 \sqrt{2}$

（3）[对数与指数] $(\log 2)^3 + (\log 5)^3 + (\log 5)(\log 8)$

（4）[一元二次方程式求解] 假设 a、b、c 的值分别为 2、8、6，则 $\dfrac{-b \pm \sqrt{b^2 - 4ac}}{2a}$ 的值为何？

（5）[最大公约数] 找出 330、70、99、63、128、36、25 等整数与 3150 的最大公约数。

（6）[排序] 将 330、70、99、63、128、36、25 等整数由小到大排序。

（7）[四舍五入] 输出 1.235、2.7834、−99.9999、−100.1234 等数值四舍五入至小数点后两位。

4. [随机取样] 使用 NumPy 完成下列题目。

（1）产生 5 个范围为 [0.0, 1.0) 的随机浮点数，每次执行的结果都不一样。

（2）产生 5 个范围为 [1, 10) 的随机整数，每次执行的结果都一样。

（3）从下限为 −10、众数为 0、上限为 10 的三角形分布随机取出 5 个样本。

（4）从平均数为 0、标准偏差为 0.1 的正态分布随机取出 5 个样本。

（5）从期望值为 10 的泊松分布随机取出 5 个样本。

5. [体重统计分析] 已知棒球队 9 位球员的体重分别为 70、68、82、65、76、71、62、74、90 千克，请输出球员体重的最大值、最小值、平均数、中位数、标准偏差与方差。

第 15 章

使用 matplotlib 绘制图表

15.1　认识 matplotlib

matplotlib 官方网站（https://matplotlib.org/）的说明指出，matplotlib 是一个 Python 2D 绘图包，用户只要编写几行简短的程序代码，就可以绘制高质量的图表，如曲线图、直方图、饼图、散点图、3D 图、极坐标图、数学函数图、等高线图等。图 15-1 所示为 matplotlib 官方网站提供的介绍与范例。

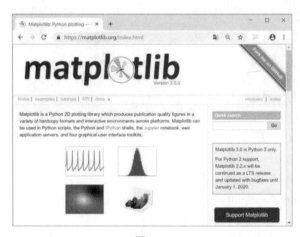

图 15-1

安装 matplotlib 包

可以使用 11.3.1 小节介绍的 pip 程序安装 matplotlib 包，开启"命令提示字符"窗口，在提示符号 > 后输入如下指令（注意：用户需输入自己 Python 的安装路径），然后按 Enter 键，安装此扩展库。

```
C:\Users\Administrator>pip install matplotlib
```

15.2　绘制线条或标记

可以使用 matplotlib.pyplot 库的 plot() 函数在坐标系统绘制线条或标记，其语法如下。

```
plot(*args, 选择性参数 1 = 值 1, 选择性参数 2 = 值 2, …)
```

➤ *args：不限定个数的参数，可以包含多对 x, y 和一个选择性的格式化字符串。例如：

```
plot(x, y)              # 使用默认的线条样式与色彩绘制 x 与 y
plot(x, y, "ro")        # 使用红色圆形标记绘制 x 与 y
```

plot(y)	# 使用默认的线条样式与色彩绘制 y (x 为数组索引)

> *选择性参数* 1 = *值* 1, *选择性参数* 2 = *值* 2, …：设置线条样式与色彩、标记样式与色彩等选择性参数。例如：

plot(x, y, color = "red")	# 使用红色线条绘制 x 与 y
plot(x, y, linewidth = 2.0)	# 使用宽度为 2.0 点的线条绘制 x 与 y

下面是一个例子，它会在坐标系统根据 $y = x^2$ 画线，x 是起始值为 0、终止值为 5、间隔值为 0.1 的数列。

\Ch15\mat1.py

```
01   import numpy as np
02   import matplotlib.pyplot as plt
03
04   x = np.arange(0, 5, 0.1)
05   y = np.square(x)
06   plt.plot(x, y)
07   plt.show()
```

> 01：导入 NumPy 库并设置别名为 np。
> 02：导入 matplotlib.pyplot 库并设置别名为 plt。
> 04：使用 NumPy 库的 arange() 函数创建起始值为 0、终止值为 5、间隔值为 0.1 的数列，然后将这个数组对象赋值给变量 x。数列的间隔值越小，绘制的曲线就越平滑。
> 05：使用 NumPy 库的 square() 函数返回参数指定的数列的平方，然后将这个数组对象赋值给变量 y。
> 06：使用 matplotlib.pyplot 库的 plot() 函数绘制 x 与 y。
> 07：使用 matplotlib.pyplot 库的 show() 函数显示第 06 行绘制的图表。

执行结果如图 15-2 所示，预设的线条色彩为蓝色。

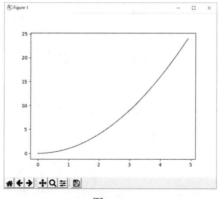

图 15-2

下面是另一个例子，它和前一个例子的差别在于第 06 行加入第 3 个参数 "ro"，改用红色圆形标记绘制 x 与 y。

\Ch15\mat2.py

```
01  import numpy as np
02  import matplotlib.pyplot as plt
03
04  x = np.arange(0, 5, 0.1)
05  y = np.square(x)
06  plt.plot(x, y, "ro")              # 加入第 3 个参数 "ro"，改用红色圆形标记绘制 x 与 y
07  plt.show()
```

执行结果如图 15-3 所示。

请注意，左下方有一排按钮，用来恢复原始检视状态、回到上一个检视状态、移向下一个检视状态、缩放坐标轴、放大局部、设置子图表、存盘，我们通常会选取最后一个按钮将图表存盘为 PNG、JPG、TIFF 等格式，然后将图表插入自己的文件或简报。

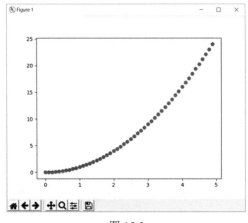

图 15-3

15.2.1 设置线条或标记样式

可以使用表 15-1 所示的字符设置线条样式。

表 15-1 设置线条样式的字符

字　符	说　明
'-'	solid line style（实线）
'--'	dashed line style（虚线）
'-.'	dash-dot line style（点虚线）
':'	dotted line style（点线）

举例来说，假设将 <\Ch15\mat2.py> 中第 06 行的第 3 个参数分别改为 '-' '--' '-.' ':'，就会得到如图 15-4（a）～（d）所示的结果。

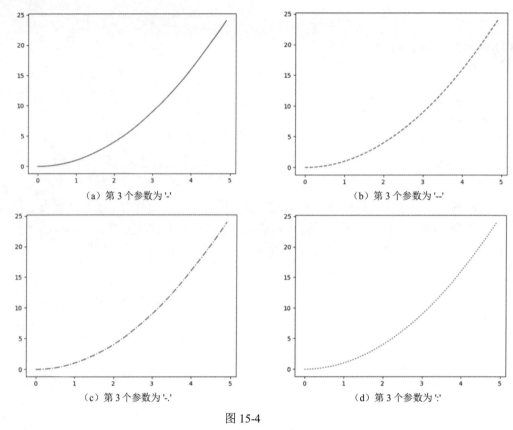

（a）第 3 个参数为 '-'　　　　　　　　（b）第 3 个参数为 '--'

（c）第 3 个参数为 '-.'　　　　　　　　（d）第 3 个参数为 ':'

图 15-4

可以使用表 15-2 所示的字符设置标记样式。

表 15-2　设置标记样式的字符

字　符	说　明
'.'	point marker（点）
','	pixel marker（像素）
'o'	circle marker（圆形）
'v'	triangle_down marker（下三角形）
'^'	triangle_up marker（上三角形）
'<'	triangle_left marker（左三角形）
'>'	triangle_right marker（右三角形）
'1'	tri_down marker（下三叉形）
'2'	tri_up marker（上三叉形）
'3'	tri_left marker（左三叉形）

字　符	说　明
'4'	tri_right marker（右三叉形）
's'	square marker（正方形）
'p'	pentagon marker（五角形）
'*'	star marker（星号）
'h'	hexagon1 marker（六边形 1）
'H'	hexagon2 marker（六边形 2）
'+'	plus marker（加号）
'x'	x marker（x 号）
'D'	diamond marker（钻石形）
'd'	thin_diamond marker（细钻石形）
'|'	vline marker（直线）
'_'	hline marker（横线）

举例来说，假设将 <\Ch15\mat2.py> 中第 06 行的第 3 个参数分别改为 'o' '^' 'D' 'x'，就会得到如图 15-5（a）～（d）所示的结果。

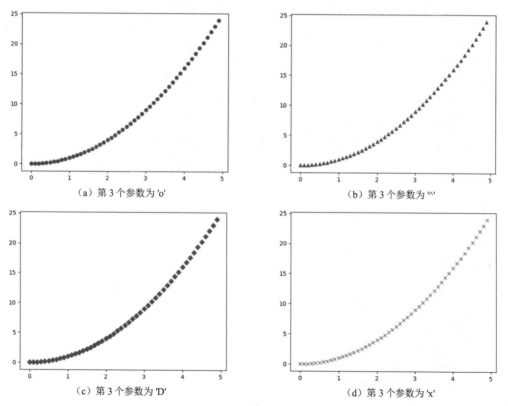

（a）第 3 个参数为 'o'　　　　　　（b）第 3 个参数为 '^'

（c）第 3 个参数为 'D'　　　　　　（d）第 3 个参数为 'x'

图 15-5

线条或标记色彩有数种设置方式，常用的方式如下。

➤ 色彩名称，例如 "red"（红）、"green"（绿）、"blue"（蓝）、"black"（黑）、"white"（白）等。

➤ 十六进制表示法，例如 "#ff0000"（红）、"#00ff00"（绿）、"#0000ff"（蓝）、"#ffffff"（黑）、"#000000"（白）等。

➤ RGB 元组，例如（1, 0, 0）为红色、（0, 1, 0）为绿色、（0, 0, 1）为蓝色、（1, 1, 1）为黑色、（0, 0, 0）为白色等。

➤ 色彩简写，具体如表 15-3 所示。更多色彩名称和红、绿、蓝级数可以参考 http://www.tcl.tk/man/tcl8.4/TkCmd/colors.htm。

表 15-3　色彩简写

字　　符	色　　彩
'r'	red（红）
'g'	green（绿）
'b'	blue（蓝）
'c'	cyan（青）
'm'	magenta（洋红）
'y'	yellow（黄）
'k'	black（黑）
'w'	white（白）

假设将 <\Ch15\mat2.py> 中第 06 行的第 3 个参数分别改为 'ro' 'g^' 'bD' 'cx'，就会得到和上一页相同的图 15-5（a）～（d），只是标记色彩分别为红色、绿色、蓝色、青色。

或者，可以合并使用线条与标记样式。假设将 <\Ch15\mat2.py> 中第 06 行的第 3 个参数分别改为 'ro-' 'g--+'，会得到如图 15-6（a）和（b）所示的结果，前者是红色圆形和实线的组合，后者是绿色加号和虚线的组合。

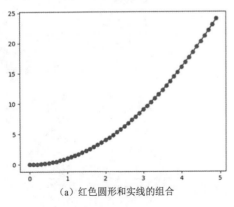

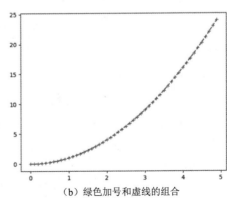

（a）红色圆形和实线的组合　　　　　　　　（b）绿色加号和虚线的组合

图 15-6

除了前面介绍的字符外，也可以通过选择性参数设置线条或标记样式，例如下面的语句是使用绿色加号和虚线的组合绘制 x 与 y。

```
plot(x, y, color = "green", linestyle = "dashed", marker = '+')
```

该语句相当于如下简写：

```
plot(x, y, 'g--+')
```

plot() 函数常用的选择性参数如表 15-4 所示，其他可以参考 matplotlib 官方网站。

表 15-4　plot() 函数常用的选择性函数

选择性参数	说　明
alpha	透明度，0.0 (透明) ~ 1.0 (不透明)
color	色彩
linestyle	线条样式 ('solid' 'dashed' 'dashdot' 'dotted'、(offset, on-off-dash-seq)、'-' '--' '-.' ':' 'None' ' ' '')
linewidth	线条宽度，以点为单位
marker	标记样式
markeredgecolor	标记边缘色彩
markeredgewidth	标记边缘宽度
markerfacecolor	标记色彩
markersize	标记大小

例如，下面的语句是使用宽度为 5 点的虚线绘制 x 与 y。

```
plot(x, y, linestyle = "dashed", linewidth = 5)
```

而下面的语句是使用大小为 5 的钻石形标记绘制 x 与 y。

```
plot(x, y, marker = 'D', markersize = 5)
```

 随堂练习

[绘制数学函数] 请绘制如图 15-7 所示的 3 条曲线，由下往上分别是根据 $y = x$、$y = x^2$、$y = x^3$ 绘制的红色虚线、蓝色正方形、绿色上三角形，其中 x 是起始值为 0、终止值为 5、间隔值为 0.1 的数列。

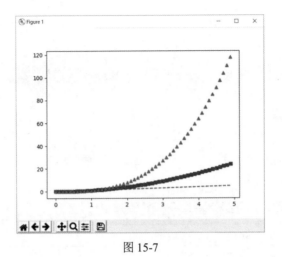

图 15-7

【解答】

\Ch15\mat3.py

```
import numpy as np
import matplotlib.pyplot as plt


x = np.arange(0, 5, 0.1)
plt.plot(x, x, "r--", x, x ** 2 , "bs", x, x ** 3, "g^")
plt.show()
```

15.2.2 设置坐标轴的范围、标签与刻度

本小节将介绍如何使用 matplotlib.pyplot 库提供的函数设置坐标轴的范围、标签与刻度、显示网格线与子刻度。

1. 获取或设置坐标轴的范围与显示网格线

➢ axis()：返回坐标轴的范围，这是一个包含 4 个数值的串行 [*xmin*, *xmax*, *ymin*, *ymax*]，分别表示 X 轴的最小值与最大值、Y 轴的最小值与最大值。

➢ axis(*v*)：将坐标轴的范围设置为参数 *v* 指定的范围，参数 *v* 是一个包含 4 个数值的串行 [*xmin*, *xmax*, *ymin*, *ymax*]，分别表示 X 轴的最小值与最大值、Y 轴的最小值与最大值。

➢ xlim()：返回 X 轴的范围，这是一个包含两个数值的元组（*xmin*, *xmax*），分别表示 X 轴的最小值与最大值。

➢ xlim(*v*)：将 X 轴的范围设置为参数 *v* 指定的范围，参数 *v* 是一个包含两个数值的元组（*xmin*, *xmax*），分别表示 X 轴的最小值与最大值。

> ylim()：返回 *Y* 轴的范围，这是一个包含两个数值的元组（*ymin, ymax*），分别表示 *Y* 轴的最小值与最大值。

> ylim(*v*)：将 *Y* 轴的范围设置为参数 *v* 指定的范围，参数 *v* 是一个包含两个数值的元组（*ymin, ymax*），分别表示 *Y* 轴的最小值与最大值。

> grid()：显示 *X* 轴与 *Y* 轴的网格线。若只显示 *X* 轴的网格线，可以使用 grid(axis = 'x')；若只显示 *Y* 轴的网格线，可以使用 grid(axis = 'y')；若要取消网格线，可以使用 grid(0)。

下面是一个例子，它会使用红色圆形绘制 *x* 与 *y*，其中第 07 行使用 axis() 函数设置坐标轴的范围，第 08 行使用 grid() 函数显示 *X* 轴与 *Y* 轴的网格线。

\Ch15\mat4.py

```
01  import numpy as np
02  import matplotlib.pyplot as plt
03
04  x = np.array([1, 2, 3, 4, 5])          # x 是包含 1、2、3、4、5 的数组
05  y = x * 2                              # y 是 x 乘以 2 的数组
06  plt.plot(x, y, "ro")                   # 使用红色圆形绘制 x 与 y
07  plt.axis([-10, 10, -50, 50])           # 设置坐标轴的范围
08  plt.grid()                             # 显示 X 轴与 Y 轴的网格线
09  plt.show()
```

执行结果如图 15-8 所示，请仔细观察坐标轴的范围。

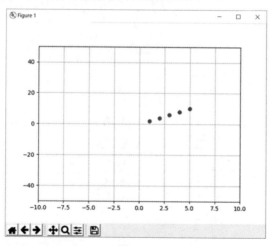

图 15-8

也可以使用 xlim() 和 ylim() 两个函数将第 07 行改写成如下形式：

```
plt.xlim((-10, 10))
plt.ylim((-50, 50))
```

2. 获取或设置坐标轴的标签与刻度

- ➤ xlabel(*s*)：将 *X* 轴的标签设置为参数 *s* 指定的字符串，例如下面的语句是将 *X* 轴的标签设置为 "Age"。

```
xlabel("Age")
```

- ➤ ylabel(*s*)：将 *Y* 轴的标签设置为参数 *s* 指定的字符串，例如下面的语句是将 *Y* 轴的标签设置为 "Monthly Salary"。

```
ylabel("Monthly Salary")
```

- ➤ xticks()：获取 *X* 轴的刻度位置与刻度标签，例如下面的语句是将 xticks() 函数的返回值指派给 locs 和 labels 两个变量，前者存放了目前刻度位置的数组，后者存放了目前刻度标签的数组。

```
locs, labels = xticks()
```

- ➤ xticks(*locs*, *labels*)：将 *X* 轴的刻度位置与刻度标签设置为 *locs* 和 *labels* 两个参数指定的数组，例如下面的语句将 *X* 轴的刻度位置平均分配成 7 个，刻度标签则是第二个参数指定的 7 个字符串。

```
xticks(np.arange(7), ("", "<=20", "21~30", "31~40", "41~50", ">=51", ""))
```

- ➤ yticks(*locs*, *labels*)：将 *Y* 轴的刻度位置与刻度标签设置为 *locs* 和 *labels* 两个参数指定的数组，例如下面的语句将 *Y* 轴的刻度位置平均分配成 6 个，刻度标签则是第二个参数指定的 6 个字符串。

```
yticks(np.arange(6), ("", "<25K", "25K~35K", "35K~45K", ">45K", ""))
```

- ➤ minorticks_on()：显示子刻度。
- ➤ minorticks_off()：取消子刻度。

下面是一个例子，其中第 04、05 行是设置 *X* 轴和 *Y* 轴的标签，第 06、07 行是设置 *X* 轴和 *Y* 轴的刻度位置与刻度标签，第 08 行是设置要显示子刻度。

\Ch15\mat5.py

```
01  import numpy as np
02  import matplotlib.pyplot as plt
03
04  plt.xlabel("Age")                                    # 将 X 轴的标签设置为 "Age" (年龄)
05  plt.ylabel("Monthly Salary")                         # 将 Y 轴的标签设置为 "Monthly Salary" (月薪)
06  plt.xticks(np.arange(7), ("", "<=20", "21~30", "31~40", "41~50", ">=51", ""))
07  plt.yticks(np.arange(6), ("", "<25K", "25K~35K", "35K~45K", ">45K", ""))
```

08	minorticks_on()	# 显示子刻度
09	plt.show()	

执行结果如图 15-9 所示，请仔细观察刻度位置与刻度标签。

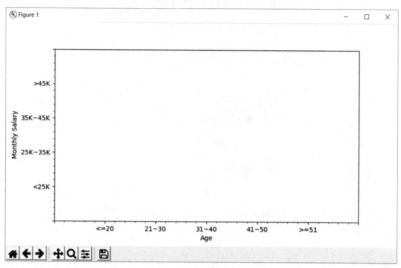

图 15-9

15.2.3 设置标题

可以使用 matplotlib.pyplot 库的 title(s) 函数在图表上方显示参数 *s* 指定的标题，若要设置标题位置，可以加上选择性参数 loc，有"left"（靠左）、"center"（居中）、"right"（靠右）等设置值，默认值为 "center"。下面是一个例子，它会在图表上方显示标题 "Y = X * 2" 且位置为靠右。

\Ch15\mat6.py

```python
import numpy as np
import matplotlib.pyplot as plt

x = np.array([1, 2, 3, 4, 5])
y = x * 2
plt.plot(x, y, "ro")
plt.title("Y = X * 2", loc = "right")          # 在图表上方显示标题且位置为靠右
plt.show()
```

执行结果如图 15-10 所示。

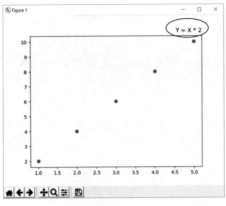

图 15-10

15.2.4 加入文字

可以使用 matplotlib.pyplot 库的 text(*x*, *y*, *s*) 函数在图表内坐标为（*x*, *y*）处显示参数 *s* 指定的文字。下面是一个例子，它会在图表内坐标为（1, 10）处显示文字 "Y = X * 2"。

\Ch15\mat7.py

```
import numpy as np
import matplotlib.pyplot as plt

x = np.array([1, 2, 3, 4, 5])
y = x * 2
plt.plot(x, y, "ro")
plt.text(1, 10, "Y = X * 2")                    # 在坐标 (1, 10) 处显示文字
plt.show()
```

执行结果如图 15-11 所示。

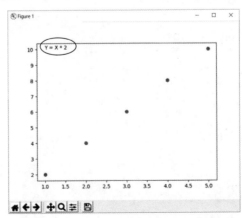

图 15-11

15.2.5 放置图例

可以使用 matplotlib.pyplot 库的 legend() 函数在图表内显示图例，图例的文字则可以通过 plot() 函数的选择性参数 label 指定。下面是一个例子，它会在图表内显示如图 15-12 圈起来的图例。

\Ch15\mat8.py

```
import numpy as np
import matplotlib.pyplot as plt

x = np.array([1, 2, 3, 4, 5])
y = x * 2
plt.plot(x, y, "ro", label = "Y = X * 2")    # 通过选择性参数 label 指定图例的文字
plt.legend()                                    # 在图表内显示图例
plt.show()
```

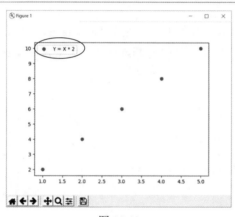

图 15-12

15.2.6 创建新图表

在前面的例子中，我们使用默认的图表设置绘制图表，但有时可能需要配合文字处理软件设置图表的大小或样式，此时可以使用 matplotlib.pyplot 库的 figure() 函数创建新图表，其语法如下。

figure(*选择性参数* 1 = *值* 1, *选择性参数* 2 = *值* 2, …)

常用的选择性参数如下。

➢ num：设置将图表存盘时的默认文件名，可以是整数或字符串，例如 num = 5 表示预设文件名为 figure_5.png，而 num = "5" 表示预设文件名为 5.png，若没有设置此选择性参数，就将目前的图表编号递增 1。

15

347

> ➤ figsize：设置图表的宽度与高度，以英寸（1 英寸 = 0.0254 米）为单位，例如 figsize = (6, 4) 表示图表的宽度为 6 英寸、高度为 4 英寸。
>
> ➤ dpi：设置图表的分辨率。
>
> ➤ facecolor：设置图表的背景色。

下面是一个例子，它会创建宽度为 6 英寸、高度为 4 英寸、背景色为浅蓝色的新图表。

\Ch15\mat9.py

```
01   import numpy as np
02   import matplotlib.pyplot as plt
03
04   x = np.array([1, 2, 3, 4, 5])
05   y = x * 2
06   plt.figure(num = 5, figsize = (6, 4), facecolor = "lightblue") # 创建新图表
07   plt.plot(x, y, "ro")
08   plt.show()
```

执行结果如图 15-13 所示，若单击窗口左下方的 Save the figure（保存）按钮，将会出现 Save the figure 对话框，默认的存盘名称为 Figure_5，也就是根据第 06 行的 num = 5 而来的。

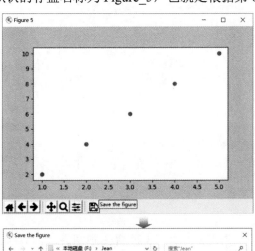

图 15-13

348

15.2.7 多张图表

可以使用 matplotlib.pyplot 库的 subplot() 函数在窗口内绘制多张图表，其语法如下。

subplot(*nrows*, *ncols*, *plot_number*)

> *nrows*：设置有几行的子图表。

> *ncols*：设置有几行的子图表。

> *plot_number*：设置要在第几张子图表进行绘图，子图表的编号从 1 开始，按先行再列的顺序。

例如，subplot(2, 1, 1) 和 subplot(211) 都是在 2 行 1 列的第 1 张子图表进行绘图，而 subplot(2, 1, 2) 和 subplot(212) 都是在 2 行 1 列的第 2 张子图表进行绘图。

下面是一个例子，它会在窗口内绘制两张图表，第 1 张子图表是绘制函数 $y1 = 20 * sin(x)$，$x = -10 \sim 10$，而第 2 张子图表是绘制函数 $y2 = x^2 * cos(x) + 0.5$。

\Ch15\mat10.py

```
import numpy as np
import matplotlib.pyplot as plt

x = np.linspace(-10,10,100)          # 创建 -10 到 10，100 个平均分布的数值
y1 = 20 * np.sin(x)                   # 设置函数 y1 = 20 * sin(x)
y2 = x * x * np.cos(x) + 0.5          # 设置函数 y2 = x2 * cos(x) + 0.5
plt.subplot(211)                      # 在 2 行 1 列的第 1 张子图表绘图
plt.plot(x, y1, "b-")                 # 绘制函数 y1 = 20 * sin(x)
plt.subplot(212)                      # 在 2 行 1 列的第 2 张子图表绘图
plt.plot(x, y2, "r--")                # 绘制函数 y2 = x2 * cos(x) + 0.5
plt.show()
```

执行结果如图 15-14 所示。

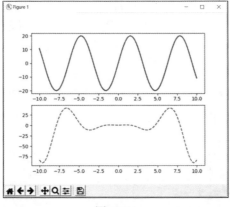

图 15-14

随堂练习

[绘制数学函数] 请在窗口内根据下列 4 个函数绘制 4 个图表，x 的范围为 $-10 \sim 10$。

➤ $y1 = x^1$

➤ $y2 = x^2$

➤ $y3 = x^3$

➤ $y4 = x^4$

【解答】

\Ch15\mat11.py

```
import numpy as np
import matplotlib.pyplot as plt
x = np.linspace(-10,10,100)
plt.subplot(221)
plt.plot(x, np.power(x, 1))
plt.subplot(222)
plt.plot(x, np.power(x, 2))
plt.subplot(223)
plt.plot(x, np.power(x, 3))
plt.subplot(224)
plt.plot(x, np.power(x, 4))
plt.show()
```

执行结果如图 15-15 所示。

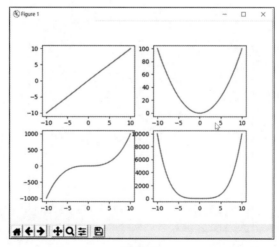

图 15-15

15.3 绘制条形图

可以使用 matplotlib.pyplot 库的 bar() 函数绘制条形图，其语法如下。

bar(*left, height, 选择性参数*1 = *值*1, *选择性参数*2 = *值*2, …)

> *left*、*height*：设置条形图的 *X* 坐标与 *Y* 坐标。
> *选择性参数*：这个函数有数个选择性参数，常用的参数如下。
> ↳ width：设置条形图的宽度，默认值为 0.8。
> ↳ color：设置条形图的色彩，默认值为蓝色。
> ↳ tick_label：设置条形图的刻度标签，默认值为 None（无）。
> ↳ orientation：设置条形图的方向，默认值为 "vertical"（垂直）。
> ↳ label：设置图例的文字。

随堂练习

[IQ 统计数据条形图] 请根据表 15-5 所示的智商（IQ）统计数据绘制条形图。

表 15-5　智商（IQ）统计资料

IQ 分组	人数百分比/%
低于 75	2.2
75 ~ 84	5.3
85 ~ 94	11.5
95 ~ 104	19.7
105 ~ 114	22.9
115 ~ 124	19.6
125 ~ 134	11.2
135 ~144	5.5
高于 144	2.1

【解答】

\Ch15\mat12.py

```
import matplotlib.pyplot as plt
```

```
# 此变量用来存放条形图的 X 坐标，根据智商分组设置
x = [70, 80, 90, 100, 110, 120, 130, 140, 150]
# 此变量用来存放条形图的 Y 坐标，根据人数百分比设置
y = [2.2, 5.3, 11.5, 19.7, 22.9, 19.6, 11.2, 5.5, 2.1]
# 此变量用来存放条形图的刻度标签，根据智商分组设置
tl = ["<75", "75~84", "85~94", "95~104", "105~114", "115~124", "125~134", "135~144", ">144"]
# 创建宽度为 8 英寸、高度为 4 英寸的新图表
plt.figure(figsize = (8, 4))
# 绘制条形图
plt.bar(x, height = y, width = 5, tick_label = tl, label = "Sample1")
plt.legend()                            # 放置图例
plt.xlabel("Smarts")                    # 设置 X 轴的标签
plt.ylabel("Probability (%)")           # 设置 Y 轴的标签
plt.title("Bar of IQ")                  # 设置标题
plt.show()
```

执行结果如图 15-16 所示。

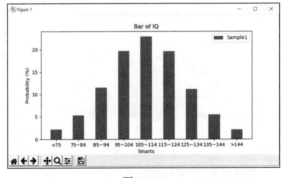

图 15-16

15.4　绘制直方图

可以使用 matplotlib.pyplot 库的 hist() 函数绘制直方图，其语法如下。

hist(*x*, *选择性参数* 1 = *值* 1, *选择性参数* 2 = *值* 2, …)

- ➤ *x*：设置要用来绘制直方图的数据。
- ➤ *选择性参数*：这个函数有数个选择性参数，常用的参数如下。
    - ↘ bins：设置直方图的组距，默认值为 None（无）。
    - ↘ range：设置组距的最小范围与最大范围，默认值为 None（无）。

↳ weights：设置数据的权重，默认值为 None（无）。

↳ histtype：设置直方图的类型，有"bar"（长条，若有多组数据，则会并排显示）、"barstacked"（长条，若有多组数据，则会叠到上面）、"step"（线条）、"stepfilled"（填满的线条）等设置值，默认值为 "bar"。

↳ align：设置直方图的对齐方式，默认值为 "mid"（居中）。

↳ orientation：设置直方图的方向，默认值为 "vertical"（垂直）。

↳ rwidth：设置直方图的长条宽度，以组距的相对宽度指定，如 0.8 表示长条宽度为组距的 0.8，默认值为 None，表示和组距相同。

↳ color：设置直方图的色彩，默认值为 None（无）。

↳ label：设置直方图的图例文字，默认值为 None（无）。

↳ stacked：设置当有多组数据时，后一组资料是否会叠到前一组数据的上面，默认值为 False。

↳ density：设置将直方图的长条标准化成总和为 1 的概率密度，默认值为 None（无）。

在统计学中，直方图（histogram）是一种统计数据分布情况的二维图表，它的两个坐标分别是统计样本和该样本对应的某个属性度量。

随堂练习

[考试分数直方图] 假设有一个班级期中考试的数学分数为 10, 15, 80, 22, 93, 55, 88, 62, 45, 75, 81, 34, 99, 84, 85, 55, 58, 63, 68, 82, 84, 77, 69, 90, 100, 75, 65, 54, 34, 38, 48, 88, 71, 72, 5，请根据这些资料绘制直方图，X轴为分数范围（组距），Y轴为落在该分数范围内的人数。

【解答】

\Ch15\mat13.py

```
import matplotlib.pyplot as plt
scores = [10, 15, 80, 22, 93, 55, 88, 62, 45, 75, 81, 34, 99, 84, 85, 55, 58, 63, 68, 82, 84, \   # 此变量用来存放数据
77, 69, 90, 100, 75, 65, 54, 34, 38, 48, 88, 71, 72, 5]
bins = [0, 10, 20, 30, 40, 50, 60, 70, 80, 90, 100]                    # 此变量用来存放组距
plt.hist(scores, bins, histtype = "bar")                              # 绘制直方图
plt.xlabel("Scores")                                                  # 设置 X 轴的标签
plt.ylabel("Students")                                                # 设置 Y 轴的标签
plt.show()
```

执行结果如图 15-17 所示。

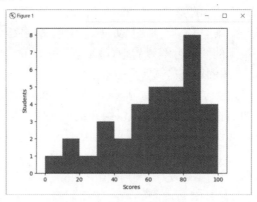

图 15-17

15.5 绘 制 饼 图

可以使用 matplotlib.pyplot 库的 pie() 函数绘制饼图，其语法如下。

```
pie(x, 选择性参数1 = 值1, 选择性参数2 = 值2, …)
```

➤ *x*：设置要用来绘制饼图的数据，每笔数据在饼图中的比例是该数据除以所有数据的总和。

➤ *选择性参数*：这个函数有数个选择性参数，常用的参数如下。
  ↳ explode：设置饼图的哪些扇形会分离开，默认值为 None（无）。
  ↳ colors：设置扇形的色彩，默认值为 None（无）。
  ↳ labels：设置扇形的标签，默认值为 None（无）。
  ↳ autopct：设置扇形的比例格式，可以使用格式化字符串或格式化函数，默认值为 None（无），表示不显示。
  ↳ shadow：设置是否在扇形下方显示阴影，默认值为 False。
  ↳ startangle：设置饼图的起始角度，默认值为 None（无），表示从 *X* 轴向逆时针方向开始绘制饼图。
  ↳ radius：设置饼图的半径，默认值为 None（无），表示 1。
  ↳ counterclock：设置扇形是否为逆时针方向，默认值为 True。
  ↳ center：设置饼图的中心点坐标，默认值为（0, 0）。
  ↳ frame：设置是否在饼图的四周显示坐标轴，默认值为 False。

在统计学中，饼图（pie chart）又称为圆饼图、饼状图或派形图，它是一个划分为几个扇形的圆形统计图表，用来描述量、频率或百分比之间的相对关系，这些扇形拼在一起就是一个圆形。

随堂练习

[作息时间饼图] 假设小明每天工作、睡觉、上网和其他活动的时间分别为 8、7、2、7 小时，请根据这些数据绘制饼图，里面会自动算出每个活动占用的时间比例。

【解答】

\Ch15\mat14.py

```
import matplotlib.pyplot as plt
activities = ["work", "sleep", "Internet", "others"]    # 此变量用来存放活动的名称
hours = [8, 7, 2, 7]                                     # 此变量用来存放活动的时间
colors = ["lightgreen", "lightblue", "yellow", "pink"]   # 此变量用来存放扇形的色彩
# 绘制饼图，其中 explode 参数会令第三个扇形分离开，表示强调的意思
plt.pie(hours, labels = activities, colors = colors, shadow = True, explode = (0, 0, 0.1, 0), autopct = "%1.1f%%")
# 以相同的宽高比例绘制饼图比较美观
plt.axis("equal")
plt.show()
```

执行结果如图 15-18 所示。

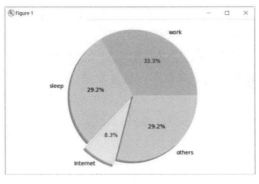

图 15-18

15.6　绘制散布图

可以使用 matplotlib.pyplot 库的 scatter() 函数绘制散布图，其语法如下。

```
scatter(x, y, 选择性参数 1 = 值 1, 选择性参数 2 = 值 2, …)
```

> ➤ x、y：设置要用来绘制散布图的数据，x 为自变量，y 为因变量。
> ➤ *选择性参数*：这个函数有数个选择性参数，常用的参数如下。
>> ↳ s：设置标记的大小，默认值为 None（无）。
>> ↳ c：设置标记的色彩，默认值为 None（无）。
>> ↳ marker：设置标记的样式，默认值为 None（无）。
>> ↳ linewidths：设置标记边缘的线条宽度，默认值为 None（无）。
>> ↳ edgecolors：设置标记边缘的色彩，默认值为 None（无）。

在统计学中，散布图（scatter diagram）可以用来表示两个计量变量之间的关系，其中自变量列于横轴（X 轴），因变量列于纵轴（Y 轴），两者可能呈现正相关（y 随着 x 的增加而增加）、负相关（y 随着 x 的增加而减少）或零相关（无法察觉两者的变化趋势）。

随堂练习

[身高体重散布图] 假设有一个班级 25 位学生的身高分别为 160，175，153，162，158，165，170，180，172，170，155，171，182，160，170，175，165，154，163，173，168，178，150，172，190 厘米，体重分别为 48，66，50，44，47，50，60，68，60，70，45，67，69，51，70，71，55，42，44，58，58，72，41，66，73 千克，这些数据存放在本书范例程序的 HW.txt 文件中，请根据该文件的数据绘制散布图，X 轴为身高，Y 轴为体重。

【解答】

由结果可以看出，学生的身高与体重呈现正相关，此处使用了 NumPy 提供的 loadtxt() 函数从 HW.txt 文件中加载身高与体重数据。选择性参数 delimiter 用来指定身高与体重数据是以逗号 (,) 隔开。

\Ch15\mat15.py

```python
import numpy as np
import matplotlib.pyplot as plt


HW = np.loadtxt("HW.txt", delimiter = ",")   # 从 HW.txt 文件中加载身高与体重数据
Heights = HW[:, 0]                            # 将第 1 行（栏）的身高数据赋值给 Heights
Weights = HW[:, 1]                            # 将第 2 行（栏）的体重数据赋值给 Weights
plt.scatter(Heights, Weights)                 # 根据身高与体重数据绘制散布图
plt.xlabel("Heights (cm)")
plt.ylabel("Weights (kg)")
plt.show()
```

执行结果如图 15-19 所示。

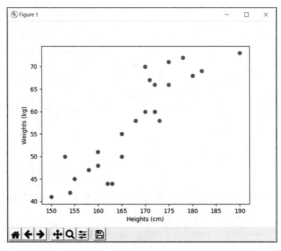

图 15-19

学习检测

一、选择题

1. 可以使用 matplotlib.pyplot 库的哪个函数绘制线条或标记？（　　）
   A. plot()　　　　　　B. hist()　　　　　　　C. bar()　　　　　　D. pie()

2. 可以使用 matplotlib.pyplot 库的哪个函数绘制直方图？（　　）
   A. pie()　　　　　　B. hist()　　　　　　　C. bar()　　　　　　D. scatter()

3. 若要将线条样式设置为点线，可以使用下列哪个格式化字符串？（　　）
   A. '-'　　　　　　　B. '--'　　　　　　　　C. '-.'　　　　　　　D. ':'

4. 若要将标记样式设置为下三角形，可以使用下列哪个格式化字符串？（　　）
   A. 'x'　　　　　　　B. 'D'　　　　　　　　C. '2'　　　　　　　D. 'v'

5. 可以使用 matplotlib.pyplot 库的哪个函数显示坐标系统的网格线？（　　）
   A. grid()　　　　　　B. axis()　　　　　　　C. xlim()　　　　　　D. ylim()

6. 可以使用 matplotlib.pyplot 库的哪个函数显示 X 轴的标签？（　　）
   A. xlim()　　　　　　B. xlabel()　　　　　　C. xticks()　　　　　D. minorticks_on()

7. 可以使用 matplotlib.pyplot 库的哪个函数在图表内显示图例？（　　）
   A. text()　　　　　　B. title()　　　　　　　C. legend()　　　　　D. label()

8. 可以使用 matplotlib.pyplot 库的哪个函数创建新图表？（　　　）

    A. plot()　　　　　　B. subplot()　　　　　　C. figure()　　　　　　D. new()

9. 可以使用 matplotlib.pyplot 库的哪个函数绘制饼图？（　　　）

    A. pie()　　　　　　B. hist()　　　　　　C. bar()　　　　　　D. scatter()

10. 当想呈现两个计量变量之间是正相关、负相关或零相关时，可以使用下列哪种图表？（　　　）

    A. 条形图　　　　　　B. 饼图　　　　　　C. 直方图　　　　　　D. 散布图

二、练习题

1. [绘制数学函数] 请在坐标系统中绘制两个函数 $y1 = 20 * \sin(x)$ 和 $y2 = x2 * \cos(x) + 0.5$，$x = -10 \sim 10$。图 15-20 所示的执行结果供参考。

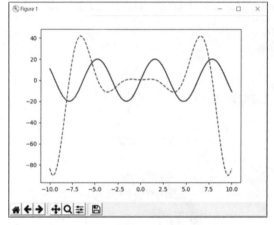

图 15-20

2. [牧场动物饲养比例] 假设快乐牧场饲养了表 15-6 所示的动物，请绘制一张饼图，统计这些动物的头数/只数比例。图 15-21 所示的执行结果供参考。

表 15-6　快乐牧场饲养的动物

动　物	头数/只
cow（乳牛）	10
sheep（绵羊）	15
duck（鸭子）	28
chicken（鸡）	12
others（其他）	7

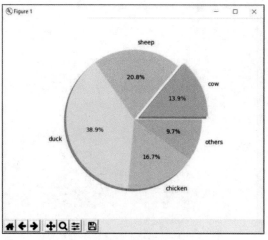

图 15-21

第 16 章

使用 SciPy
进行科学计算

16.1 认 识 SciPy

SciPy 是一个构建在 NumPy 之上、用来进行科学计算的高级函数库，提供了优化与求根、稀疏矩阵、线性代数、插值、特殊函数、统计函数、积分、傅里叶变换、信号处理、图像处理，以及其他科学与工程常用的计算功能。SciPy 的协助，使得 Python 在科学计算与数值分析领域足以媲美 Matlab、GNU Octave、Scilab 等专业软件。

SciPy 包含许多子模块。例如：

➢ 聚类算法 Clustering package（scipy.cluster）
➢ 数理常数 Constants（scipy.constants）
➢ 离散傅里叶变换 Discrete Fourier transforms（scipy.fftpack）
➢ 积分 Integration and ODEs（scipy.integrate）
➢ 插值 Interpolation（scipy.interpolate）
➢ 输入与输出 Input and output（scipy.io）
➢ 线性代数 Linear algebra（scipy.linalg）
➢ 其他函数 Miscellaneous routines（scipy.misc）
➢ 多维图像处理 Multi-dimensional image processing（scipy.ndimage）
➢ 正交距离回归 Orthogonal distance regression（scipy.odr）
➢ 优化与求根 Optimization and Root Finding（scipy.optimize）
➢ 信号处理 Signal processing（scipy.signal）
➢ 稀疏矩阵 Sparse matrices（scipy.sparse）
➢ 稀疏线性代数 Sparse linear algebra（scipy.sparse.linalg）
➢ 压缩稀疏图形函数 Compressed Sparse Graph Routines（scipy.sparse.csgraph）
➢ 空间算法与数据结构 Spatial algorithms and data structures（scipy.spatial）
➢ 特殊函数 Special functions（scipy.special）
➢ 统计函数 Statistical functions（scipy.stats）
➢ 屏蔽数组统计函数 Statistical functions for masked arrays（scipy.stats.mstats）
➢ Low-level callback functions

本章介绍统计、插值、优化与求根等子模块，其他子模块或函数可以参考 SciPy 官方网站（https://www.scipy.org/）的说明文件。

安装 SciPy 库

可以使用 11.3.1 小节介绍的 pip 程序安装 Scipy 库，打开"命令提示符"窗口，在提示符号 > 后输入如下命令，然后按 Enter 键，安装此函数库。

```
C:\Users\Administrator>pip install scipy
```

接下来，可以输入如下命令查看 SciPy 库的版本、安装路径、授权等信息（图 16-1）。

C:\Users\Administrator>**pip show scipy**

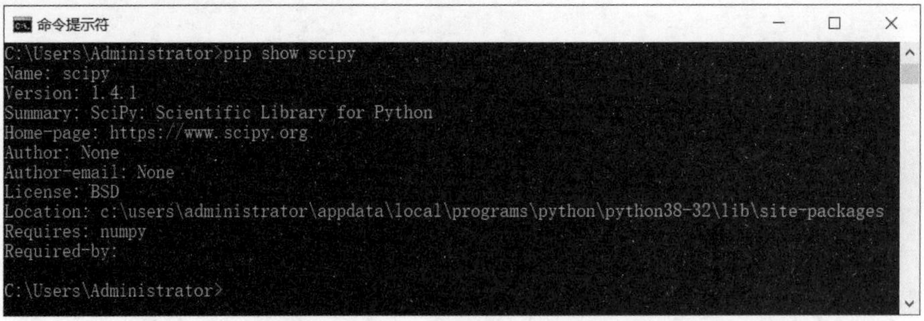

图 16-1

16.2 统计子模块 scipy.stats

scipy.stats 子模块包含大量的概率分布与统计函数，由于这需要统计学的基础，而且数量庞大，无法一一列举，因此我们先列出摘要，让您有一个初步的认知，然后示范离散型均匀分布和连续型正态分布，其他范例可以参考说明文件（https://docs.scipy.org/doc/scipy/reference/stats.html）。

➤ **离散型均匀分布**（discrete distribution）：这是一些继承自 rv_discrete 类的对象，例如，randint 代表一个整数均匀分布的离散型随机变量，poisson 代表一个卜瓦松分布的离散型随机变量，其他还有 bernoulli、binom、boltzmann、dlaplace、geom、hypergeom、logser、nbinom、planck、skellam、zipf 等。

➤ **连续型正态分布**（continuous distribution）：这是一些继承自 rv_continuous 类的对象，例如，norm 代表一个正态分布的连续型随机变量，rayleigh 代表一个瑞利分布的连续型随机变量，其他还有 alpha、angli、arcsine、argus、beta、betaprime、bradford、burr、burr12、cauchy、chi、chi2、cosine、crystalball、dgamma、dweibull、erlang、expon、exponnorm、exponweib、exponpow、f、fatiguelife、fisk、foldcauchy、foldnorm、frechet_r、frechet_l、gamma、genlogistic、gennorm、genpareto、genexpon、genextreme、gausshyper、gengamma、genhalflogistic、gilbrat、gompertz、gumbel_r、gumbel_l、halfcauchy、halflogistic、halfnorm、halfgennorm、hypsecant、invgamma、invgauss、invweibull、johnsonsb、johnsonsu、kappa4、kappa3、ksone、kstwobign、laplace、levy、levy_l、levy_stable、logistic、loggamma、loglaplace、lognorm、lomax、maxwell、mielke、moyal、nakagami、ncx2、ncf、nct、norminvgauss、pareto、pearson3、powerlaw、powerlognorm、powernorm、rdist、reciprocal、rice、recipinvgauss、semicircular、skewnorm、t、trapz、triang、truncexpon、truncnorm、tukeylambda、uniform、vonmises、

vonmises_line、wald、weibull_min、weibull_max、wrapcauchy 等。

> **多变量分布**（multivariate distribution）：包括 multivariate_normal、matrix_normal、dirichlet、invwishart、multinomial、special_ortho_group、ortho_group、unitary_group、random_correlation、wishart 等。

> **统计函数**（statistical function）：scipy.stats 子模块也包含统计函数，可以用来计算几何平均数、调和平均数、描述性统计、峰态系数（kurtosis）、偏态系数（skewness）、截尾平均数（trimmed mean）、方差、累积频率分布、相对频率分布、标准分数（z-分数）、1-way ANOVA（单因子方差分析）、皮尔森相关系数（Pearson's correlation coefficient）、回归分析（regression analysis）、正态检验（normal test）、T 检验（T-test）、Kolmogorov-Smirnov test、卡方检验、Kruskal-Wallis 检验、Friedman test、曼惠二氏 U 检验（Mann-Whitney test）、中位数检验等。

16.2.1 离散型均匀分布

本小节将使用 randint 对象创建一个离散型均匀分布的概率模型（probabilistic model）。randint 对象的概率质量函数（probability mass function）如下。

$$f(k) = \frac{1}{high - low}$$

$$\text{for } k = low, \cdots, high - 1$$

首先，导入 scipy.stats 子模块并设置别名为 stats。

```
>>> import scipy.stats as stats
```

其次，假设要创建一个范围为 [1, 11) 整数均匀分布的概率模型（包含 1，不包含 11），可以写成如下形式。

```
>>> rv = stats.randint(low = 1, high = 11)
```

创建概率模型后，可以使用 randint 对象提供的方法计算，常见的方法如下。

> rvs(*low, high, loc* = 0, *size* = 1, *random_state* = None)：这个方法用来返回随机数，例如，下面的语句会从刚才创建的概率模型返回 5 个随机数。

```
>>> rv.rvs(size = 5)              # 也可写成 stats.randint.rvs(low = 1, high = 11, size = 5)
array([4, 7, 8, 1, 5])
```

> pmf(*k, low, high, loc* = 0)、cdf(*k, low, high, loc* = 0)、ppf(*q, low, high, loc* = 0)：这 3 个方法用来返回概率质量函数、累积分布函数（cumulative distribution function）和百分位函数（percent point function）。例如：

```
>>> rv.pmf([5, 7, 9, 11])        # 返回 5、7、9、11 的概率质量函数
```

```
array([0.1,  0.1,  0.1,  0. ])
>>> rv.cdf([1,  2,  3,  4,  5])          # 返回 1～5 的累积分布函数
array([0.1,  0.2,  0.3,  0.4,  0.5])
>>> rv.ppf([0.2,  0.5,  0.7])            # 返回第 20%、50%、70%百分位的值
array([2.,  5.,  7.])
```

> median(*low*, *high*, *loc* = 0)、mean(*low*, *high*, *loc* = 0)、var(*low*, *high*, *loc* = 0)、std(*low*, *high*, *loc* = 0)：这 4 个方法用来返回概率模型的中位数、算术平均、方差和标准偏差。例如：

```
>>> rv.median()              # 返回中位数，也可写成 stats.randint.median(1, 11)
5.0
>>> rv.mean()                # 返回算术平均，也可写成 stats.randint.mean(1, 11)
5.5
>>> rv.var()                 # 返回方差，也可写成 stats.randint.var(1, 11)
8.25
>>> rv.std()                 # 返回标准偏差，也可写成 stats.randint.std(1, 11)
2.8722813232690143
```

最后，绘制 randint 对象的概率质量函数，其中 vlines() 函数用来绘制垂直线，其语法为 vlines(*x*, *ymin*, *ymax*, *colors* = 'k', *linestyles* = 'solid', *label* = '' [, *其他选择性参数*])。

\Ch16\randint.py

```python
import numpy as np
import matplotlib.pyplot as plt
import scipy.stats as stats
# 创建一个范围为 [1, 11) 整数均匀分布的概率模型
rv = stats.randint(low = 1, high = 11)
# 变量 x 是用来绘制概率质量函数的数据 [1% ~ 99% (不含) 的值 ]
x = np.arange(rv.ppf(0.01), rv.ppf(0.99))
# 以蓝色圆点绘制均匀分布的概率质量函数
plt.plot(x, rv.pmf(x), "bo", label = "randint pmf")
# 以透明度 0.5 的蓝色虚线绘制垂直线
plt.vlines(x, 0, rv.pmf(x), "b", linestyles = "dashed", alpha = 0.5)
plt.legend()
plt.show()
```

执行结果如图 16-2 所示。

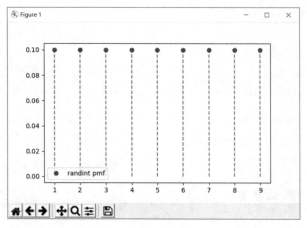

图 16-2

16.2.2　连续型正态分布

本小节将使用 norm 对象创建一个连续型正态分布的概率模型，norm 对象的概率密度函数（probability density function）如下。

$$f(x) = \frac{\exp(-x^2 / 2)}{\sqrt{2\pi}}$$

首先，导入 scipy.stats 子模块并设置别名为 stats。

```
>>> import scipy.stats as stats
```

已知标准正态分布的期望值为 0、标准偏差为 1，假设要创建一个标准正态分布的概率模型，可以写成如下形式，参数 loc 和 scale 表示期望值与标准偏差。

```
>>> rv = stats.norm(loc = 0, scale = 1)
```

由于参数 loc 和 scale 的默认值为 0、1，所以上面的语句也可写成如下形式。

```
>>> rv = stats.norm()
```

成功创建概率模型后，可以使用 norm 对象提供的方法进行计算，常见的方法如下。

➢ rvs($loc = 0$, $scale = 1$, $size = 1$, $random_state = $ None)：这个方法用来返回随机数，例如，下面的语句会从刚才创建的概率模型返回 3 个随机数。

```
>>> rv.rvs(size = 3)                        # 返回 3 个随机数
array([ 1.0157193 , -1.0662266 , -0.16737908])
```

➢ pdf(x, $loc = 0$, $scale = 1$)、cdf(x, $loc = 0$, $scale = 1$)、ppf(q, $loc = 0$, $scale = 1$)：这 3 个方法用来返回概率密度函数、累积分布函数和百分位函数。例如：

```
>>> rv.pdf([0, 0.5])                        # 返回 0, 0.5 的概率密度函数
```

```
array([0.39894228, 0.35206533])
>>> rv.cdf([0, 0.5])                    # 返回 0, 0.5 的累积分布函数
array([0.5        , 0.69146246])
>>> rv.ppf([0.5, 0.75])                 # 返回第 50%、75% 百分位的值
array([0.        , 0.67448975])
```

 ➢ median(*loc* = 0, *scale* = 1)、mean(*loc* = 0, *scale* = 1)、var(*loc* = 0, *scale* = 1)、std((*loc* = 0, *scale* = 1)：这 4 个方法用来返回概率模型的中位数、算术平均、方差和标准偏差。例如：

```
>>> rv.median()                         # 返回中位数，也可写成 stats.norm.median()
0.0
>>> rv.mean()                           # 返回算术平均，也可写成 stats.norm.mean()
0.0
>>> rv.var()                            # 返回方差，也可写成 stats.norm.var()
1.0
>>> rv.std()                            # 返回标准偏差，也可写成 stats.norm.std()
1.0
```

 最后，绘制 norm 对象的概率密度函数，其中第 05 ~ 10 行是以红色实线绘制标准正态分布的概率密度函数，第 12 ~ 15 行从标准正态分布中取出 1000 个随机数并绘制成直方图。

\Ch16\norm.py

```
01  import numpy as np
02  import matplotlib.pyplot as plt
03  import scipy.stats as stats
04
05  # 将正态分布的期望值与标准偏差设置为 0, 1 (即标准正态分布)
06  loc, scale = 0, 1
07  # 变量 x 是用来绘制概率密度函数的数据 (1% ~ 99% 平均取出 100 个值)
08  x = np.linspace(stats.norm.ppf(0.01, loc, scale), stats.norm.ppf(0.99, loc, scale), 100)
09  # 以红色实线绘制标准正态分布的概率密度函数
10  plt.plot(x, stats.norm.pdf(x), "r-", label = "norm pdf")
11
12  # 产生 1000 个标准正态分布随机数
13  r = stats.norm.rvs(size = 1000)
14  # 将 1000 个随机数绘制成直方图 (透明度设置为 0.2)
15  plt.hist(r, density = True, histtype = "stepfilled", alpha = 0.2)
16  # 显示图例
17  plt.legend()
18  plt.show()
```

执行结果如图 16-3 所示，代表标准正态分布的红线实线和直方图的分布几乎一致，呈现钟形曲线。

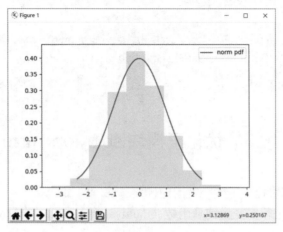

图 16-3

随堂练习

绘制 3 个正态分布的概率密度函数，如图 16-4 所示，红色实线、绿色虚线、蓝色点线的期望值和标准偏差分别为（0，1）、（2，1）、（0，2）。

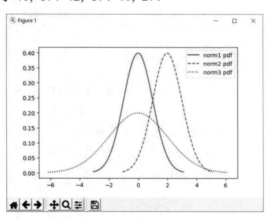

图 16-4

【解答】<\Ch16\norm2.py>

```
loc1, scale1 = 0, 1
x1 = np.linspace(stats.norm.ppf(0.001, loc1, scale1), stats.norm.ppf(0.999, loc1, scale1), 1000)
plt.plot(x1, stats.norm.pdf(x1), "r-", label = "norm1 pdf")
```

```
loc2, scale2 = 2, 1
x2 = np.linspace(stats.norm.ppf(0.001, loc2, scale2), stats.norm.ppf(0.999, loc2, scale2), 1000)
plt.plot(x2, stats.norm.pdf(x2, loc2, scale2), "g--", label = "norm2 pdf")
loc3, scale3 = 0, 2
x3 = np.linspace(stats.norm.ppf(0.001, loc3, scale3), stats.norm.ppf(0.999, loc3, scale3), 1000)
plt.plot(x3, stats.norm.pdf(x3, loc3, scale3), "b:", label = "norm3 pdf")
plt.legend()
plt.show()
```

16.3　优化子模块 scipy.optimize

scipy.optimize 子模块提供了数个常用的优化算法。例如：

➢ **使用数种算法进行多变量纯量函数**（multivariate scalar function）的非约束与约束最小化，如 BFGS、Nelder-Mead simplex、Newton Conjugate Gradient、COBYLA、SLSQP。

➢ **全局优化**（global optimization），如 basinhopping、差分进化法（differential_evolution）。

➢ **最小平方法**（least-squares algorithm）与曲线拟合法（curve fitting algorithm）。

➢ **纯量单变量函数**（scalar univariate function）的最小值与求根（牛顿法）。

➢ **使用数种算法解多变量联立方程式**（multivariate equation system），如 hybrid Powell、Levenberg-Marquardt、Newton-Krylov。

由于这需要优化算法（optimization algorithm）的基础，因此我们仅简单示范函数的求根与最小值，其他范例可以参考说明文件 https://docs.scipy.org/doc/scipy/reference/ optimize.html #module-scipy.optimize。

1. 范例 函数的根

在这个例子中，我们将使用 scipy.optimize 子模块提供的 root() 函数找出函数 $f(x)=2x^2-4x+1$ 的根。

root() 函数的语法如下，其中参数 *fun* 是要求根的函数，参数 *x0* 是初始猜测值，返回值是 OptimizeResult 对象，该对象最重要的属性是 *x*，代表优化的结果。

scipy.optimize.root(*fun*, *x0*[, *选择性参数*])

\Ch16\root1.py

```
from scipy.optimize import root

def f(x):
    return (2 * x ** 2 - 4 * x + 1)
```

```
sol1 = root(f, 0)                          # 将初始猜测值设置为 0 去求根
print(sol1.x)                              # 输出优化的结果
sol2 = root(f, 1)                          # 将初始猜测值设置为 1 去求根
print(sol2.x)                              # 输出优化的结果
sol3 = root(f, 2)                          # 将初始猜测值设置为 2 去求根
print(sol3.x)                              # 输出优化的结果
```

执行结果如图 16-5 所示。从图 16-5 中可以看到，给定不同的初始猜测值，可能会有不同的结果，例如初始猜测值为 0 找到的根是 0.29289322，而初始猜测值为 1 和 2 找到的根是 1.70710678。

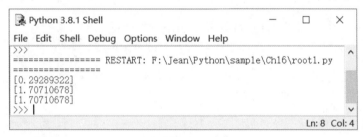

图 16-5

可以使用 NumPy 提供的 roots() 函数找出这个函数的所有根进行验证，具体如下，结果找到 1.70710678 和 0.29289322 两个根。

```
>>> import numpy as np
>>> r = np.roots([2, -4, 1])            # 参数为函数的系数（降序排列），如遇缺项，则写上 0
>>> print(r)                            # 找到两个根
[1.70710678 0.29289322]
```

2. 范例 解联立方程式

在这个例子中，我们将使用 root() 函数找出下列方程组的解。

$$2x + y - 5 = 0$$
$$x - 3y + 1 = 0$$

\Ch16\root2.py

```
01  from scipy.optimize import root
02
03  def fun(x):
04      return  [2 * x[0] + x[1] - 5, x[0] - 3 * x[1] + 1]
05
```

```
06   sol = root(fun, [0, 0])                    # 将 x[0], x[1] 的初始猜测值设置为 0, 0 去求解
07   print(sol.x)                               # 输出优化的结果
```

执行结果如图 16-6 所示，找到的解是 $x[0]$ 为 2，$x[1]$ 为 1。

请注意，第 03、04 行用来定义方程组，其中变量 $x[0]$、$x[1]$ 代表方程组的 x 和 y。

图 16-6

3. 范例 两个函数的交点

在这个例子中，我们将使用 root() 函数找出下列两个函数的交点。

$$f(x) = 2x^2 - 4x + 1, \quad g(x) = x - 2$$

\Ch16\root3.py

```
from scipy.optimize import root

def f(x):
    return (2 * x ** 2 - 4 * x + 1)

def g(x) :
    return (x - 2)

sol = root(lambda x : f(x) - g(x), 0)           # 将初始猜测值设置为 0 去找交点
print(sol.x)                                    # 输出优化的结果
print(f(sol.x))                                 # 将找到的 x 代入 f(x)
print(g(sol.x))                                 # 将找到的 x 代入 g(x)
```

执行结果如图 16-7 所示，找到的解是 x 为 1，分别代入 $f(x)$ 和 $g(x)$ 均会得到结果为 -1，表示此解是正确的。

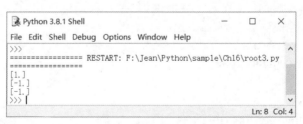

图 16-7

4. **范例** 函数的最小值

在这个例子中，我们将使用 scipy.optimize 子模块提供的 minimize_scalar() 函数找出函数 $f(x)=2x^2-4x+1$ 的最小值。

minimize_scalar() 函数的语法如下，其中参数 *fun* 是要找出最小值的纯量单变量函数，返回值是 OptimizeResult 对象，该对象最重要的属性是 x，代表优化的结果。

minimize_scalar(*fun*[, *选择性参数*])

\Ch16\min.py

```
from scipy.optimize import minimize_scalar

def f(x):
    return (2 * x ** 2 - 4 * x + 1)

res = minimize_scalar(f)                                        # 找出最小值
print("当 x 为{0}时，函数 f(x)有最小值，为{1}。".format(res.x, f(res.x)))    # 输出结果
```

执行结果如图 16-8 所示，当 x 为 1.0 时，函数 $f(x)$ 有最小值，为-1.0。

图 16-8

16.4 插值子模块 scipy.interpolate

scipy.interpolate 子模块针对一维、二维或多维数据提供了数个常用的插值函数，由于这需要插值法的基础，因此我们仅简单示范一维数据的内插函数 interp1d()，其他范例可以参考说明文件 https://docs.scipy.org/doc/scipy/reference/tutorial/interpolate.html。

"插值法"（interpolation，又称为"内插法"）是一种通过已知的、离散的点，在范围内推求新点的方法，当呈现数据时，经常需要比实际测量更多的点或预测其他的点。例如，绘制一天的温度变化图时，气象站可能每小时测量温度一次，但温度变化图是连续的图，这时就可以通过插值法完成绘制的工作。

范例 使用 interp1d() 函数绘制预测函数。

在这个例子中，我们将使用 scipy.interpolate 子模块提供的 interp1d() 函数针对一维数据绘制预测函数。

16

interp1d() 函数的语法如下，其中参数 x、y 是用来逼近函数 $y = f(x)$ 的一维数据，而参数 *kind* 是插值法的种类，有 "linear" "nearest" "zero" "slinear" "quadratic" "cubic" "previous" "next" 等值，默认值为 "linear"（线性插值法）。

interp1d(x, y, *kind*="linear" [, *其他选择性参数*])

假设真实函数 $f(x)$ 为 $\cos(-x^2 / 9)$，首先，创建函数 $f(x)$。

```
>>> import numpy as np
>>> import matplotlib.pyplot as plt
>>> from scipy.interpolate import interp1d
>>> f = lambda x: np.cos(-x ** 2 / 9.0)
```

其次，产生原始数据，这是在 -12 ~ 12 均匀产生 25 个点作为插值之前的输入数据 x，将 x 代入 $f(x)$ 作为插值之前的输出数据 y。

```
>>> x = np.linspace(-12, 12, num = 25)
>>> y = f(x)
```

然后，使用 interp1d() 函数创建两个插值函数，其中 $g1(x)$ 采取线性插值法（linear interpolation），$g2(x)$ 采取三次插值法（cubic interpolation）。

```
>>> g1 = interp1d(x, y)
>>> g2 = interp1d(x, y, kind = "cubic")
```

接着，产生比较密集的预测数据，这是在 -12 ~ 12 均匀产生 49 个点作为进行插值的输入数据 xnew，之后将 xnew 分别代入 $g1(x)$ 和 $g2(x)$ 作为进行插值的输出数据 ynew1 和 ynew2。

```
>>> xnew = np.linspace(-12, 12, num = 49)
>>> ynew1 = g1(xnew)
>>> ynew2 = g2(xnew)
```

最后，将原始数据和预测数据描绘出来，其中蓝色圆点为原始数据，红色实线为采取线性插值法的预测函数，而绿色虚线为采取三次插值法的预测函数。

```
>>> plt.plot(x, y, "bo", label = "data")
>>> plt.plot(xnew, ynew1, "r-", label = "linear")
>>> plt.plot(xnew, ynew2, "g--", label = "cubic")
>>> plt.legend(loc = "lower center")
>>> plt.show()
```

执行结果如图 16-9 所示。由图 16-9 可以看出，$g1(x)$ 和 $g2(x)$ 两个预测函数都很接近真实函数 $f(x)$。

16

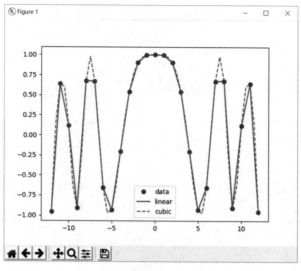

图 16-9

学习检测

练习题

1. [正态分布的累积密度函数] 16.2 节的随堂练习中绘制了 3 个正态分布的概率密度函数，请改成绘制累积密度函数，图 16-10 所示的执行结果供参考。

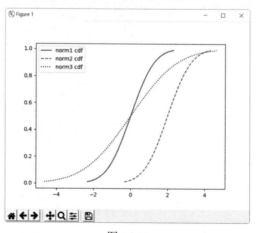

图 16-10

2. [函数的根] 找出函数 $f(x)=x+\cos(x)$ 的根（假设初始猜测值为 0）。

3. [解方程式] 找出下列非线性方程式的解（假设初始猜测值为 1, 1）。

$$x0\cos(x1) = 4$$
$$x1x0 - x1 = 5$$

4. [函数的最小值] 找出下列函数的最小值。

（1） $f(x) = 3x^4 - x^2 + 5$

（2） $f(x) = x(x-2)(x+2)^2$

5. [插值] 假设真实函数 $f(x)$ 为 $(x-1)(x-2)(x-3)$，原始资料如下，请使用 interp1d() 函数绘制两个预测函数，分别采取线性插值法和二次插值法。图 16-11 所示的执行结果供参考。

```
f = lambda x: (x - 1) * (x - 2) * (x - 3)
x = np.linspace(0, 5, num = 11)
y = f(x)
```

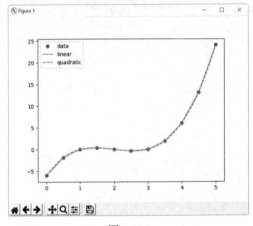

图 16-11

第 17 章

使用 pandas
进行数据分析

17.1　认 识 pandas

pandas 是一个开放源代码的 Python 第三方工具库，提供了高效能、简易使用的数据结构与数据分析工具。一直以来，Python 都非常适合应用在数据整理与准备方面，却不善于数据分析与模型创建，而 pandas 刚好弥补了此不足，让用户可以通过 Python 进行数据分析的整个过程，无须切换到其他更专精的语言，如 R 语言。事实上，根据统计，Python 生态系统已经超越 R 语言，成为数据分析、数据科学与机器学习的第一大语言。

pandas 主要的特色如下（pandas 官方网站 https://pandas.pydata.org/ 有更完整的介绍）。

➤ pandas 有 Series、DataFrame 和 Panel 3 种数据结构，分别用来处理一维、二维与多维数据，而且可以存放异类数据（不同数据类型），有别于 NumPy 提供的 ndarray 只能存放同类数据（相同的数据类型）。

➤ 用户可以快速读取、转换及处理异类数据，通过数据结构对象提供的方法进行数据的前置处理，如数据补值、去除或取代空值等。

➤ 更多的数据输入/输出，如 TXT、CSV、剪贴簿、Excel 电子表格、JSON、HTML、关系数据库等。

安装 pandas 库的步骤如下。

（1）可以使用 11.3.1 小节介绍的 pip 程序安装 pandas 库，打开"命令提示符"窗口，在提示符号 > 后输入如下命令，然后按 Enter 键，安装此工具库。

```
C:\Users\Administrator>pip install pandas
```

（2）输入如下命令查看 pandas 库的版本、安装路径、授权等信息。

```
C:\Users\Administrator>pip show pandas
```

17.2　pandas 的数据结构

如前面所言，pandas 有 Series、DataFrame 和 Panel 3 种数据结构，分别用来处理一维、二维与多维数据。不过，DataFrame 也提供了处理多维数据的机制，使得 Panel 并不常用，因此，本节将介绍 Series 和 DataFrame。

17.2.1　Series

Series 是一个可以用来存放整数、字符串、浮点数、Python 对象等数据类型的一维数组。

使用 Series 之前，要导入 pandas 并设置别名为 pd，具体如下。

```
>>> import pandas as pd
```

接着，可以使用 Series() 方法创建 Series，其语法如下，参数 *data* 用来指定 Series 的数据，可以来自 Python list、dict、NumPy ndarray 或纯量，参数 *index* 用来指定 Series 的索引，又称为"列标签"（row label），而参数 *name* 用来指定 Series 的名称。

```
pd.Series(data = None, index = None, name = None, 其他选择性参数)
```

1. 从 Python list 创建 Series

例如，下面的语句是从 Python list 创建一个 Series 并赋值给变量 s1，数据可以是不同的数据类型。由于没有指定列标签，所以采取默认的列编号 0、1、2。

```
>>> s1 = pd.Series(['Tom', 92, 88])        # 从列表创建 Series (包含 3 个异类数据)
>>> s1                                       # 采取默认的列编号 0、1、2
0    Tom
1    92
2    88
dtype: object
>>> s1[0]                                     # 通过列编号 0 显示第 1 个数据
'Tom'
```

也可以指定列标签。例如，下面的语句是通过参数 index 将 Series 的列标签指定为 'name' 'math' 'english'。

```
>>> s2 = pd.Series(['Tom', 92, 88], index = ['name', 'math', 'english'])
>>> s2
name       Tom
math        92
english     88
dtype: object
>>> s2['name']                               # 通过列标签 'name' 显示对应的数据
'Tom'
>>> s2[0]                                     # 仍可通过列编号 0 显示第 1 个数据
'Tom'
```

2. 从 Python dict 创建 Series

例如，下面的语句是从 Python dict 各自创建一个 Series 并赋值给变量 s3、s4，若没有对应的数据，就配置 NaN，例如变量 s4 的列标签 '鸟' 会配置 NaN。

```
>>> dict1 = {'猫' : 'cat', '狗' : 'dog'}
```

```
>>> s3 = pd.Series(dict1)                              # 从字典创建 Series
>>> s3
猫     cat
狗     dog
dtype: object
>>> s4 = pd.Series(dict1, index = ['猫', '狗', '鸟'])   # 从字典创建 Series 并指定列标签
>>> s4
猫     cat
狗     dog
鸟     NaN
dtype: object
>>> s4['鸟']                                           # 通过列标签 '鸟' 显示对应的数据
nan
```

3. 从 NumPy ndarray 创建 Series

例如，下面的语句是从 NumPy ndarray 创建一个 Series 并赋值给变量 s5。

```
>>> import numpy as np
>>> s5 = pd.Series(np.arange(1, 10, 3))               # 从 ndarray 创建 Series
>>> s5
0    1
1    4
2    7
dtype: int32
>>> s5[0]                                             # 通过列编号 0 显示第 1 个数据
1
```

4. 从纯量创建 Series

例如，下面的语句是从纯量创建一个 Series 并赋值给变量 s6。

```
>>> s6 = pd.Series(5, index = ['a', 'b', 'c'])        # 从纯量创建 Series 并指定列标签
>>> s6
a    5
b    5
c    5
dtype: int64
```

也可以在创建 Series 的同时通过参数 name 指定 Series 的名称，或通过 Series 的 name 与 index 属性获取名称和列标签。例如：

```
>>> s7 = pd.Series(5, name = 'num', index = ['a', 'b', 'c'])    # 指定名称和列标签
```

```
>>> s7.name                                    # 通过 name 属性获取名称
'num'
>>> s7.index                                   # 通过 index 属性获取列标签
Index(['a', 'b', 'c'], dtype='object')
```

5. Series 的操作方式

Series 的操作方式和 NumPy ndarray 类似。例如：

```
>>> s = pd.Series([1, 3, 5, 7])                # 从列表创建 Series
>>> s
0    1
1    3
2    5
3    7
dtype: int64
>>> s[2:]                                       # 行编号 2 和之后的数据
2    5
3    7
dtype: int64
>>> s[:2]                                       # 行编号 2 之前的数据 (不含行编号 2)
0    1
1    3
dtype: int64
>>> s + s                                       # 将两个 Series 对应的数据相加
0     2
1     6
2    10
3    14
dtype: int64
>>> s > 2                                       # Series 的数据大于 2
0    False
1     True
2     True
3     True
dtype: bool
>>> np.square(s)                                # 将 Series 的数据平方
0     1
1     9
2    25
3    49
dtype: int64
```

17.2.2 DataFrame

DataFrame 是一个可以用来存放整数、字符串、浮点数、Python 对象等数据类型的二维数组，您可以将它想象成电子表格、SQL 数据表或由 Series 对象组成的字典。同样，使用 DataFrame 之前，要导入 pandas 并设置别名为 pd，具体如下。

```
>>> import pandas as pd
```

接着，可以使用 DataFrame() 方法创建一个 DataFrame，其语法如下，参数 *data* 用来指定 DataFrame 的数据，参数 *index* 用来指定 DataFrame 的行标签，而参数 *columns* 用来指定 DataFrame 的列标签（字段名称）。

```
pd.DataFrame(data = None, index = None, columns = None, 其他选择性参数)
```

DataFrame 的数据源相当多，包括：

➢ Python dict 组成的列表。

➢ Python list、tuple、dict、Series 或一维的 ndarray 组成的字典。

➢ 二维的 ndarray、Series 或其他 DataFrame。

1. 从 Python dict 组成的列表创建 DataFrame

例如，下面的语句是从 Python dict 组成的列表创建一个 DataFrame 并赋值给变量 df1，若没有对应的数据，就配置 NaN。

```
>>> data1 = [{'a': 1., 'b': 2., 'c': 3.}, {'a': 4., 'b': 5., 'c': 6., 'd': 7.}]
>>> df1 = pd.DataFrame(data1)
>>> df1
     a    b    c    d
0  1.0  2.0  3.0  NaN
1  4.0  5.0  6.0  7.0
```

可以通过 DataFrame 的 index 与 columns 属性获取行标签和列标签，也可以通过行标签和列标签访问数据。例如：

```
>>> df1.index                          # 获取行标签
RangeIndex(start=0, stop=2, step=1)
>>> df1.columns                        # 获取列标签
Index(['a', 'b', 'c', 'd'], dtype='object')
>>> df1['a']                           # 列标签为 'a' 的数据
0    1.0
1    4.0
Name: a, dtype: float64
>>> df1[['a', 'c']]                     # 列标签为 'a' 和 'c' 的数据
     a    c
```

```
0   1.0   3.0
1   4.0   6.0
>>> df1['a'][0]                          # 列标签为 'a'、行标签为 0 的数据
1.0
>>> df1[:1]                              # 行标签 1 之前的行 (不含行标签 1)
      a     b     c     d
0   1.0   2.0   3.0   NaN
```

也可以在创建 DataFrame 的同时通过参数 index 与 columns 指定行标签、列标签或两者，这样数据就会依照指定的行标签和列标签排序。例如：

```
>>> pd.DataFrame(data1, index = ['first', 'second'])
            a     b     c     d
first     1.0   2.0   3.0   NaN
second    4.0   5.0   6.0   7.0
>>> pd.DataFrame(data1, index = ['first', 'second'], columns = ['d', 'b', 'a'])
            d     b     a
first     NaN   2.0   1.0
second    7.0   5.0   4.0
```

2．从 Python list 组成的字典创建 DataFrame

例如，下面的语句是从 Python list 组成的字典创建 DataFrame。

```
>>> data = {'drink' : ['啤酒', '咖啡', '红茶', '可乐'], 'dessert' : ['蛋糕', '饼干', '泡芙', '布丁']}
>>> pd.DataFrame(data)
     drink     dessert
0    啤酒        蛋糕
1    咖啡        饼干
2    红茶        泡芙
3    可乐        布丁
```

3．从 Series 组成的字典创建 DataFrame

例如，下面的语句是从 Series 组成的字典创建 DataFrame，若没有对应的数据，就配置 NaN。

```
>>> data = {'one' : pd.Series([1., 2.], index = ['a', 'b']), 'two' : pd.Series([3., 4., 5.], index = ['a', 'b', 'c'])}
>>> pd.DataFrame(data)
     one   two
a    1.0   3.0
b    2.0   4.0
c    NaN   5.0
```

```
>>> pd.DataFrame(data, index = ['c', 'b'])                    # 指定行标签
    one  two
c   NaN  5.0
b   2.0  4.0
>>> pd.DataFrame(data, index = ['c', 'b'], columns = ['two', 'three'])# 指定行标签和列标签
    two  three
c   5.0  NaN
b   4.0  NaN
```

17.3　pandas 的基本功能

pandas 提供了大量的 API（Application Programming Interface，应用程序编程接口），让用户通过 pandas 的对象、函数和方法进行数据处理与分析。

本节介绍 Pandas 一些常用的基本功能，如索引参照、算术与比较运算、通用函数运算、统计函数、处理 NaN、文件数据输入/输出等，更多的说明与范例可以参考 pandas 官方网站（https://pandas.pydata.org/）。事实上，pandas 的功能非常强大，市面上也有专门介绍 pandas 的书籍，有兴趣进一步学习的读者可以自行参考。

我们将 pandas 提供的 API 分类简单归纳如表 17-1 所示。完整的函数列表可以参考说明文件 http://pandas.pydata.org/pandas-docs/stable/api.html。

表 17-1　pandas 提供的 API 分类

分　　类	说　　明
输入/输出	从 TXT、CSV、剪贴簿、Excel 电子表格、JSON、HTML、HDF5、Feather、Parquet、SAS、SQL、Google BigQuery、STATA 等格式输入数据，或将数据输出为前述格式。例如，read_table()、read_csv()、read_fwf()、read_excel()、read_json()、read_html()、read_hdf()、read_sas()、read_sql()等输入函数，以及 to_csv()、to_json()、to_html()、to_excel()、to_hdf()、to_sql() 等输出函数
通用函数	处理数据、转换类型、计算值、测试等，例如 melt()、merge()、concat()、pivot()、crosstab()、isna()、isnull()、notna()、notnull()、to_numeric()、eval()、test() 等函数
处理 Series 与 DataFrame	创建 Series，例如 Series() 函数
	创建 DataFrame，例如 DataFrame() 函数
	Series 的属性，例如 name（名称）、index（行标签）、ndim（维度）、size（数据个数）、dtype（数据类型）、shape（数据形状）等
	DataFrame 的属性，例如 name（名称）、index（行标签）、columns（列标签）、ndim（维度）、size（数据个数）、dtype（数据类型）、shape（数据形状）等
	转换，例如 astype()、convert_objects()、copy()、bool()、to_period()、tolist() 等函数
	索引与迭代，例如 at、iat、loc、iloc、get()、iteritems()、items()、keys()、item()、pop()、xs() 等函数
	二元运算，例如 add()、sub()、mul()、div()、mod()、pow()、combine()、round()、product()、dot()、lt()、gt()、le()、ge()、ne()、eq() 等函数

分　类	说　明
处理 Series 与 DataFrame	函数应用与分组，例如 apply()、map()、groupby()、expanding()、pipe() 等函数
	计算、统计与描述状态，例如 abs()、all()、any()、between()、clip()、count()、cov()、cummax()、cummin()、cumprod()、cumsum()、describe()、diff()、kurt()、mad()、max()、min()、mean()、median()、prod()、std()、sum()、skew()、var()、kurtosis()、unique() 等函数
	变更索引、选取、处理标签，例如 drop()、first()、last()、head()、tail()、rename()、reindex()、select()、filter()、where() 等函数
	处理空值，例如 isna()、notna()、dropna()、fillna() 等函数
	排序与改变形状，例如 argsort()、sort_values()、sort_index()、ravel()、swaplevel() 等函数
	结合、取代与合并，例如 append()、join()、replace()、update() 等函数
	Time Series 相关，例如 asfreq()、asof()、shift() 等函数
	字符串处理，例如 capitalize()、contains()、count()、endswith()、find()、get()、index()、join()、len()、ljust()、lower()、lstrip()、replace()、rjust()、rstrip()、split()、swapcase()、title()、isalpha()、isdigit()、isspace()、islower()、isupper()、istitle()、isnumeric()、isdecimal() 等函数
	绘图，例如 plot()、plot.area()、plot.bar()、plot.barh()、plot.box()、plot.density()、hist()、plot.hist()、plot.kde()、plot.line()、plot.pie()、plot.scatter() 等函数
	稀疏矩阵运算，例如 SparseSeries.to_coo()、SparseSeries.from_coo() 等函数

17.3.1　索引参照

用户可以通过 pandas 提供的索引参照属性获取 Series 或 DataFrame 的部分数据，如表 17-2 所示。

表 17-2　pandas 提供的索引参照属性

索引参照属性	说　明
at	通过行/列标签获取单一值，和 loc 属性类似，若只获取单一值，可以使用 at
iat	通过行/列编号获取单一值，和 iloc 属性类似，若只获取单一值，可以使用 iat
loc	通过行/列标签获取一组行/列
iloc	通过行/列编号获取一组行/列

```
>>> import pandas as pd
>>> df = pd.DataFrame([[1, 3, 5], [2, 4, 6], [2, 5, 7]], index = ['x', 'y', 'z'], columns = ['a', 'b', 'c'])
>>> df
   a  b  c
x  1  3  5
y  2  4  6
z  2  5  7
>>> df.at['x', 'b']                    # 通过 at 属性获取行标签为 'x'、列标签为 'b' 的数据
```

```
3
>>> df.iat[0, 1]                    # 通过 iat 属性获取行编号为 0、列编号为 1 的数据
3
>>> df.loc['x']                     # 通过 loc 属性获取行标签为 'x' 的数据
a  1
b  3
c  5
Name: x, dtype: int64
>>> df.loc[['x', 'y']]              # 通过 loc 属性获取行标签为 'x' 和 'y' 的数据
   a  b  c
x  1  3  5
y  2  4  6
>>> df.loc['y' : 'z', 'b' : 'c']    # 获取行标签为 'y' 到 'z'、列标签为 'b' 到 'c' 的数据
   b  c
y  4  6
z  5  7
>>> df.iloc[0]                      # 通过 iloc 属性获取行编号为 0 的数据
a  1
b  3
c  5
Name: x, dtype: int64
```

除使用索引参照属性外，也可以通过直接索引参照获取 Series 或 DataFrame 的部分数据。例如：

```
>>> df['a']                         # 获取列标签为 'a' 的数据
x  1
y  2
z  2
Name: a, dtype: int64
>>> df['a']['x']                    # 获取列标签为 'a'、行标签为 'x' 的数据
1
>>> df[['a', 'c']]                  # 获取列标签为 'a' 和 'c' 的数据
   a  c
x  1  5
y  2  6
z  2  7
>>> df[:2]                          # 获取行编号 2 之前的行 (不含行编号 2)
   a  b  c
x  1  3  5
y  2  4  6
```

```
>>> df[df['b'] > 3]              # 获取列标签为 'b' 的数据大于 3 的行
   a  b  c
y  2  4  6
z  2  5  7
```

17.3.2 基本运算

可以通过 Series 或 DataFrame 对象的二元运算函数进行加、减、乘、除、比较、余数、指数、乘积、四舍五入、矩阵相乘等基本运算。表 17-3 所示为几个函数的用法，其他函数可以参考说明文件。

表 17-3 几个函数的用法

四则运算函数	说　明	比较函数	说　明
add()	加法运算	lt()、gt()	小于、大于
sub()	减法运算	le()、ge()	小于或等于、大于或等于
mul()	乘法运算	ne()	不等于
div()	除法运算	eq()	等于

下面是一些关于 Series 的四则运算，也可套用至 DataFrame。

```
>>> s1 = pd.Series([6, 2, 4], index = ['a', 'b', 'c'])
>>> s2 = pd.Series([1, 5, 3], index = ['a', 'b', 'c'])
>>> s1.add(s2)                   # 也可写成 s1 + s2
a    7
b    7
c    7
>>> s1.sub(s2)                   # 也可写成 s1 - s2
a    5
b   -3
c    1
>>> s1.mul(s2)                   # 也可写成 s1 * s2
a    6
b   10
c   12
>>> s1.div(s2)                   # 也可写成 s1 / s2
a    6.000000
b    0.400000
c    1.333333
>>> s1.add(10)                   # 也可写成 s1 + 10
a   16
b   12
```

下面是一些关于 Series 的比较运算，也可套用至 DataFrame。

```
>>> s1.lt(s2)                        # 也可写成 s1 < s2
a    False
b     True
c    False
>>> s1.gt(s2)                        # 也可写成 s1 > s2
a     True
b    False
c     True
>>> s1.le(s2)                        # 也可写成 s1 <= s2
a    False
b     True
c    False

>>> s1.ge(s2)                        # 也可写成 s1 >= s2
a     True
b    False
c     True
>>> s1.ne(s2)                        # 也可写成 s1 != s2
a     True
b     True
c     True
>>> s1.eq(s2)                        # 也可写成 s1 == s2
a    False
b    False
c    False
>>> s1.lt(5)                         # 也可写成 s1 < 5
a    False
b     True
c     True
```

此外，由于 pandas 是构建在 NumPy 之上的，所以 NumPy 提供的通用函数也适用于 Series 和 DataFrame。例如：

```
>>> import numpy as np
>>> np.sqrt(s1)                      # 平方根
a    2.449490
b    1.414214
c    2.000000
dtype: float64
```

在前面的例子中，并没有示范到包含 NaN 的 Series，假设 s3 和 s4 两个 Series 包含 NaN。如下所示。

```
>>> s3 = pd.Series([6, 2, np.nan], index = ['a', 'b', 'c'])
>>> s4 = pd.Series([1, np.nan, 3], index = ['a', 'b', 'c'])
```

那么，s3 和 s4 相加的结果如下，凡涉及 NaN 的结果都是 NaN。

```
>>> s3.add(s4)
a     7.0
b     NaN
c     NaN
dtype: float64
```

可以使用特定的值代替 NaN，例如，下面的语句是通过参数 fill_value 以 0 代替 NaN，则相加的结果如下。

```
>>> s3.add(s4, fill_value = 0)          # 以 0 代替 NaN 进行加法运算
a     7.0
b     2.0
c     3.0
dtype: float64
```

17.3.3 NaN 的处理

对于 Series 或 DataFrame 里若包含像 NaN 这样的空值，pandas 也提供了一些处理函数，常用的处理函数如表 17-4 所示。

表 17-4 常用的处理函数

函　　数	说　　明
isna()	判断是否为 NaN，若是 NaN，就返回 True；否则返回 False
notna()	判断是否为非 NaN，若非 NaN，就返回 True；否则返回 False
fillna(*value*)	以参数 *value* 指定的值代替 NaN，然后返回新的 Series 或 DataFrame
dropna()	移除 NaN，然后返回新的 Series 或 DataFrame

例如，下面的语句是创建一个 DataFrame 并赋值给变量 df，然后使用 isna() 和 notna() 函数检查里面的 NaN。

```
>>> df = pd.DataFrame([[1, np.nan, 5], [np.nan, np.nan, 6], [2, 5, 7]], index = ['x', 'y', 'z'],
columns = ['a', 'b', 'c'])
>>> df
     a      b      c
x   1.0    NaN    5
```

```
y   NaN   NaN   6
z   2.0   5.0   7
>>> df.isna()                           # 判断是否为 NaN
       a       b       c
x   False   True    False
y   True    True    False
z   False   False   False
>>> df.notna()                          # 判断是否为非 NaN
       a       b       c
x   True    False   True
y   False   False   True
z   True    True    True
```

下面的语句是使用 fillna() 函数以 0 代替 NaN。

```
>>> df.fillna(0)                        # 以 0 代替 NaN
     a     b    c
x   1.0   0.0   5
y   0.0   0.0   6
z   2.0   5.0   7
```

下面的语句则是使用 dropna() 函数移除 NaN。

```
>>> df
       a       b     c
x   1.0     NaN   5
y   NaN     NaN   6
z   2.0     5.0   7
>>> df.dropna()                         # 移除包含 NaN 的行
     a    b    c
z   2.0  5.0  7
>>> df.dropna(axis = "columns")         # 通过参数 axis 指定移除包含 NaN 的列
     c
x   5
y   6
z   7
>>> df.dropna(subset = ['a', 'c'])      # 通过参数 subset 指定移除 'a' 'c' 列包含 NaN 的行
     a    b    c
x   1.0  NaN  5
z   2.0  5.0  7
>>> df.dropna(thresh = 2)               # 通过参数 thresh 指定保留至少两个非 NaN 的行
     a    b    c
x   1.0  NaN  5
```

17.3.4　统计函数

身为一个强大的资料分析模块，pandas 自然也提供了计算、统计与描述状态相关的函数，常用的统计函数如表 17-5 所示，这些函数适用于 Series 和 DataFrame，只是后者需要加上参数 *axis* 指定要进行计算的轴。

表 17-5　常用的统计函数

函　　数	说　　明
abs()	返回 Series 或 DataFrame 的绝对值
all(*axis*=0)	返回 Series 或 DataFrame 中指定轴是否全部为 True
any(*axis*=0)	返回 Series 或 DataFrame 中指定轴是否存在 True
count(*axis*=0)	返回 Series 或 DataFrame 中指定轴有几个非 NaN
cummax(*axis*=None)	返回 Series 或 DataFrame 中指定轴的累积最大值
cummin(*axis*=None)	返回 Series 或 DataFrame 中指定轴的累积最小值
cumprod(*axis*=None)	返回 Series 或 DataFrame 中指定轴的累积乘积
cumsum(*axis*=None)	返回 Series 或 DataFrame 中指定轴的累积总和
max(*axis*=None)	返回 Series 或 DataFrame 中指定轴的最大值
min(*axis*=None)	返回 Series 或 DataFrame 中指定轴的最小值
prod(*axis*=None)	返回 Series 或 DataFrame 中指定轴的乘积
sum(*axis*=None)	返回 Series 或 DataFrame 中指定轴的总和
diff(*axis*=0)	返回 Series 或 DataFrame 中指定轴的相邻数据差
describe()	返回 Series 或 DataFrame 的统计描述
cov()	返回 Series 或 DataFrame 的共变异数
kurt(*axis*=None)	返回 Series 或 DataFrame 中指定轴的峰度
median(*axis*=None)	返回 Series 或 DataFrame 中指定轴的中位数
mean(*axis*=None)	返回 Series 或 DataFrame 中指定轴的平均值
std(*axis*=None)	返回 Series 或 DataFrame 中指定轴的标准偏差
skew(*axis*=None)	返回 Series 或 DataFrame 中指定轴的偏度

随堂练习

[平均值与中位数] 假设音乐班的招生成绩如表 17-6 所示，请输出每位学生的平均分数与成绩中位数。

表 17-6　音乐班的招生成绩

学　　生	主　　修	选　　修	视　　唱	乐　　理	听　　写
学生 1	80	75	88	80	78
学生 2	88	86	90	95	86
学生 3	92	85	92	98	90
学生 4	81	88	80	82	85
学生 5	75	80	78	80	70

【解答】

```
>>> scores = pd.DataFrame(np.array([[80, 75, 88, 80, 78], [88, 86, 90, 95, 86], [92, 85, 92, 98,
90], [81, 88, 80, 82, 85], [75, 80, 78, 80, 70]]), index = ["学生 1", "学生 2", "学生 3", "学生 4",
"学生 5"], columns
= ["主修", "选修", "视唱", "乐理", "听写"])
>>> scores.mean(axis = 1)                                 # 平均分数
学生 1      80.2
学生 2      89.0
学生 3      91.4
学生 4      83.2
学生 5      76.6
dtype: float64
>>> scores.median(axis = 1)                               # 成绩中位数
学生 1      80.0
学生 2      88.0
学生 3      92.0
学生 4      82.0
学生 5      78.0
dtype: float64
```

17.3.5　文件数据输入/输出

pandas 提供了比 NumPy 更多的文件数据输入/输出函数，可以从 TXT、CSV、剪贴簿、Excel 电子表格、JSON、HTML、HDF5、Feather、Parquet、SAS、SQL、Google BigQuery、STATA 等格式输入数据，或将数据输出为前述格式。例如，read_table()、read_csv()、read_fwf()、read_excel()、read_json()、read_html()、read_hdf()、read_sas()、read_sql()等输入函数，以及 to_csv()、to_json()、to_html()、to_excel()、to_hdf()、to_sql() 等输出函数。

本小节将介绍比较常用的 to_csv() 和 read_csv() 函数，其他函数可以参考说明文件。

1. to_csv() 函数

可以使用 to_csv() 函数将 DataFrame 写入文本文件，其语法如下：

to_csv(*path* = None, *encoding* = None, *sep* = ', ', *header* = True, *index* = True, *na_rep* = '', *float_format* = None, *line_terminator* = '\n', *其他选择性参数*)

to_csv() 函数的参数及说明如表 17-7 所示。

表 17-7　to_csv() 函数的参数及说明

参　　数	说　　明
path	设置文件名
encoding	设置文件编码方式
sep	设置分隔符，默认值为逗号（,）
header	设置是否保留列标签（字段名）
index	设置是否保留行标签
names	设置列标签（字段名）
na_rep	设置取代空值
float_format	设置浮点数格式
line_terminator	设置换行字符

例如，下面的语句会创建一个 DataFrame，然后将它写入文本文件 E:\df.csv，其中参数 header 与 index 用来设置不保留列标签和行标签。

```
>>> df = pd.DataFrame(np.array([[15, 160, 48], [14, 175, 66], [15, 153, 50], [15, 162, 44]]))
>>> df
    0    1   2
0  15  160  48
1  14  175  66
2  15  153  50
3  15  162  44
>>> df.to_csv("E:\\df.csv", header = 0, index = 0)
```

可以打开这个文本文件验证，内容如图 17-1 所示。

图 17-1

2. read_csv() 函数

可以使用 read_csv() 函数从*.csv、*.txt 等文本文件中读取数据，其语法如下，返回值是一个 DataFrame。

read_csv(*filepath_or_buffer*, *encoding* = None, *sep* = ', ', *delimiter* = None, *dtype* = None, *names* = None, *header* = 'infer', *usecols* = None, *nrows* = None, *其他选择性参数*)

read_csv() 函数的参数及说明如表 17-8 所示。

表 17-8　read_csv() 函数的参数及说明

参　　数	说　　明
filepath_or_buffer	设置文件名
encoding	配置文件编码方式
sep、*delimiter*	设置分隔符
dtype	设置数据类型
names	设置列标签（字段名）
header	设置哪一行为列标签，默认值为 0 表示第一行，当有设置参数 *names* 时，参数 *header* 的默认值为 None
nrows	设置要读取前几行
usecols	设置要读取哪几列（栏）

例如，可以编写下面的语句，读取刚才写入的文本文件 E:\df.csv，其中参数 names 用来将列标签设置为 "年龄" "身高" "体重"。

```
>>> pd.read_csv("E:\\df.csv", names = ["年龄", "身高", "体重"])
    年龄   身高   体重
0   15   160    48
1   14   175    66
2   15   153    50
3   15   162    44
```

也可以读取前几行或读取某几列（栏）。例如：

```
>>> pd.read_csv("E:\\df.csv", names = ["年龄", "身高", "体重"], nrows = 2)        # 前两行
    年龄   身高   体重
0   15   160    48
1   14   175    66
>>> pd.read_csv("E:\\df.csv", names = ["年龄", "身高", "体重"], usecols = [0, 2])    # 第 1、3 列
    年龄   体重
0   15    48
1   14    66
2   15    50
3   15    44
```

17.3.6 绘图

pandas 提供了 plot()、plot.area()、plot.bar()、plot.barh()、plot.box()、plot.density()、plot.hist()、plot.kde()、plot.line()、plot.pie()、plot.scatter()、hist() 等函数，可用来将 Series 或 DataFrame 绘制成图表。和 matplotlib 相比，这些函数的语法比较精简，但 matplotlib 的函数可以对图表做更多设置。本小节将介绍比较常用的 plot() 函数，其语法如下。

plot(*x* = None, *y* = None, *kind* = 'line', *title* = None, *legend* = True, *其他选择性参数*)

plot() 函数的参数及说明如表 17-9 所示。

表 17-9　plot() 函数的参数及说明

参　　数	说　　明
x、*y*	设置标签或位置
kind	设置图表的类型，有'line'（线图）、'bar'（长条图）、'barh'（水平直方图）、'hist'（直方图）、'box'（盒须图）、'kde'（核密度估计图）、'density'（和 'kde' 相同）、'pie'（饼图）、'scatter'（散布图）、'hexbin'（六角形图）
title	设置图表的标题
legend	设置是否显示图例

假设某个地方的人口数据文件（E:\country.csv）如图 17-2 所示，这 3 列数据分别代表年份（year）、平均寿命（life）、人口总数（pop）。

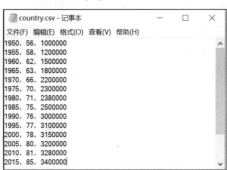

图 17-2

首先，导入 matplotlib.pyplot 并设置别名为 plt，具体如下。

>>> import matplotlib.pyplot as plt

其次，从文件中读取数据。

country = pd.read_csv("E:\\country.csv", names = ["year", "life", "pop"])

再次，根据年份与人口总数绘制线图。

```
>>> country[['year', 'pop']].plot(x='year', y='pop', kind='line', legend = False)
<matplotlib.axes._subplots.AxesSubplot object at 0x019C9DD0>
>>> plt.show()
```

执行结果如图 17-3 所示，发现人口总数有逐年增长的趋势。

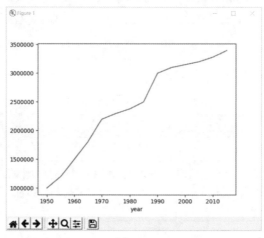

图 17-3

之后，根据年份与平均寿命绘制长条图。

```
>>> country[['year', 'life']].plot(kind = 'bar', x = 'year', y = 'life', legend = False)
<matplotlib.axes._subplots.AxesSubplot object at 0x021109F0>
>>> plt.show()
```

执行结果如图 17-4 所示，发现平均寿命也有逐年增长的趋势。

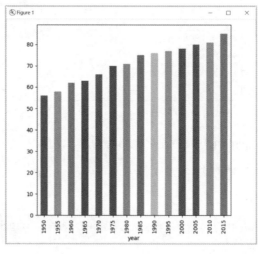

图 17-4

最后，根据人口总数与平均寿命绘制散布图。

```
>>> country[['pop', 'life']].plot(kind = 'scatter', x = 'pop', y = 'life', legend = False)
<matplotlib.axes._subplots.AxesSubplot object at 0x021109F0>
>>> plt.show()
```

执行结果如图 17-5 所示，发现人口总数与平均寿命呈正相关。

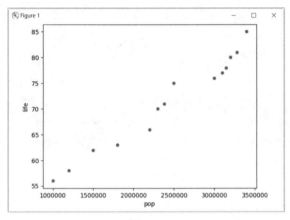

图 17-5

随堂练习

[鸢尾花数据集] 本书范例程序有一个鸢尾花数据集 iris.csv（图 17-6），这是加州大学欧文分校的机械学习数据库，里面有 150 笔数据，共 5 个字段——花萼长度（Sepal Length）、花萼宽度（Sepal Width）、花瓣长度（Petal Length）、花瓣宽度（Petal Width）、类别（Class，分为 Setosa、Versicolour、Virginica 3 个品种），部分内容如图 17-6 所示，请针对 3 个品种的花萼长度和花萼宽度绘制散布图。

*iris.csv - 记事本

文件(F) 编辑(E) 格式(O) 查看(V) 帮助(H)

```
5.1,3.5,1.4,0.2,Iris-setosa
4.9,3.0,1.4,0.2,Iris-setosa
4.7,3.2,1.3,0.2,Iris-setosa
4.6,3.1,1.5,0.2,Iris-setosa
5.0,3.6,1.4,0.2,Iris-setosa
5.4,3.9,1.7,0.4,Iris-setosa
4.6,3.4,1.4,0.3,Iris-setosa
5.0,3.4,1.5,0.2,Iris-setosa
4.4,2.9,1.4,0.2,Iris-setosa
4.9,3.1,1.5,0.1,Iris-setosa
```

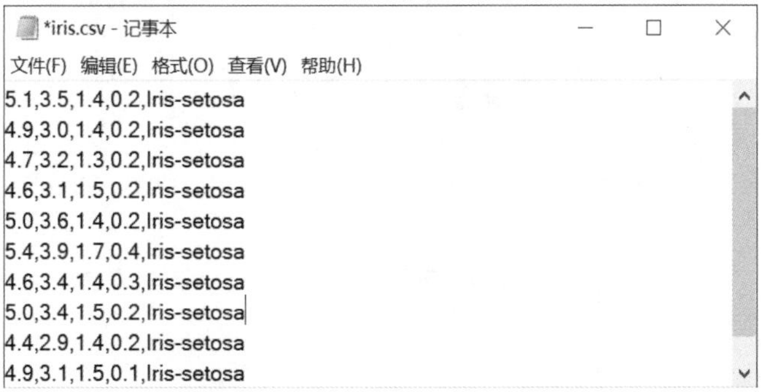

图 17-6

【解答】

\Ch17\iris.py

```
import numpy as np
import matplotlib.pyplot as plt
import pandas as pd
iris = pd.read_csv("iris.csv", names = ["SepalL", "SepalW", "PetalL", "PetalW", "Class"])
iris1 = iris[iris["Class"] == "Iris-setosa"]                # 获取品种为 Iris-setosa 的数据
iris2 = iris[iris["Class"] == "Iris-versicolor"]            # 获取品种为 Iris-versicolor 的数据
iris3 = iris[iris["Class"] == "Iris-virginica"]             # 获取品种为 Iris-virginica 的数据
marker1 = plt.scatter(iris1["SepalL"], iris1["SepalW"], c = "red", marker = 'o', label = "setosa")
marker2 = plt.scatter(iris2["SepalL"], iris2["SepalW"], c = "green", marker = 'D', label = "versicolor")
marker3 = plt.scatter(iris3["SepalL"], iris3["SepalW"], c = "blue", marker = 'x', label = "virginica")
plt.xlabel("Sepal Length (cm)")
plt.ylabel("Sepal Width (cm)")
plt.legend()
plt.show()
```

执行结果如图 17-7 所示。

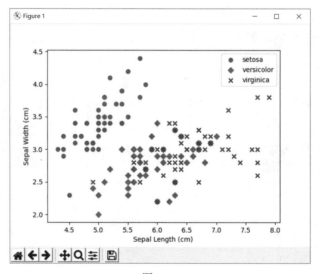

图 17-7

学习检测

练习题

1. [Series 操作] 使用 pandas 完成下列题目。

（1）将 0 到 2 之间 9 个平均分布的数值创建为 ndarray 数组，然后根据该数组的数据创建一个 Series 并赋值给变量 *S*。

（2）输出 *S* 中行编号 5 和之后的数据。

（3）输出 *S* 中行编号 3 之前的数据（不含行编号 3）。

（4）输出 *S* 的数据总和、中位数与平均值。

（5）输出 S 除以 10 的结果。

2. [DataFrame 操作] 使用 pandas 完成下列题目。

（1）根据表 17-10 所示的期中考试分数创建一个 DataFrame 并赋值给变量 scores，其中学生 1～学生 5 的编号（'ID1'～'ID5'）为行标签，语文、英语、数学分数（'Chinese' 'English' 'Math'）为列标签。

表 17-10 期中考试分数

ID	Chinese	English	Math
ID1	NaN	92	83
ID2	85	78	60
ID3	80	NaN	72
ID4	60	NaN	NaN
ID5	98	88	91

（2）输出所有学生的语文分数（'Chinese'）和英语分数（'English'）。

（3）输出学生 5（'ID5'）的语文、英语、数学分数。

（4）输出每位学生的总分，缺考（NaN）视为 0 分。

3. [城市人口成长线图] 本书范例程序有一个城市人口数据文件 city.csv（图 17-8），里面有 28 笔数据，共 4 个字段——城市（city）、年份（year）、平均寿命（life）、人口总数（pop），部分内容如图 17-9 所示，请针对 city1、city2 两个城市的年份和人口总数绘制线图。图 17-9

所示的执行结果供参考。

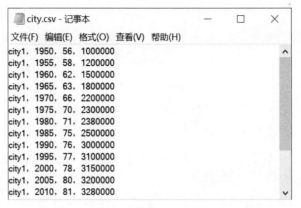

图 17-8

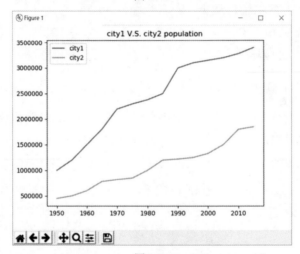

图 17-9